日本産蚊全種検索図鑑

津田良夫
国立感染症研究所昆虫医科学部

北隆館

An illustrated book of the mosquitoes of Japan: adult identification, geographic distribution and ecological note.

by Yoshio Tsuda Ph.D.

Department of Medical Entomology
National Institute of Infectious Diseases

Abstract

Illustrated keys to the mosquitoes of Japan are presented for adult females in this book following Tanaka et al. (1979), Toma and Miyagi (1986) and Miyagi and Toma (2017). The organization of taxa of Japanese mosquitoes in this book basically followed the structure of Tanaka et al. (1979), except for the genus *Aedes*. The genus *Aedes* was classified following Wilkerson et al. (2015).

For easy identification of adult mosquitoes the whole body of female was illustrated at 40 times magnification in color for 76 species of Japanese mosquitoes based on a fresh specimens. The general morphology of adult mosquito and morphological characters important for species identification are explained in chapters 1 and 2.

The geographic distribution inside Japan for each species and subspecies was given on a map based mainly on La Casse and Yamaguti (1950), Kamimura (1968), Tanaka et al. (1979). The whole country was divided into 47 prefectures and 6 southern islands in the map. The original map was updated by the following related papers, Kamimura and Watanabe (1977), Kamimura and Shirai (1999), Tsuda et al. (2006a,b), Higa et al. (2006), Watanabe et al. (2006), Tsuda et al. (2009a,b), Yamauchi (2010; 2013), Mizuta (2011), Shiraishi (2011), Mizuta et al. (2012), Hoshino et al. (2012), Sato et al. (2016), Maekawa et al. (2016b), Miyagi and Toma (2017), and unpublished records of mosquito collections conducted in recent years by the author. The comparisons of the geographic map indicated that the mosquito species belonging to the genera *Uranotaenia*, *Mimomyia*, *Verrallina*, *Topomyia* and so on found in southern Japan distribute in the Oriental region, and those in northern Japan belonging to the genera *Culiseta* and *Ochlerotatus* distribute in the Palaearctic region. The mosquito fauna in central Japan is a mixture of mosquito species in the oriental region and the Palaearctic region.

A summary of morphology, geographic distribution inside Japan, breeding sites of larva, biting behavior, host preference, overwintering stage, and relation to pathogen are given briefly for individual species in chapter 3.

© THE HOKURYUKAN CO., LTD. TOKYO, JAPAN 2019

はじめに

　本書は2013年に北隆館から出版した「蚊の観察と生態調査」の姉妹編と考えている。前著は生態学の立場から、吸血性という特異な習性を持って生きている蚊たちの生活、例えば吸血行動や移動分散、越冬生態、病気の伝播などについて、私が興味をひかれたことや面白いと感じたこと、なるほどと納得したことを楽しみながら紹介してみた。これに対して本書は、私が蚊の観察や生態調査を行いながら、こういう本があったらいいのだがと感じていた、蚊の種類を調べるための実用的な本である。蚊の生態観察をするとき、自分が観察している蚊の種類を正しく同定することは最も基本的でしかも重要な作業であるのは言うまでもない。ところが、この種類同定は初心者にとって非常に厄介な作業で、私も自信をもって同定できるようになるにはかなり時間がかかった。そして同定作業に不慣れな頃は、翅の斑紋のパターンや背中に生えている毛の位置や本数、鱗片の形、色、腹部の斑紋の特徴などいろいろな部位を観察することにとらわれてしまい、なかなか蚊の体全体を見ることができなかった。ところが、同定作業に習熟し作業を楽しんでできるようになり、実体顕微鏡を使って20倍～40倍に拡大された姿をあらためて見直したとき、蚊は実に美しい虫だなと思った。体を覆う暗色鱗片の中に輝く銀白色や青色、金色の鱗片の美しさもさることながら、複雑に分割された胸部のつくりは緻密でその構造や形状が実に美しいのである。ただ単に蚊の種類を調べるだけでなく、よく見てみると蚊が想像以上に美しい姿をした虫であることも知ってほしいと思った。このことが蚊の種類同定のための検索表だけでなく、蚊の全身図を描いて図鑑にしようと思った一番の理由である。

　本書は蚊の全身図を描いた図鑑の部分と図解検索表のふたつで構成されている。わが国では110数種の蚊が報告されているが、ほとんどの種類は成虫の形態を調べて種類を同定できる。生き物の種類を同定するために、体のどの部位のなにを観察すればよいかを順序立てて説明したものが検索表である。検索表は文章で書かれたものが一般的で、文章ではわかりにくい場合にかぎり参照図が添えられているのがふつうである。専門家であれば文章主体の検索表で問題ないが、初心者にはわかりにくいことがよくある。そのため観察する部位が初心者にもよくわかるように、ひとつひとつの検索キーを体の拡大図によって説明した図解検索表が作られている。蚊の図解検索表は北米（Darsie and Ward, 2005）、タイ（Rattanarithikul et al., 2005a,b; 2006a,b; 2007; 2010）、台湾（連, 2004）などの蚊について出版されているが、日本産の蚊については一般の方が利用できる図解検索表は公表されていなかった。ただし航空機や船舶によって海外から侵入する媒介動物（蚊やノミ、ネズミなど）の監視を行っている検疫所では、水田英生氏が検疫所の内部資料として「検疫所衛生技官のための日本に棲息する蚊の同定、成虫（主として雌）編」を作成されており、この資料と出会ったことが本書の図解検索表を作成したきっかけになった。その経緯については「おわりに」に述べる。

　1章と2章は検索表を理解するために必要な、成虫の体の基本構造と種類を同定する上で重要な形態的特徴について説明している。3章の種類の解説には、それぞれの蚊の形態的特徴のまとめに加えて、種類を同定する際に参考になると思われる分布と生態に関する知見を簡略にまとめた。ここに記した発生水域や越冬ステージからは、その種類の幼虫や成虫がいつどこで採集され

るかがある程度推測できる。また、吸血習性は成虫が吸血のために飛来する場所や時間帯の推測に役立つだけでなく、病原体との関連を考える上で参考になると思っている。

　全身図は近縁の種類が順番に並ぶように学名（属名、亜属名、種小名）のアルファベット順に掲載した。図の左上には学名、和名、描画した標本の採集地と採集年を記したラベルをつけてある。ラベルの最上段には図番号（Fig）と解説番号が示されている。その種類の形態的特徴や生態について知りたい場合は、解説番号にしたがって、3.5. 日本産蚊全種の解説（p.60〜111）の該当するページを開くとよい。さらに解説ページには、その種類が示されている図解検索表のPlate番号が示してある。

　図解検索表を利用して種類を同定した時には、種名と共に記されている図番号（Fig）と解説番号にしたがって全身図と形態的特徴を調べ、同定結果を吟味するとよい。全身図の左下には分布地図が示してあり、過去に採集された報告がある県は緑色で塗りつぶされている。全身図がない種類の分布地図は3章の解説部分に掲載した。

　蚊の研究対象になる種類は、どうしても医学的な重要度が高い種類、つまり人の病気を媒介する種類や人をよく吸血する種類に偏ってしまうため、日本産の蚊の中でもマラリア、フィラリア症、日本脳炎、デング熱、ウエストナイル熱などの伝播能力がある種類に関しては比較的よく研究されている。これに対して、人を吸血しない種類やまったく血を吸わない種類もわが国には多数生息しているのだが、これらの種の行動習性や生態に関してはこれまであまり多く研究されてこなかった。しかし2000年以降DNAの検出や分析技術の開発によって、蚊が体内に持つ病原体だけでなく共生する微生物やウイルスの検出も可能になり、さらに人獣に共通した蚊媒介性感染症も重要視されるようになったことから、様々な種類の蚊を対象として、蚊が吸血する動物の種類や蚊媒介性の野生動物の病原体に関する研究が行われるようになってきている。人の病気の媒介蚊に関する知見は既に出版された蚊に関する書籍に紹介されているため、本書では教科書的な扱いにとどめ、これまで注目されてこなかった種類について、特に野外で採集された個体で調べられた吸血源動物の種類や野生動物の病原体に関する最近の知見をまとめて示した。

　蚊の研究が進展したのは蚊が病気をうつすためであり、病気を媒介する蚊の種類については興味を持つ人が多い。わが国にも病気をうつす能力を持った蚊は生息している。しかしながら、実際にその能力を発揮して病気を媒介している種類は非常に少ない。このような現状を示すために、日本産蚊について媒介可能な病原体と2000年以降の野外調査で採集された蚊から検出されたウイルスと原虫を付表（p.112）に示した。

　本書を読んで蚊について興味を持ったなら、まず図解検索表を使って身の回りにいる蚊の種類を調べてほしい。そして名前がわかったら、その蚊がいつ、どこで、なにを、どんなふうにやっていたかを調べて野帳に記録してほしい。そういう記録の蓄積が蚊に対する私たちの理解をさらに深めることにつながっていくのであり、本書がそれを手助けできればとても嬉しく思う。

2019年1月

津田良夫

目　次

はじめに ……………………………………………………………………………………………… i
目次 …………………………………………………………………………………………………… iii
蚊成虫の体の各部名称
全身図 ………………………………………………………………………………… Fig.1〜Fig.76

図解検索表 ………………………………………………………………………………………… 1
　解説図の凡例 ………………………………………………………………………………… 2
　日本産蚊の分類体系 ………………………………………………………………………… 3
　Plate 1〜Plate 28 ………………………………………………………………………… 4〜31

第1章　成虫の体の基本構造 ……………………………………………………………… 32
　1.1. 頭部　34／1.2. 雌雄のちがい　35／1.3. 胸部　36／1.4. 胸部側面　38／1.5. 腹部　39／1.6. 翅　40／1.7. 翅の基部の構造　42／1.8. 脚　42／1.9. 刺毛、鱗片の起源と付き方　43

第2章　蚊成虫の分類で重要な形態的特徴：「鍵」形質 ……………………………… 44
　2.1. 頭部の「鍵」形質　44／2.2. 胸部背面の「鍵」形質　45／2.3. 胸部側面の「鍵」形質　46／2.4. 腹部の「鍵」形質　47／2.5. 翅の「鍵」形質　48／2.6. 脚（主に後脚）の「鍵」形質　49／2.7. 複数の「鍵」形質の組み合わせ　50

第3章　種類の解説 ………………………………………………………………………… 55
　3.1. 日本産蚊の学名について　55／3.2. 日本産蚊の分布について　55／3.3. 海外からの航空機による蚊の侵入事例　59／3.4. 大規模な環境変化によって引き起こされた蚊の分布の変化事例　59／3.5. 日本産蚊全種の解説　60〜111

1. エゾヤブカ *Aedes esoensis* Fig.1 ……………… 60
2. ホッコクヤブカ *Ae. sasai* ……………………… 61
3. アカエゾヤブカ *Ae. yamadai* Fig.2 …………… 61
4. オオムラヤブカ *Ae. alboscutellatus* …………… 62
5. キンイロヤブカ *Ae. vexans nipponii* Fig.3 …… 62
6. コバヤシヤブカ *Ae. kobayashii* ………………… 63
7. エセチョウセンヤブカ *Ae. koreicoides* ……… 63
8. オキナワヤブカ *Ae. okinawanus* ……………… 64
9. ヤエヤマヤブカ *Ae. okinawanus taiwanus* …… 64
10. ハトリヤブカ *Ae. hatorii* Fig.4 ……………… 65
11. シロカタヤブカ *Ae. nipponicus* Fig.5 ……… 65
12. ニシカワヤブカ *Ae. nishikawai* ……………… 66
13. コガタキンイロヤブカ *Ae. bekkui* Fig.6 …… 66
14. カニアナヤブカ *Ae. baisasi* Fig.7 …………… 67
15. ムネシロヤブカ *Ae. albocinctus* ……………… 67
16. ケイジョウヤブカ *Ae. seoulensis* Fig.8 …… 68
17. ヤマトヤブカ *Ae. japonicus* Fig.9 …………… 68
18. アマミヤブカ *Ae. japonicus amamiensis* …… 69
19. サキシマヤブカ *Ae. japonicus yaeyamensis* … 69
20. ナンヨウヤブカ *Ae. lineatopennis* Fig.10 …… 69
21. アッケシヤブカ *Ae. akkeshiensis* …………… 70
22. トカチヤブカ *Ae. communis* Fig.11 ………… 70
23. ヒサゴヌマヤブカ *Ae. diantaeus* …………… 71
24. セスジヤブカ *Ae. dorsalis* Fig.12 …………… 71
25. アカンヤブカ *Ae. excrucians* Fig.13 ………… 71
26. ハクサンヤブカ *Ae. hakusanensis* …………… 72
27. キタヤブカ *Ae. hokkaidensis* ………………… 77
28. ダイセツヤブカ *Ae. impiger daisetsuzanus* … 73
29. サッポロヤブカ *Ae. intrudens* ……………… 73
30. チシマヤブカ *Ae. punctor* …………………… 74
31. カラフトヤブカ *Ae. sticticus* ………………… 74
32. ハマベヤブカ *Ae. vigilax* …………………… 75
33. ブナノキヤブカ *Ae. oreophilus* Fig.14 ……… 75
34. ワタセヤブカ *Ae. watasei* Fig.15 …………… 76
35. ネッタイシマカ *Ae. aegypti* Fig.16 ………… 76
36. ヒトスジシマカ *Ae. albopictus* Fig.17 ……… 77
37. ダイトウシマカ *Ae. daitensis* Fig.18 ……… 77
38. ヤマダシマカ *Ae. flavopictus* Fig.19 ……… 78

39. ダウンスシマカ *Ae. flavopictus downsi* ·········· 78
40. ミヤラシマカ *Ae. flavopictus miyarai* ·········· 78
41. ミスジシマカ *Ae. galloisi* **Fig.20** ·········· 79
42. リバースシマカ *Ae. riversi* **Fig.21** ·········· 79
43. タカハシシマカ *Ae. wadai* **Fig.22** ·········· 80
44. セボリヤブカ *Ae. savoryi* ·········· 80
45. トウゴウヤブカ *Ae. togoi* **Fig.23** ·········· 81
46. モンナシハマダラカ *Anopheles bengalensis* ·········· 81
47. エンガルハマダラカ *An. engarensis* ·········· 82
48. チョウセンハマダラカ *An. koreicus* **Fig.24** ·········· 82
49. オオツルハマダラカ *An. lesteri* **Fig.25** ·········· 82
50. ヤマトハマダラカ *An. lindesayi japonicus* **Fig.26** ·········· 83
51. オオモリハマダラカ *An. omorii* ·········· 83
52. オオハマハマダラカ *An. saperoi* **Fig.27** ·········· 84
53. シナハマダラカ *An. sinensis* **Fig.28** ·········· 84
54. エセシナハマダラカ *An. sineroides* **Fig.29** ·········· 85
55. ヤツシロハマダラカ *An. yatsushiroensis* ·········· 85
56. タテンハマダラカ *An. tessellatus* **Fig.30** ·········· 86
57. ヤエヤマコガタハマダラカ *An. yaeyamaensis* **Fig.31** ·········· 86
58. オオクロヤブカ *Armigeres subalbatus* **Fig.32** ·········· 86
59. ムラサキヌマカ *Coquillettidia crassipes* **Fig.33** ·········· 87
60. キンイロヌマカ *Cq. ochracea* **Fig.34** ·········· 87
61. イナトミシオカ *Culex inatomii* **Fig.35** ·········· 87
62. オビナシイエカ *Cx. fuscocephala* **Fig.36** ·········· 88
63. ジャクソンイエカ *Cx. jacksoni* ·········· 88
64. ミナミハマダライエカ *Cx. mimeticus* **Fig.37** ·········· 89
65. ハマダライエカ *Cx. orientalis* **Fig.38** ·········· 89
66. アカイエカ *Cx. pipiens pallens* **Fig.39** ·········· 89
67. チカイエカ *Cx. pipiens* form *molestus* ·········· 90
68. シロハシイエカ *Cx. pseudovishnui* **Fig.40** ·········· 90
69. ネッタイイエカ *Cx. quinquefasciatus* ·········· 90
70. ヨツボシイエカ *Cx. sitiens* **Fig.41** ·········· 91
71. コガタアカイエカ *Cx. tritaeniorhynchus* **Fig.42** ·········· 91
72. スジアシイエカ *Cx. vagans* **Fig.43** ·········· 91
73. ニセシロハシイエカ *Cx. vishnui* **Fig.44** ·········· 92
74. セシロイエカ *Cx. whitmorei* **Fig.45** ·········· 92
75. キョウトクシヒゲカ *Cx. kyotoensis* ·········· 93
76. クロフクシヒゲカ *Cx. nigropunctatus* **Fig.46** ·········· 93
77. アカクシヒゲカ *Cx. pallidothorax* ·········· 94
78. リュウキュウクシヒゲカ *Cx. ryukyensis* **Fig.47** ·········· 94
79. ヤマトクシヒゲカ *Cx. sasai* **Fig.48** ·········· 94
80. カギヒゲクロウスカ *Cx. brevipalpis* **Fig.49** ·········· 95
81. コガタクロウスカ *Cx. hayashii* **Fig.50** ·········· 95
82. リュウキュウクロウスカ *Cx. hayashii ryukyuanus* ·········· 95
83. オキナワクロウスカ *Cx. okinawae* ·········· 96

84. クロツノフサカ *Cx. bicornutus* **Fig.51** ·········· 96
85. ハラオビツノフサカ *Cx. cinctellus* **Fig.52** ·········· 96
86. フトシマツノフサカ *Cx. infantulus* **Fig.53** ·········· 97
87. アカツノフサカ *Cx. rubithoracis* **Fig.54** ·········· 97
88. カニアナツノフサカ *Cx. tuberis* ·········· 97
89. エゾウスカ *Cx. rubensis* ·········· 98
90. カラツイエカ *Cx. bitaeniorhynchus* **Fig.55** ·········· 98
91. ミツホシイエカ *Cx. sinensis* ·········· 98
92. オガサワライエカ *Cx. boninensis* **Fig.56** ·········· 99
93. ヤマトハボシカ *Culiseta nipponica* **Fig.57** ·········· 99
94. ミスジハボシカ *Cs. kanayamensis* **Fig.58** ·········· 99
95. オキナワエセコブハシカ *Ficalbia ichiromiyagii* **Fig.59** ·········· 100
96. アマミムナゲカ *Heizmannia kana* ·········· 100
97. シノナガカクイカ *Lutzia shinonagai* **Fig.60** ·········· 100
98. サキジロカクイカ *Lt. fuscana* ·········· 101
99. トラフカクイカ *Lt. vorax* **Fig.61** ·········· 101
100. オキナワカギカ *Malaya genurostris* **Fig.62** ·········· 102
101. アシマダラヌマカ *Mansonia uniformis* **Fig.63** ·········· 102
102. マダラコブハシカ *Mimomyia elegans* **Fig.64** ·········· 102
103. ルソンコブハシカ *Mi. luzonensis* ·········· 103
104. ハマダラナガスネカ *Orthopodomyia anopheloides* **Fig.65** ·········· 103
105. ヤンバルギンモンカ *Topomyia yanbarensis* **Fig.66** ·········· 104
106. ヤエヤマオオカ *Toxorhynchites manicatus yaeyamae* **Fig.67** ·········· 104
107. ヤマダオオカ *Tx. manicatus yamadai* ·········· 104
108. オキナワオオカ *Tx. okinawensis* ·········· 105
109. トワダオオカ *Tx. towadensis* **Fig.68** ·········· 105
110. キンパラナガハシカ *Tripteroides bambusa* **Fig.69** ·········· 106
111. ヤエヤマナガハシカ *Tr. bambusa yaeyamensis* ·········· 106
112. カニアナチビカ *Uranotaenia jacksoni* ·········· 106
113. ムネシロチビカ *Ur. nivipleura* ·········· 107
114. フタクロホシチビカ *Ur. novobscura* **Fig.70** ·········· 107
115. リュウキュウクロホシチビカ *Ur. novobscura ryukyuana* ·········· 108
116. シロオビカニアナチビカ *Ur. ohamai* **Fig.71** ·········· 108
117. イリオモテチビカ *Ur. tanakai* ·········· 108
118. ハラグロカニアナチビカ *Ur. yaeyamana* ·········· 109
119. オキナワチビカ *Ur. annandalei* **Fig.72** ·········· 109
120. コガタチビカ *Ur. lateralis* ·········· 110
121. マクファレンチビカ *Ur. macfarlanei* **Fig.73** ·········· 110
122. コガタフトオヤブカ *Verrallina nobukonis* **Fig.74** ·········· 111
123. アカフトオヤブカ *Ve. atriisimilis* **Fig.75** ·········· 111
124. クロフトオヤブカ *Ve. iriomotensis* **Fig.76** ·········· 111

日本の蚊と病気の媒介能力（付表） ·········· 112
引用文献 ·········· 114
和名索引 ·········· 119
学名索引 ·········· 123
おわりに ·········· 126

全身図

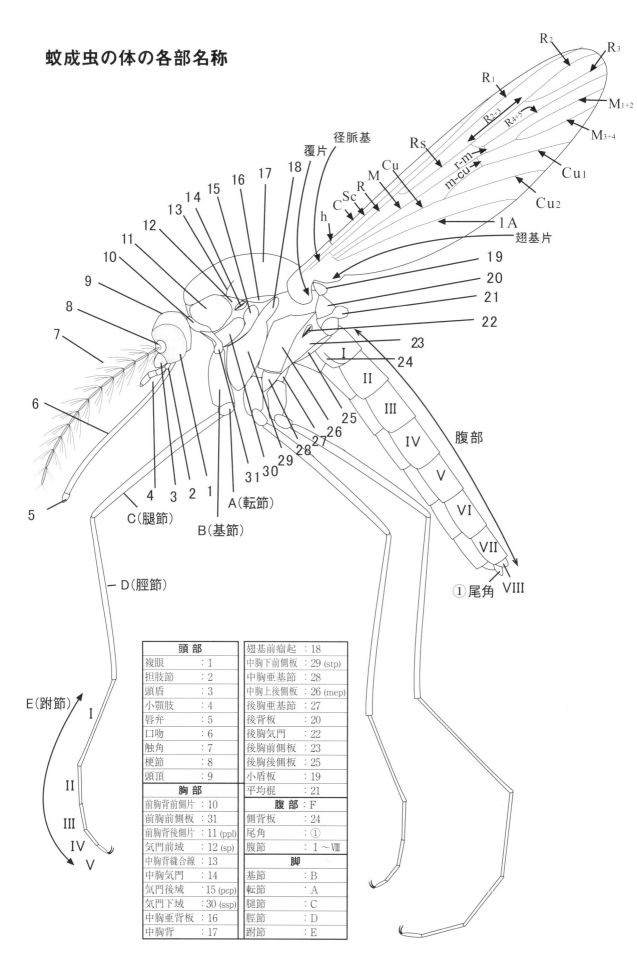

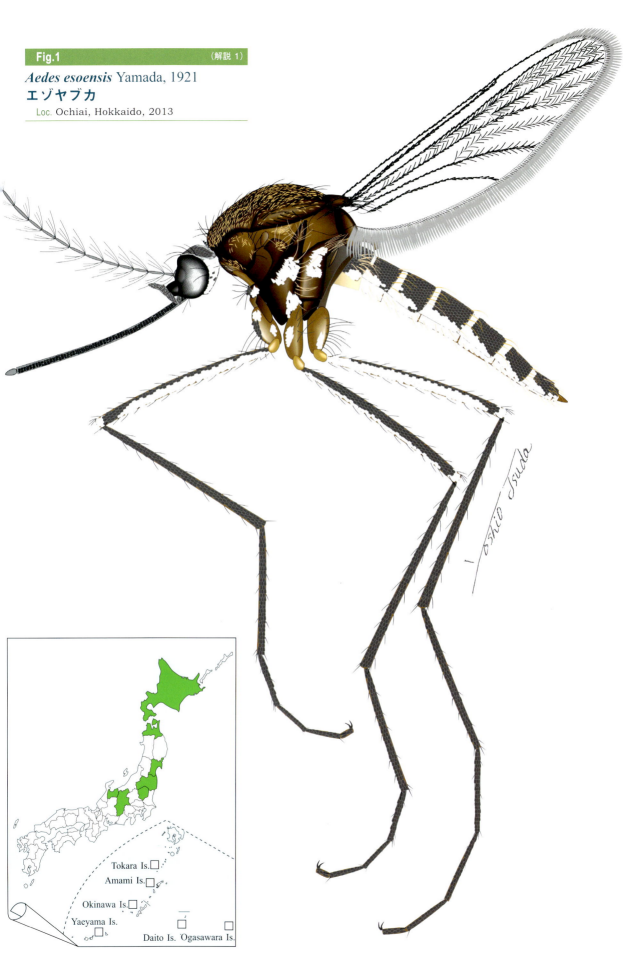

Fig.1 (解説 1)
Aedes esoensis Yamada, 1921
エゾヤブカ
Loc. Ochiai, Hokkaido, 2013

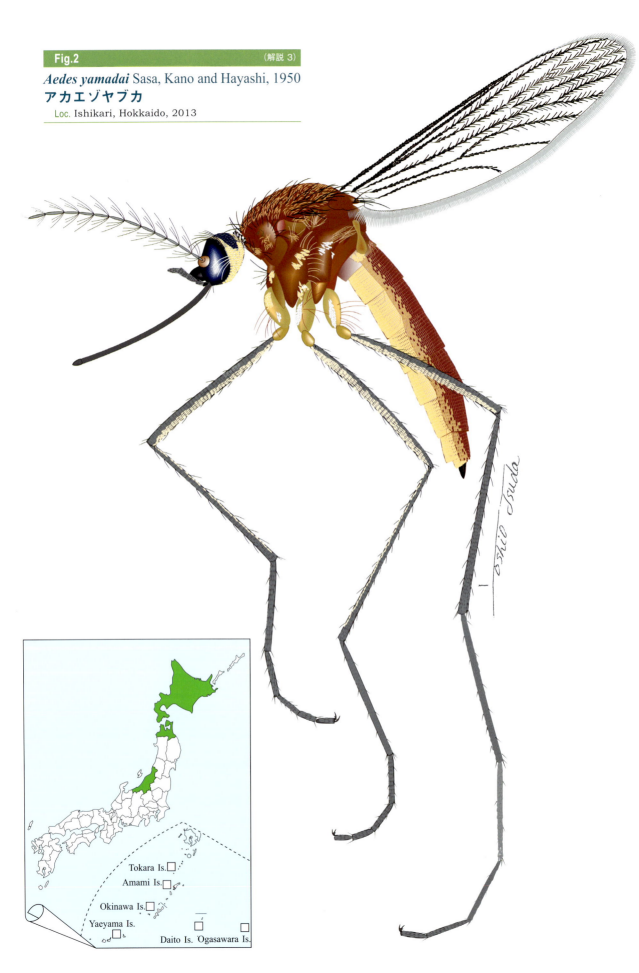

Fig.2 (解説 3)
Aedes yamadai Sasa, Kano and Hayashi, 1950
アカエゾヤブカ
Loc. Ishikari, Hokkaido, 2013

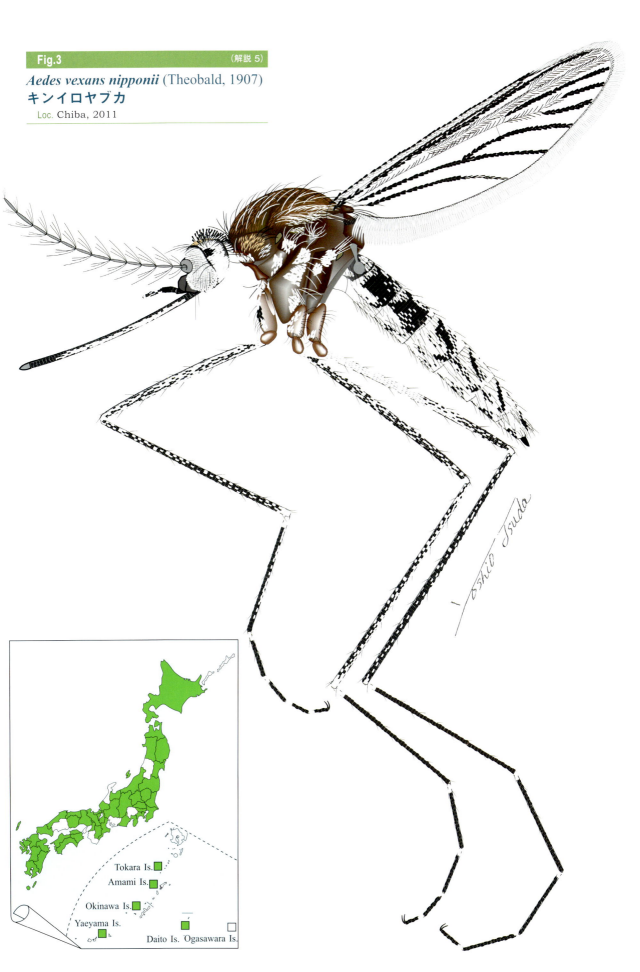

Fig.3 (解説 5)
Aedes vexans nipponii (Theobald, 1907)
キンイロヤブカ
Loc. Chiba, 2011

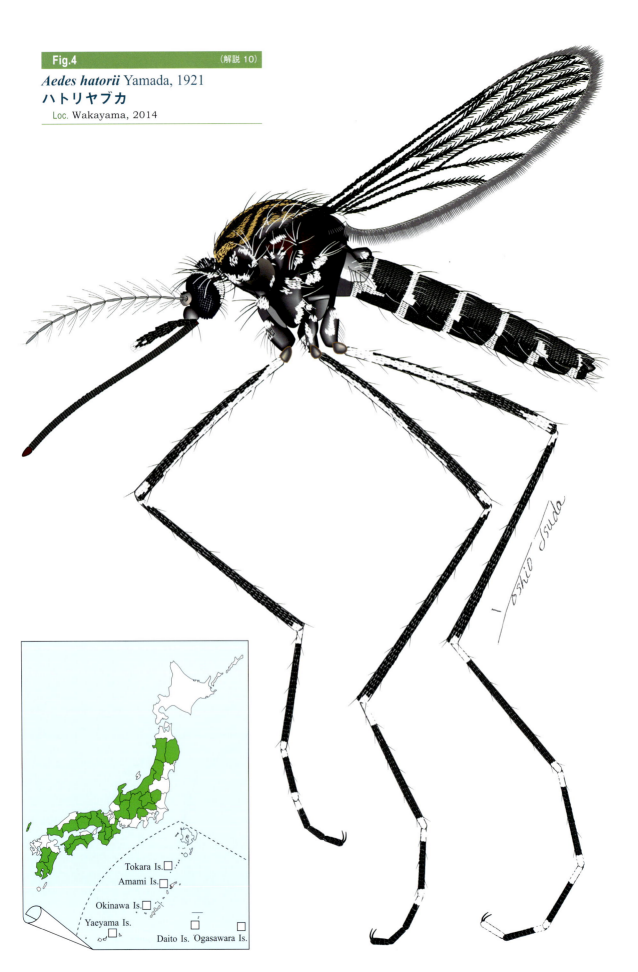

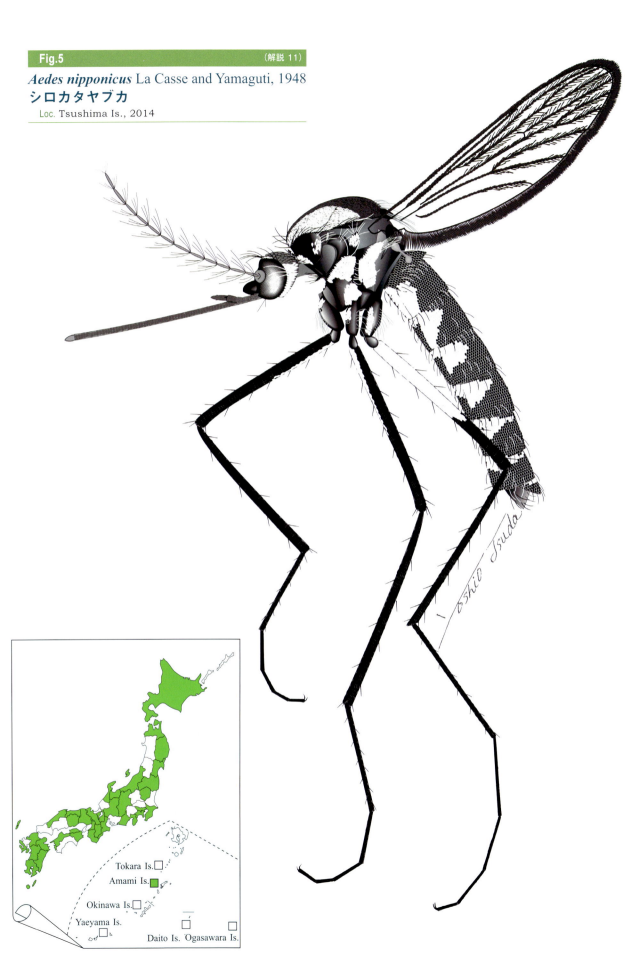

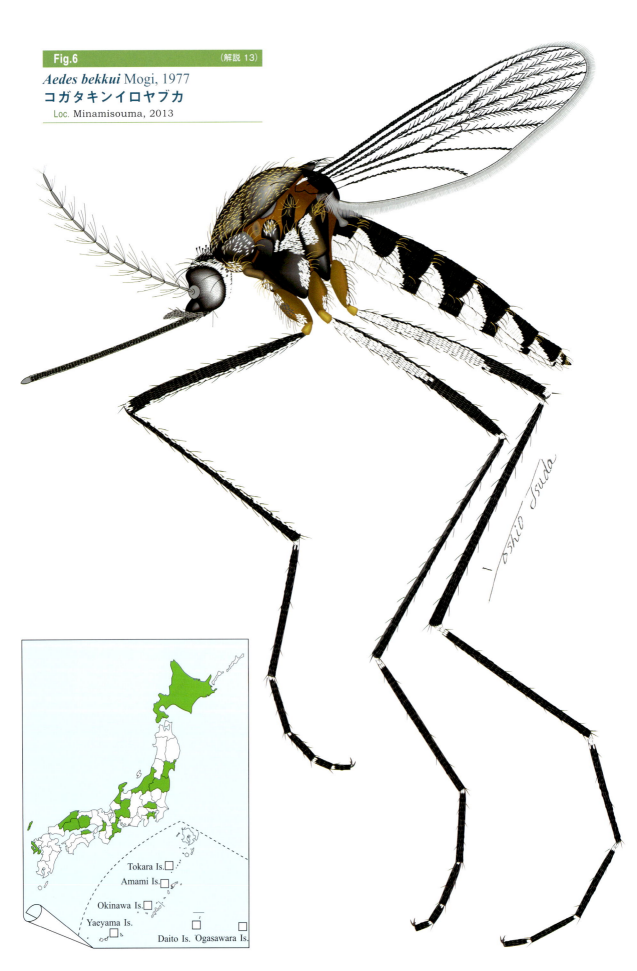

Fig.6 (解説 13)
Aedes bekkui Mogi, 1977
コガタキンイロヤブカ
Loc. Minamisouma, 2013

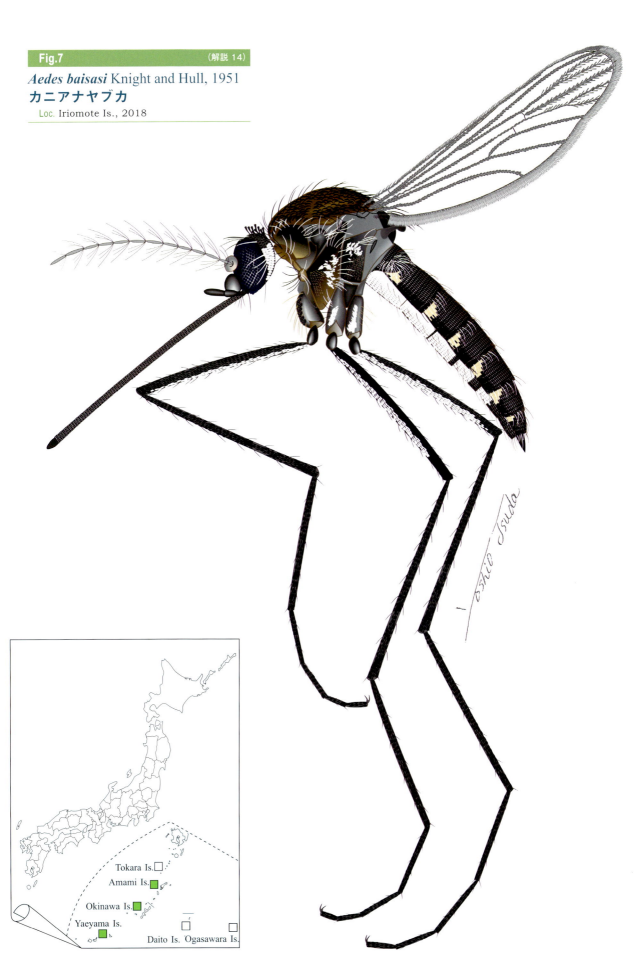

Fig.7 (解説 14)
Aedes baisasi Knight and Hull, 1951
カニアナヤブカ
Loc. Iriomote Is., 2018

Fig.8 (解説 16)

Aedes seoulensis Yamada, 1921
ケイジョウヤブカ
Loc. Tsushima Is., 2010

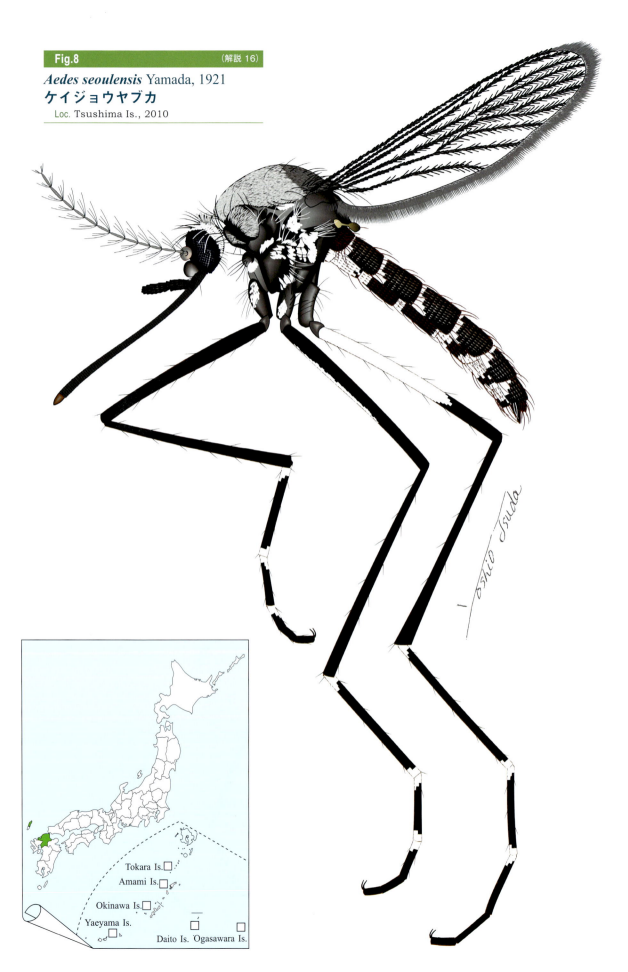

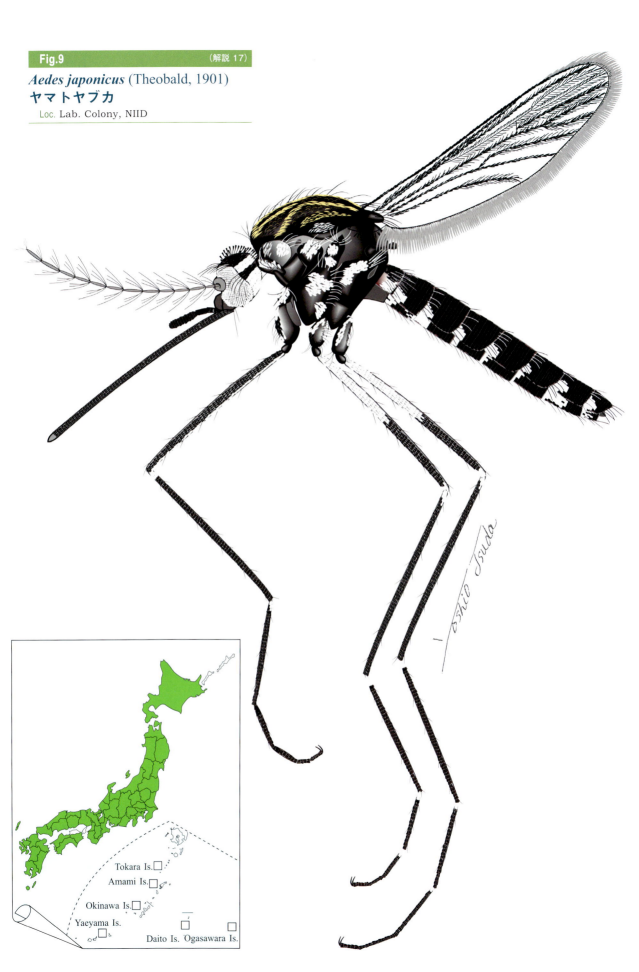

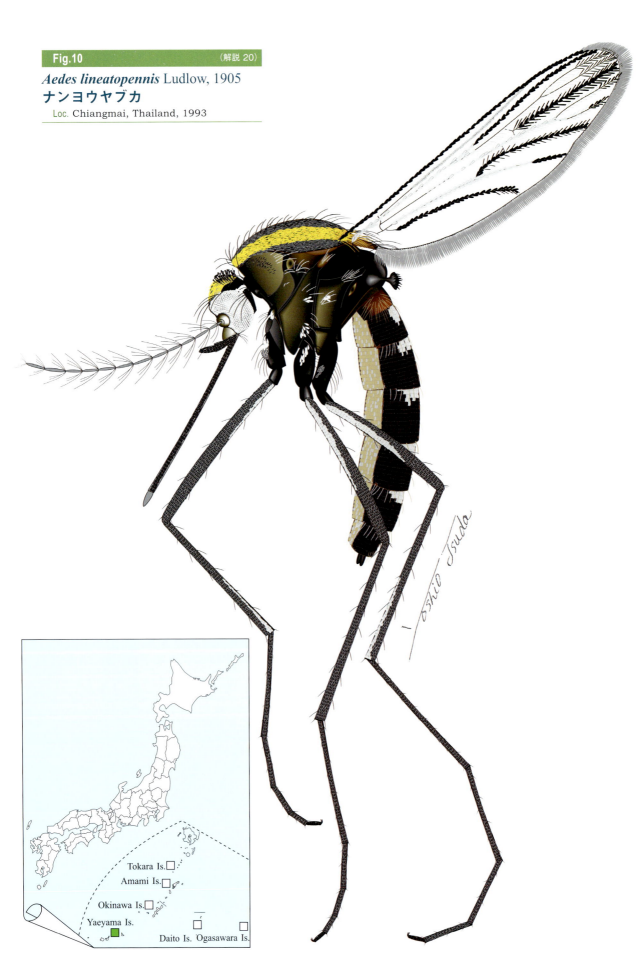

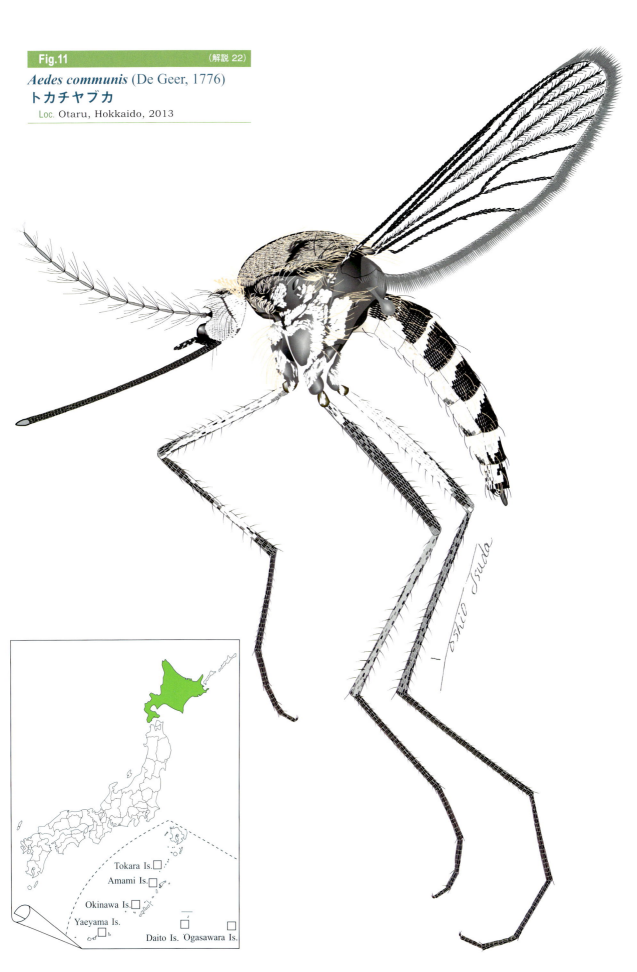

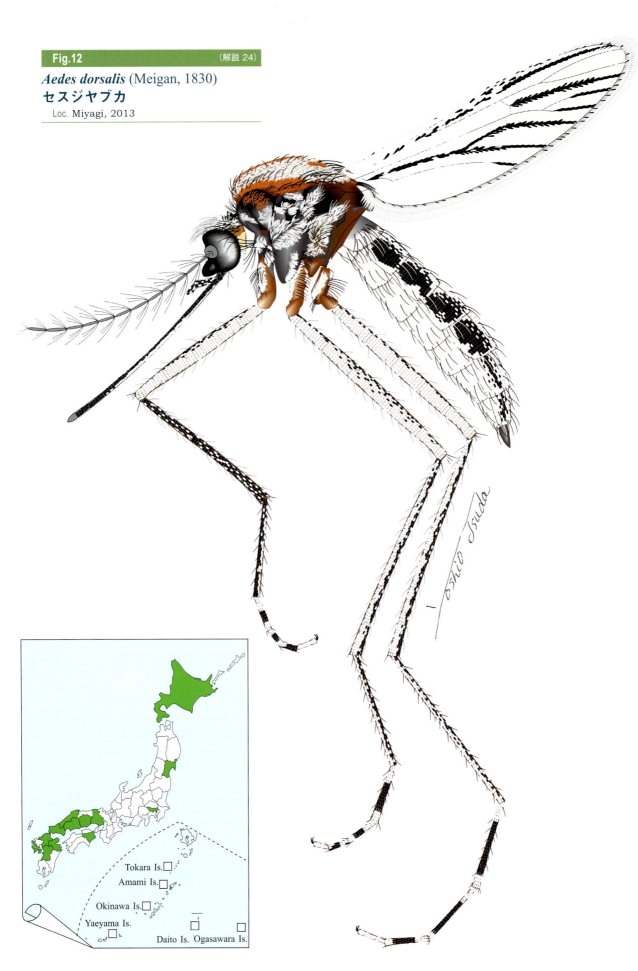

Fig.12 (解説 24)
Aedes dorsalis (Meigan, 1830)
セスジヤブカ
Loc. Miyagi, 2013

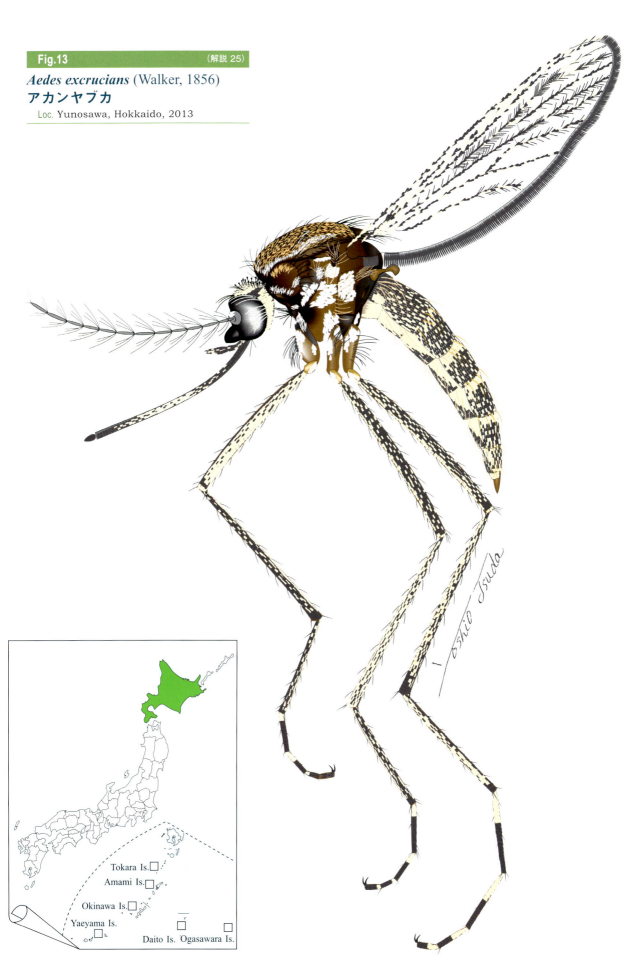

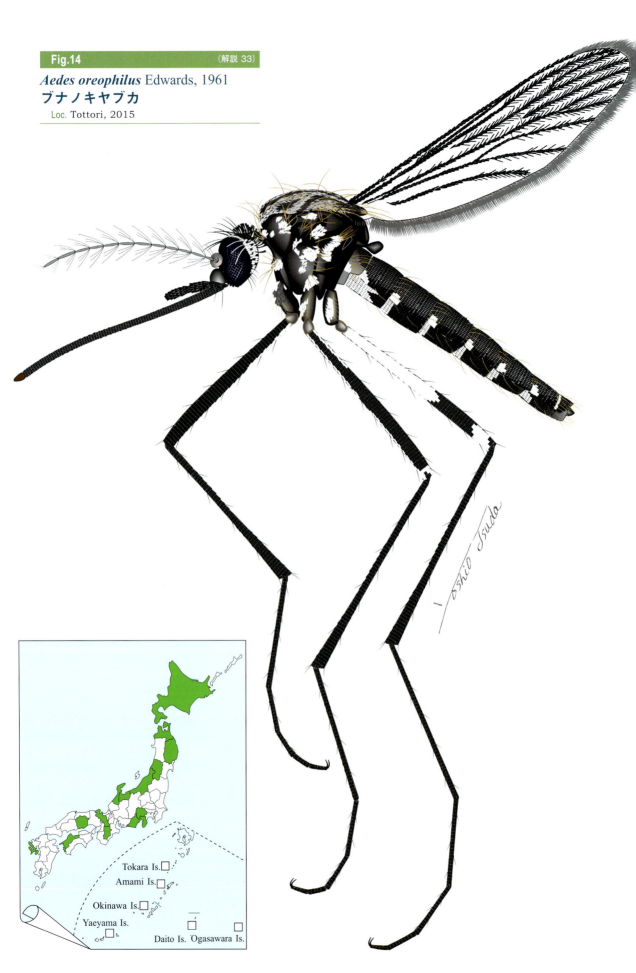

Fig.14 (解説 33)
Aedes oreophilus Edwards, 1961
ブナノキヤブカ
Loc. Tottori, 2015

Fig.15 (解説 34)

Aedes watasei Yamada, 1921
ワタセヤブカ
Loc. Iriomote Is., 2017

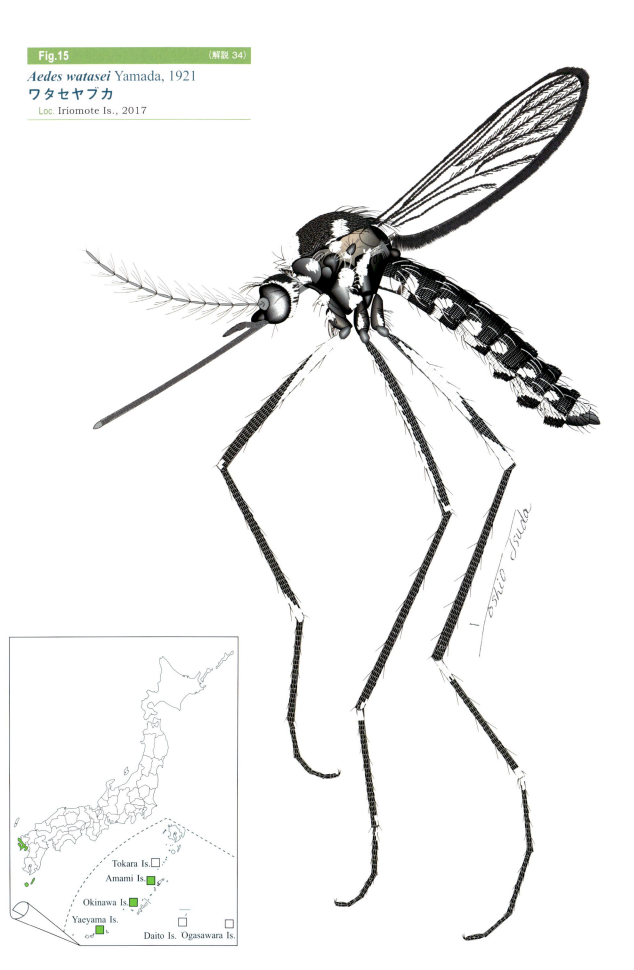

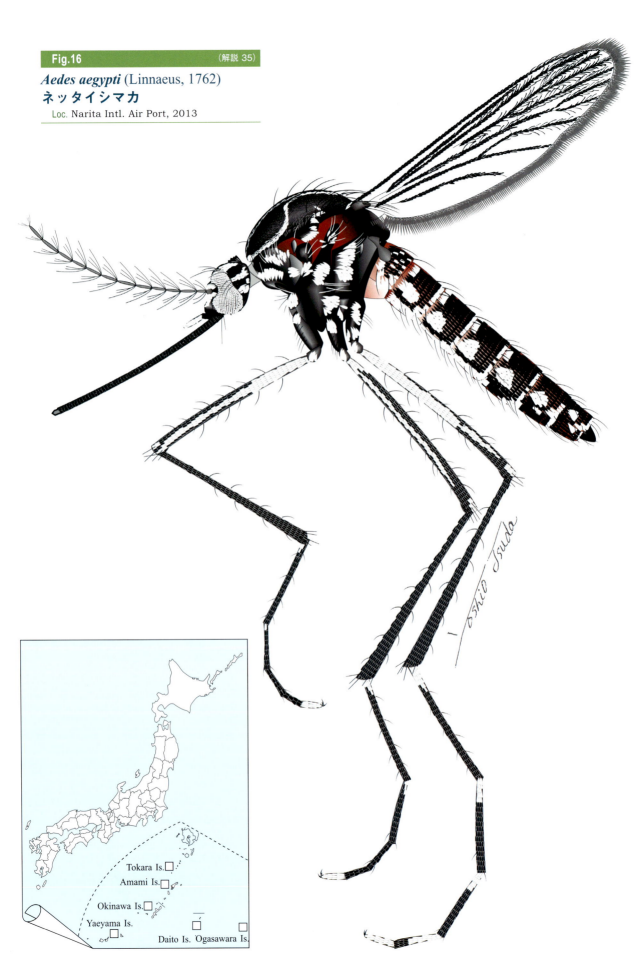

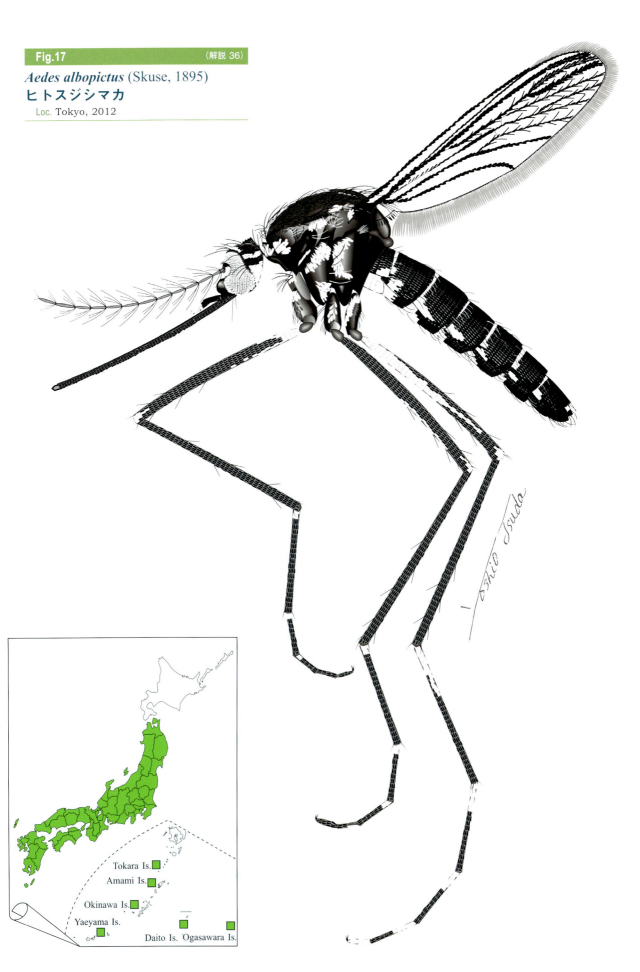

Fig.17　　　　　　　　　（解説 36）
Aedes albopictus (Skuse, 1895)
ヒトスジシマカ
Loc. Tokyo, 2012

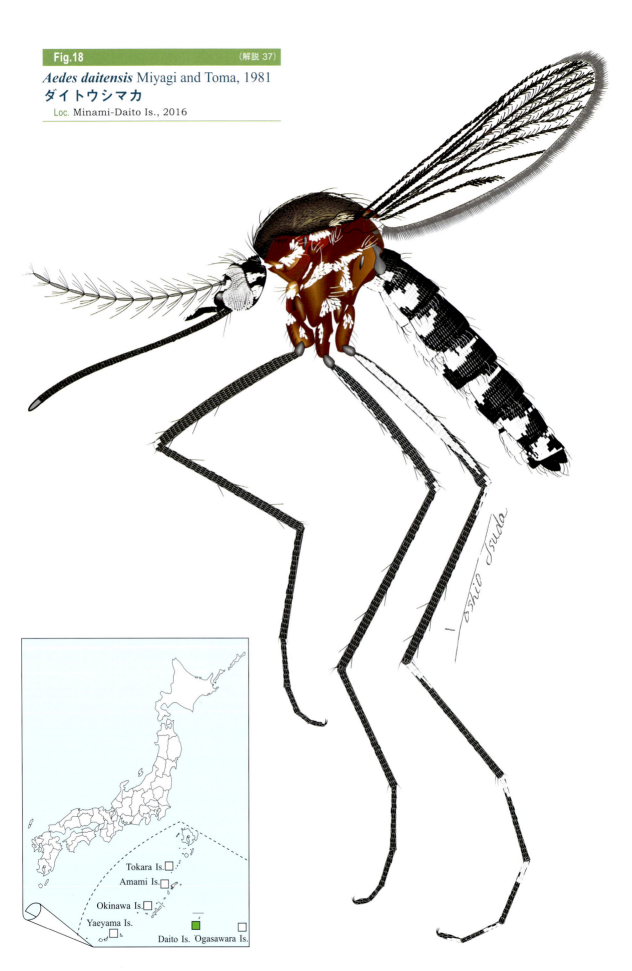

Fig.18 (解説 37)
Aedes daitensis Miyagi and Toma, 1981
ダイトウシマカ
Loc. Minami-Daito Is., 2016

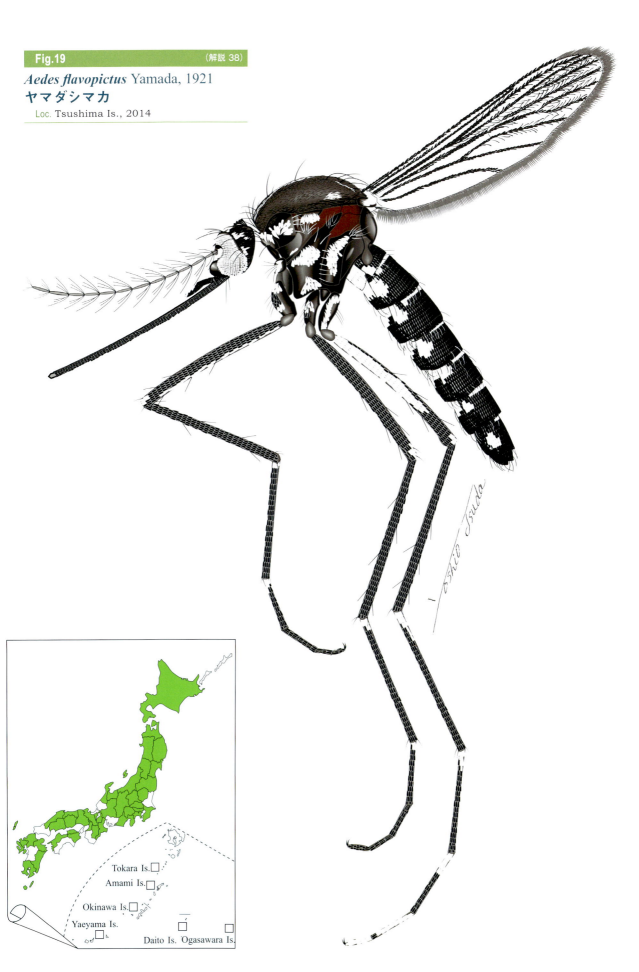

Fig.19 (解説 38)
Aedes flavopictus Yamada, 1921
ヤマダシマカ
Loc. Tsushima Is., 2014

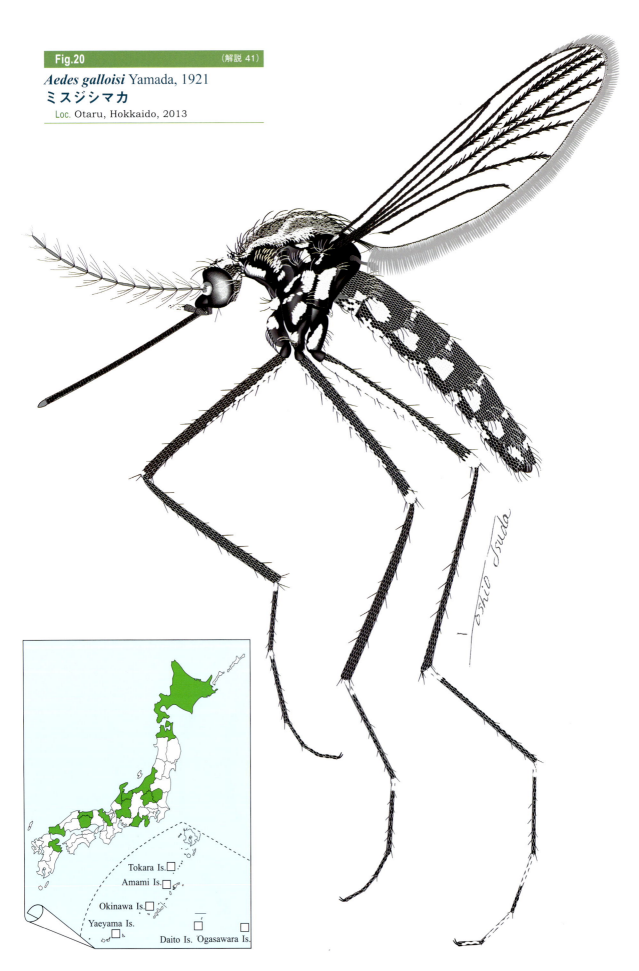

Fig.20
(解説 41)

Aedes galloisi Yamada, 1921
ミスジシマカ
Loc. Otaru, Hokkaido, 2013

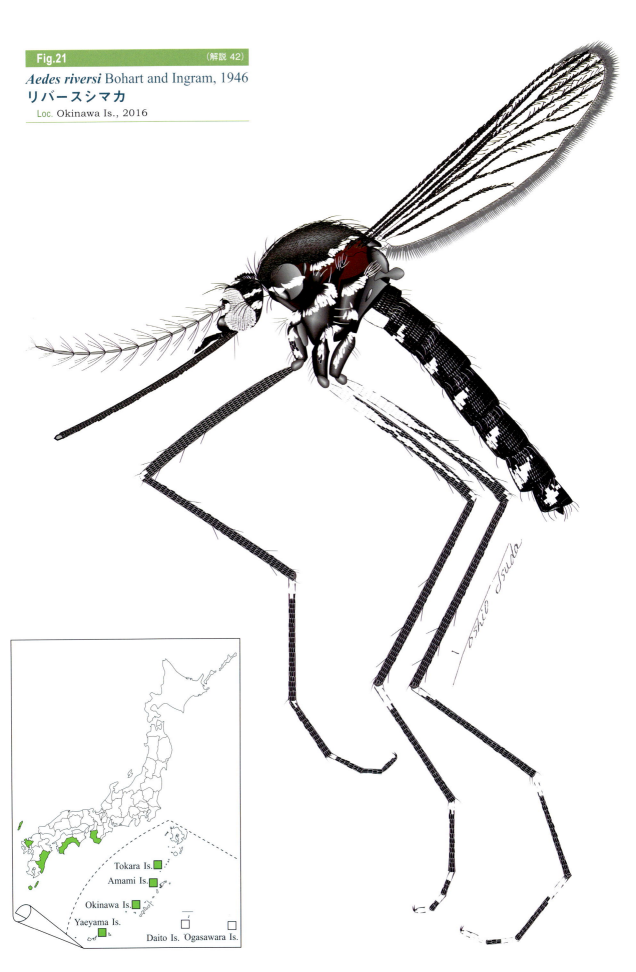

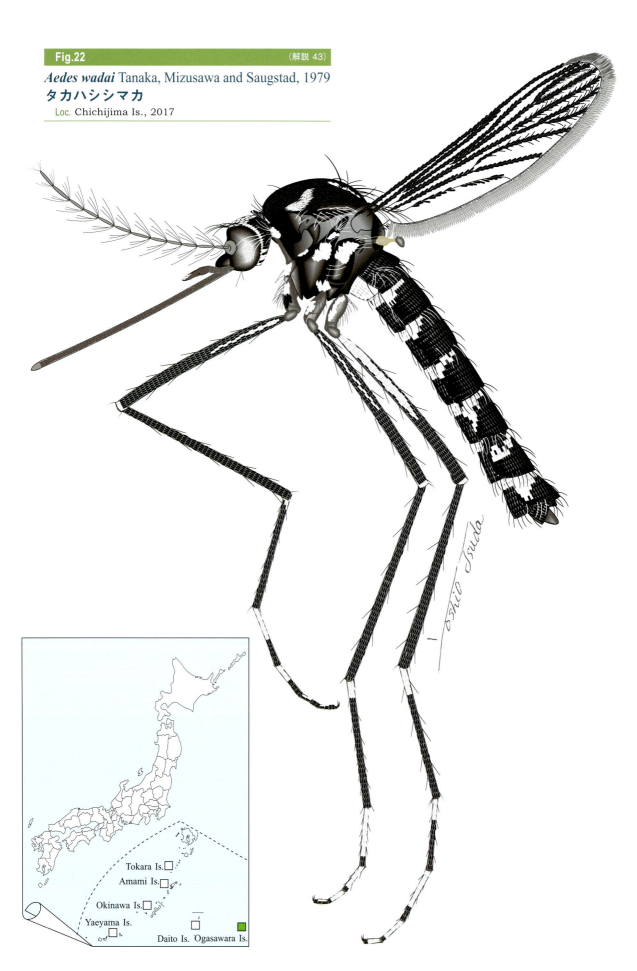

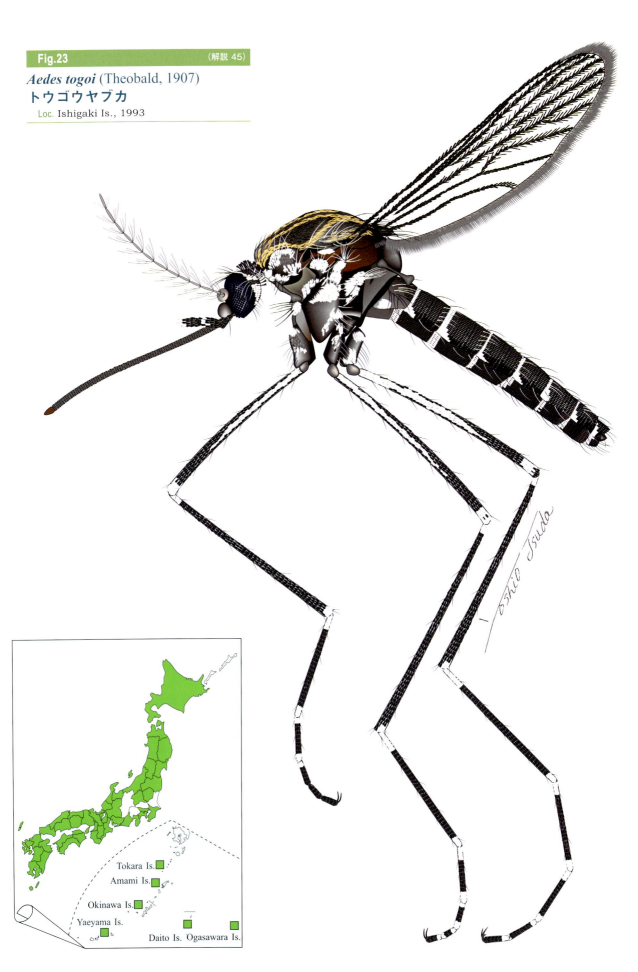

Fig.23 (解説 45)
Aedes togoi (Theobald, 1907)
トウゴウヤブカ
Loc. Ishigaki Is., 1993

Fig.24 (解説 48)

Anopheles koreicus Yamada and Watanabe, 1918
チョウセンハマダラカ
Loc. Tsushima Is., 2014

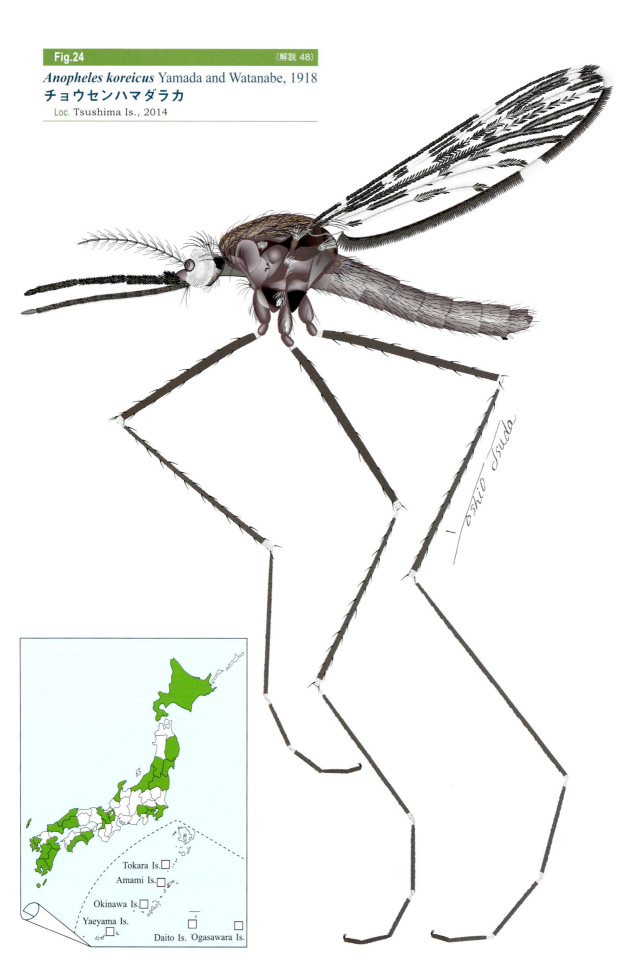

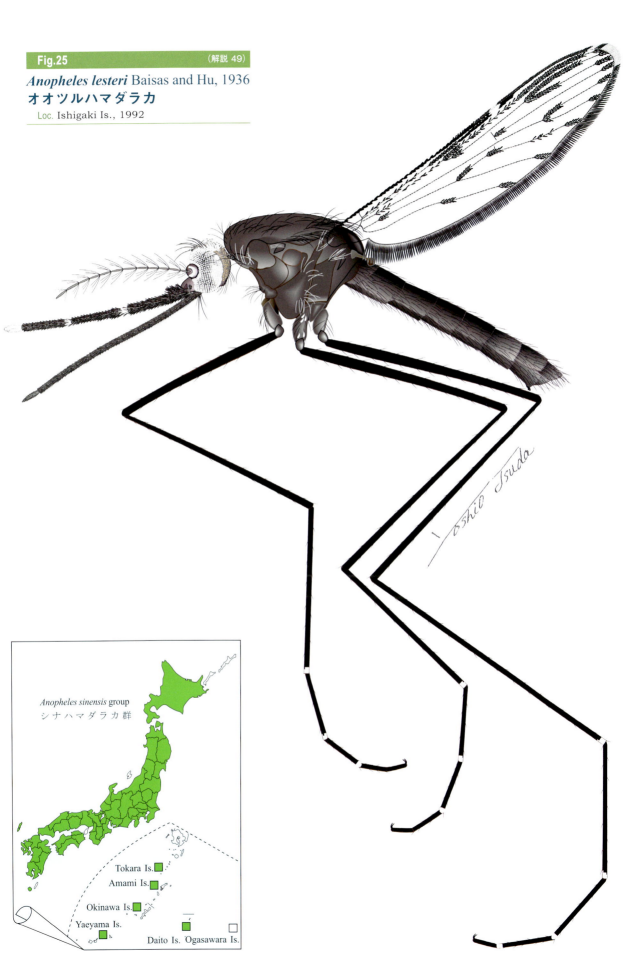

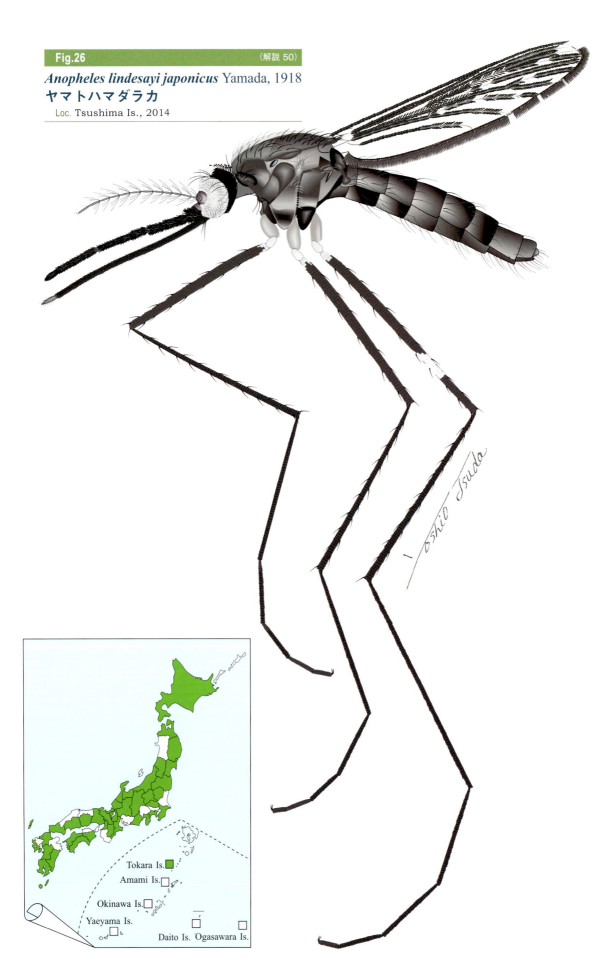

Fig.26 (解説 50)
Anopheles lindesayi japonicus Yamada, 1918
ヤマトハマダラカ
Loc. Tsushima Is., 2014

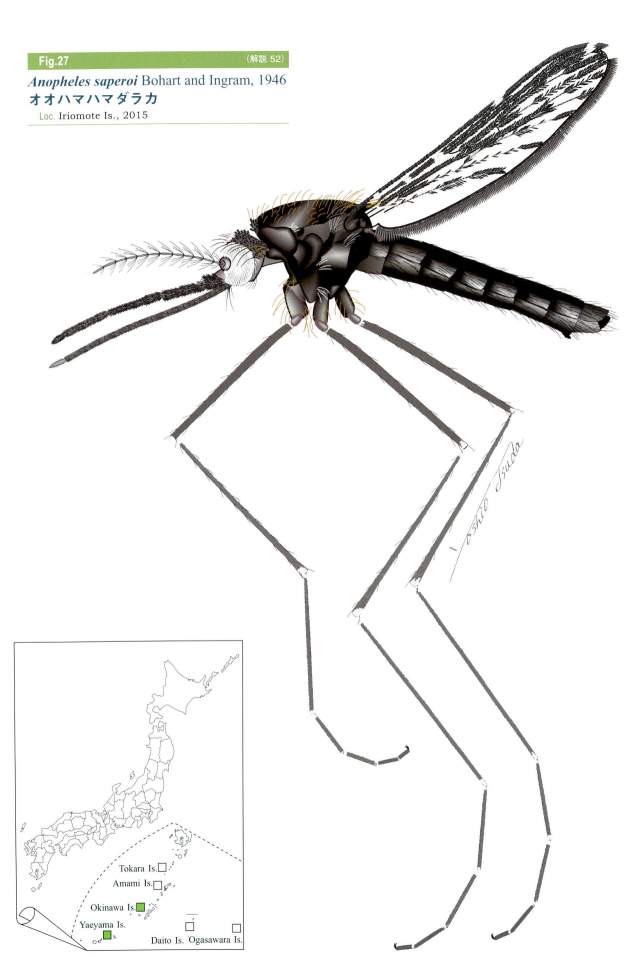

Fig.27 (解説 52)
Anopheles saperoi Bohart and Ingram, 1946
オオハマハマダラカ
Loc. Iriomote Is., 2015

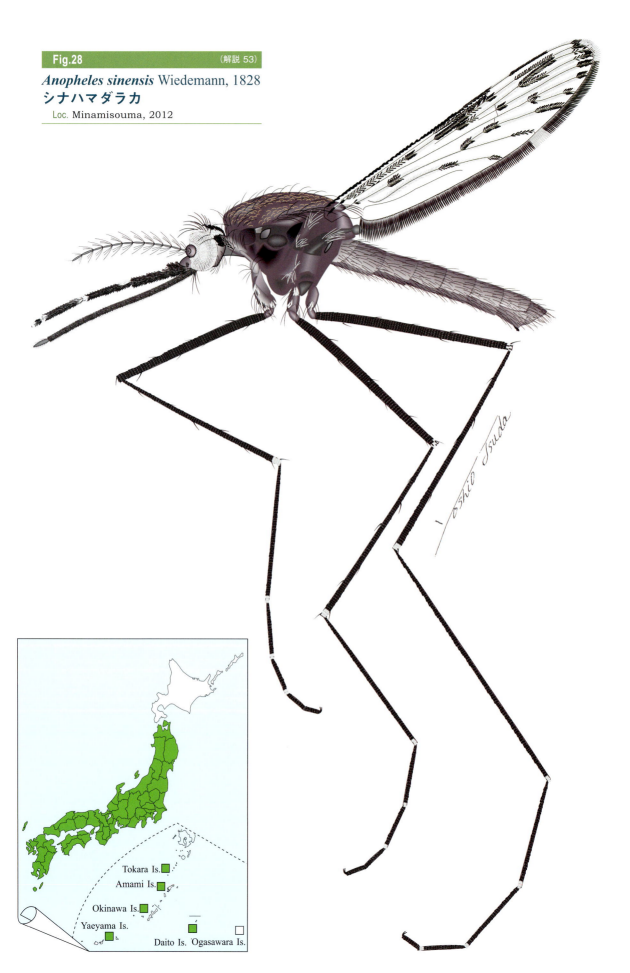

Fig.28 (解説 53)
Anopheles sinensis Wiedemann, 1828
シナハマダラカ
Loc. Minamisouma, 2012

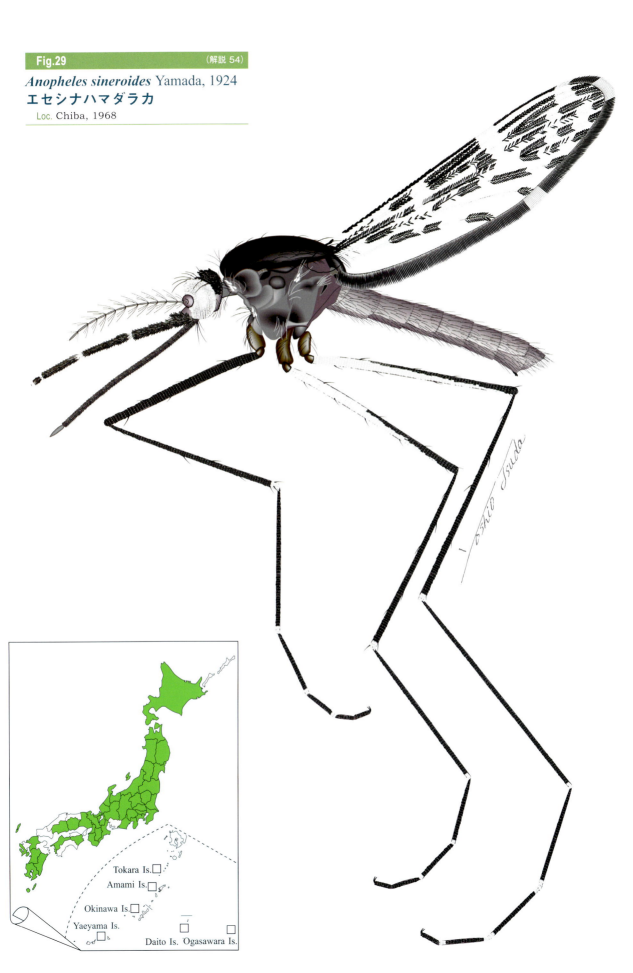

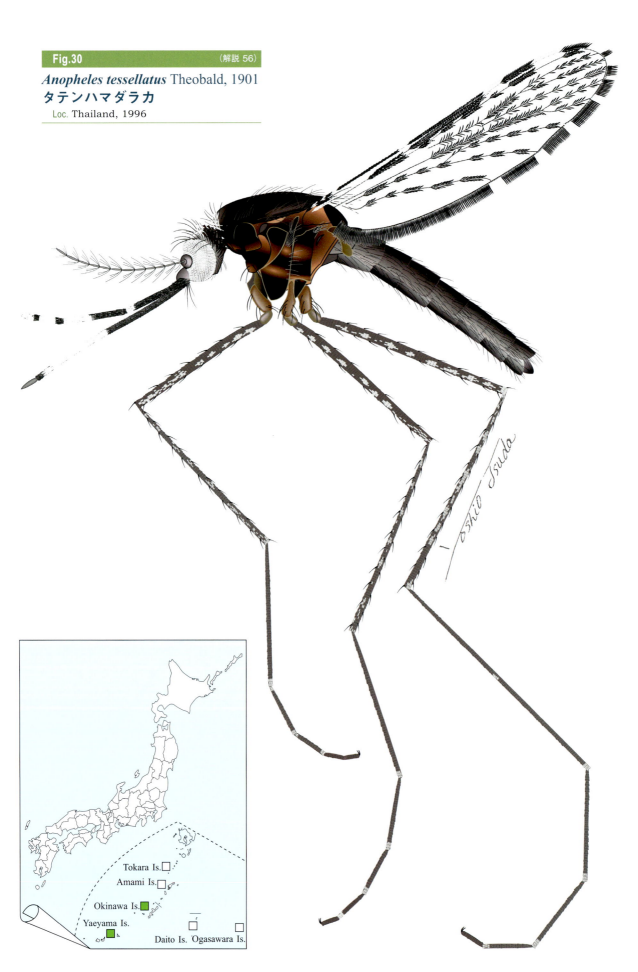

Fig.30 (解説 56)
Anopheles tessellatus Theobald, 1901
タテンハマダラカ
Loc. Thailand, 1996

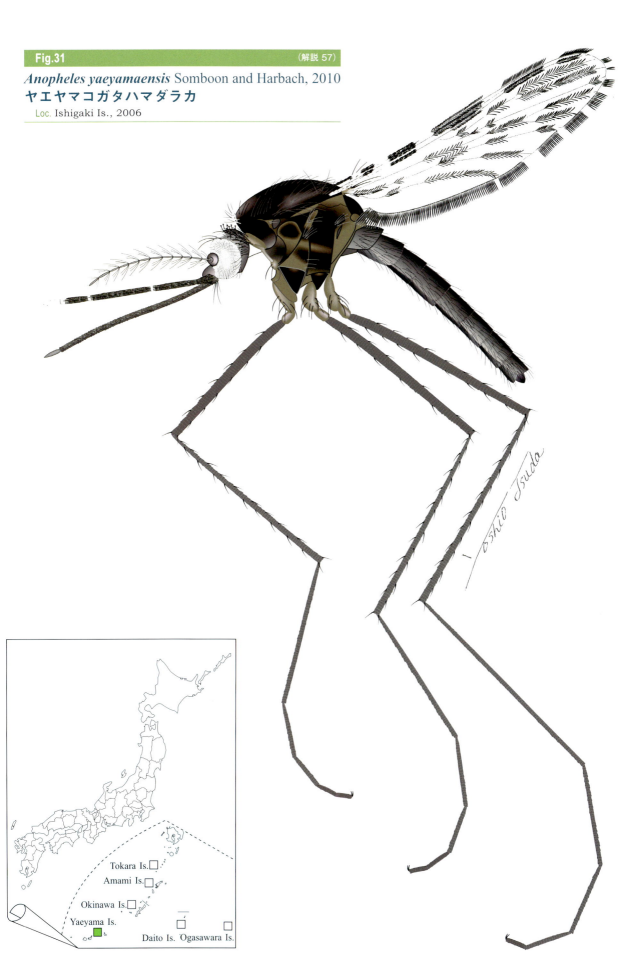

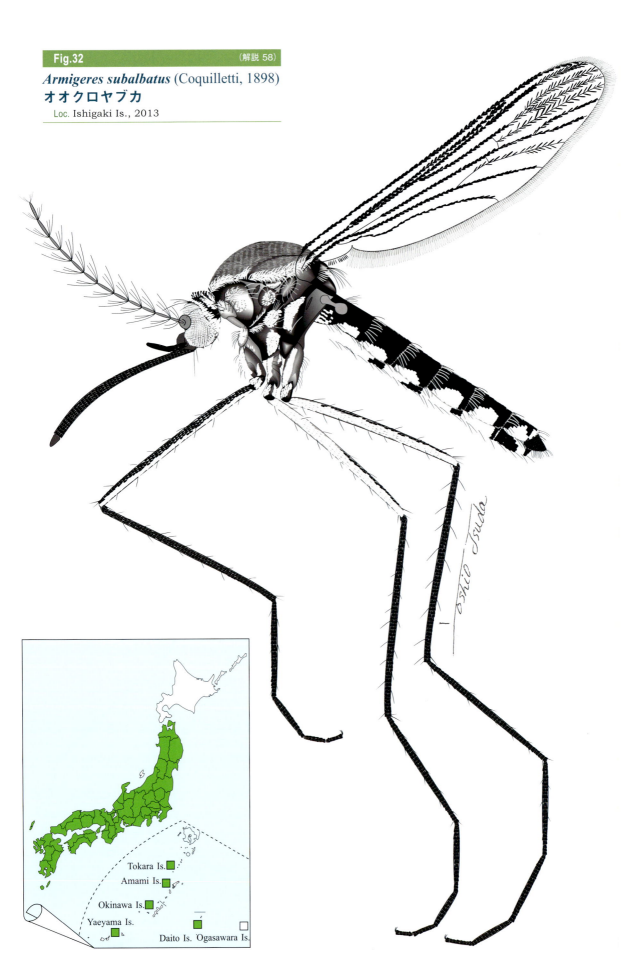

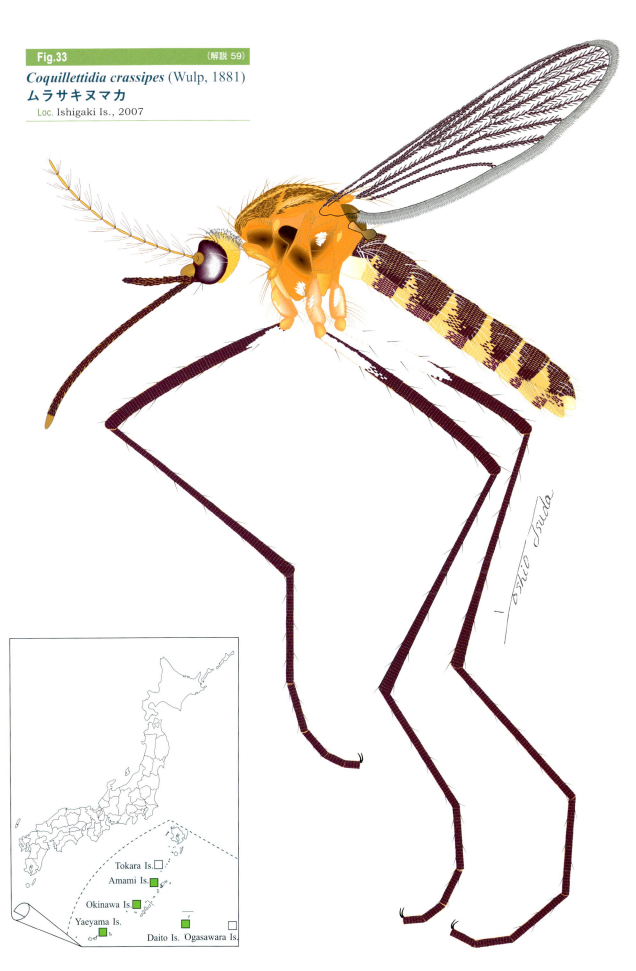

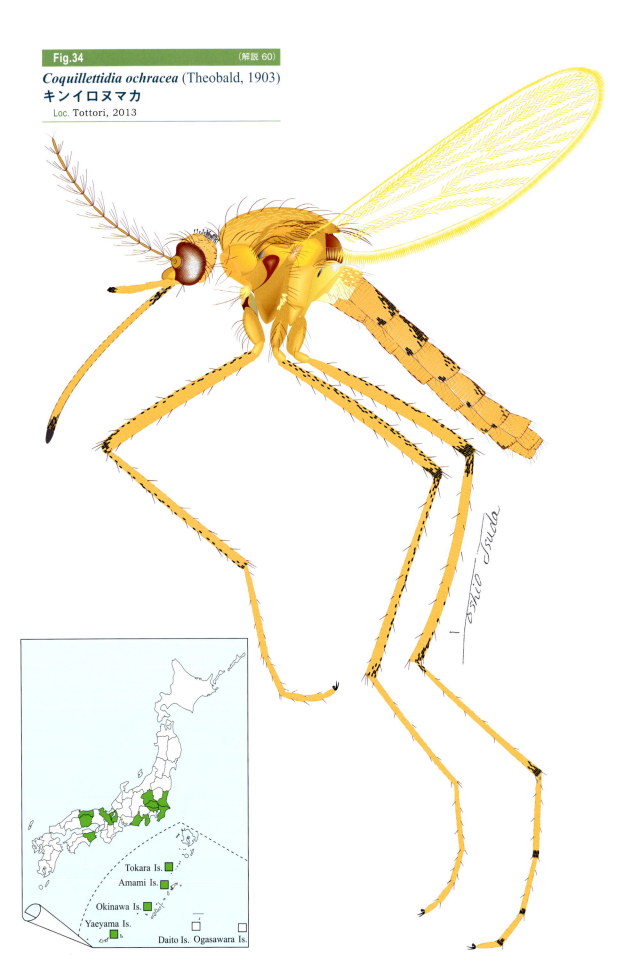

Fig.35 （解説 61）
Culex inatomii Kamimura and Wada, 1974
イナトミシオカ
Loc. Minamisouma, 2012

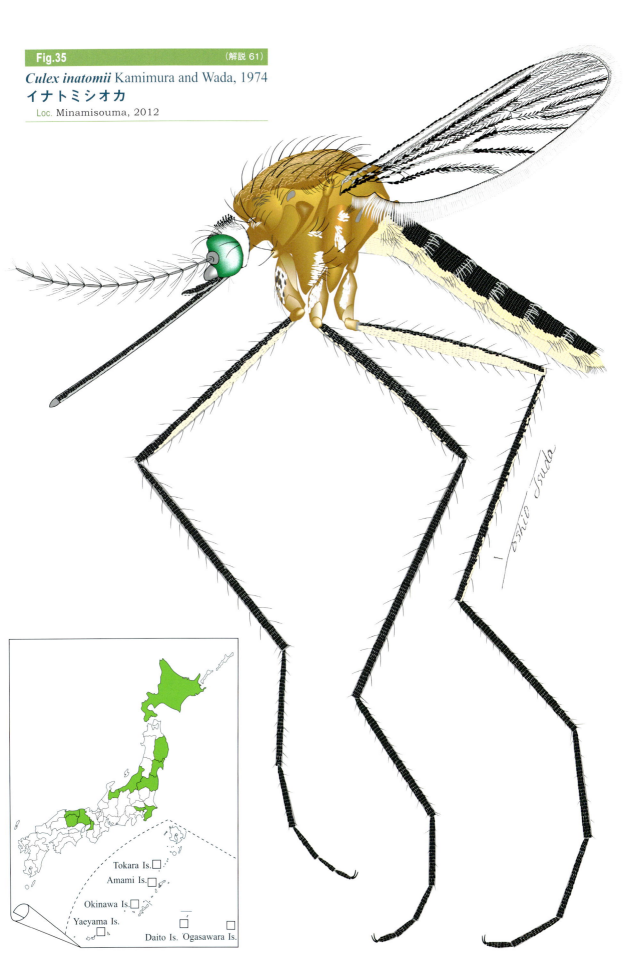

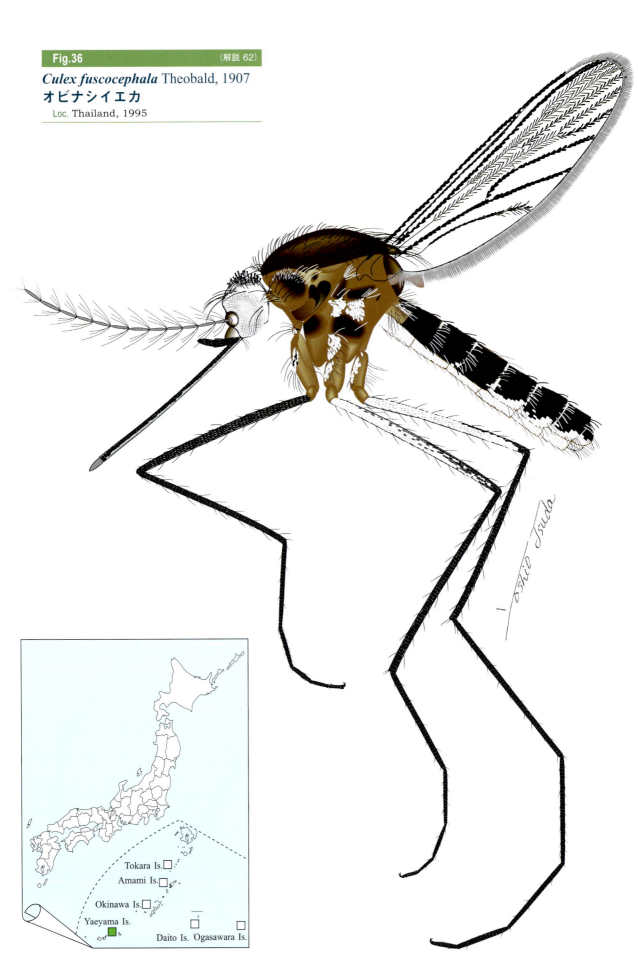

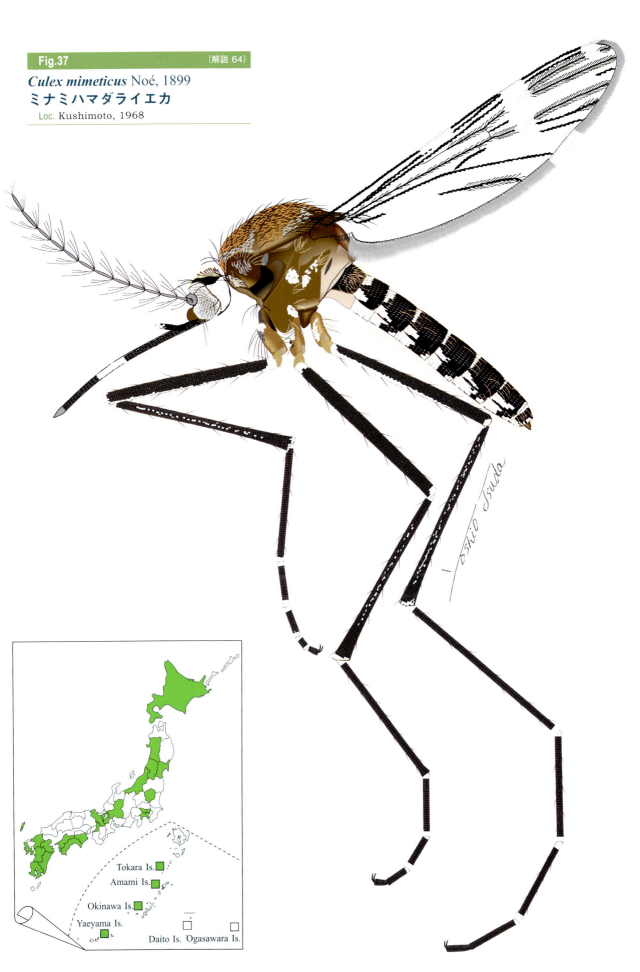

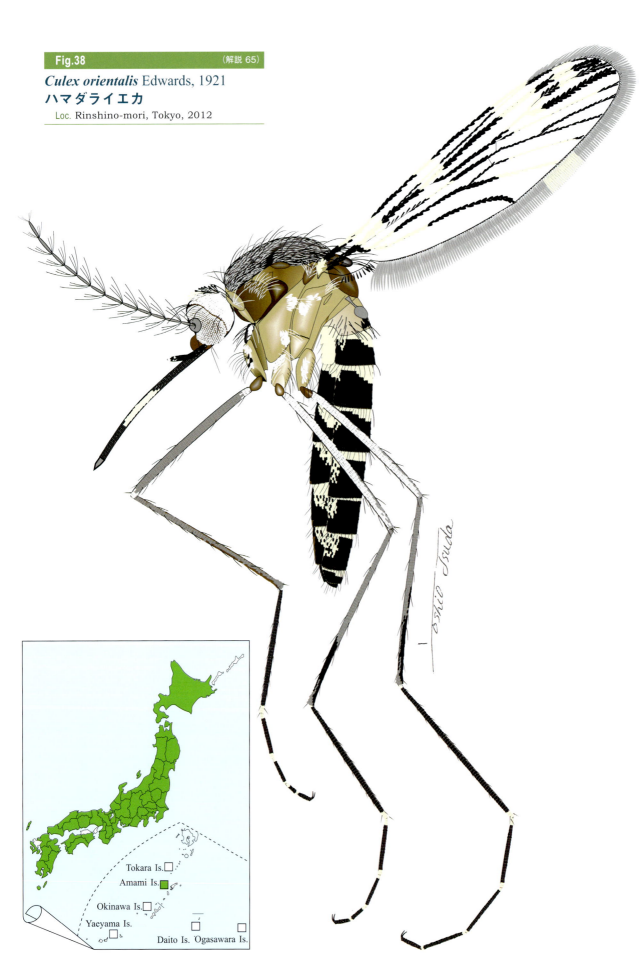

Fig.38 (解説 65)
Culex orientalis Edwards, 1921
ハマダライエカ
Loc. Rinshino-mori, Tokyo, 2012

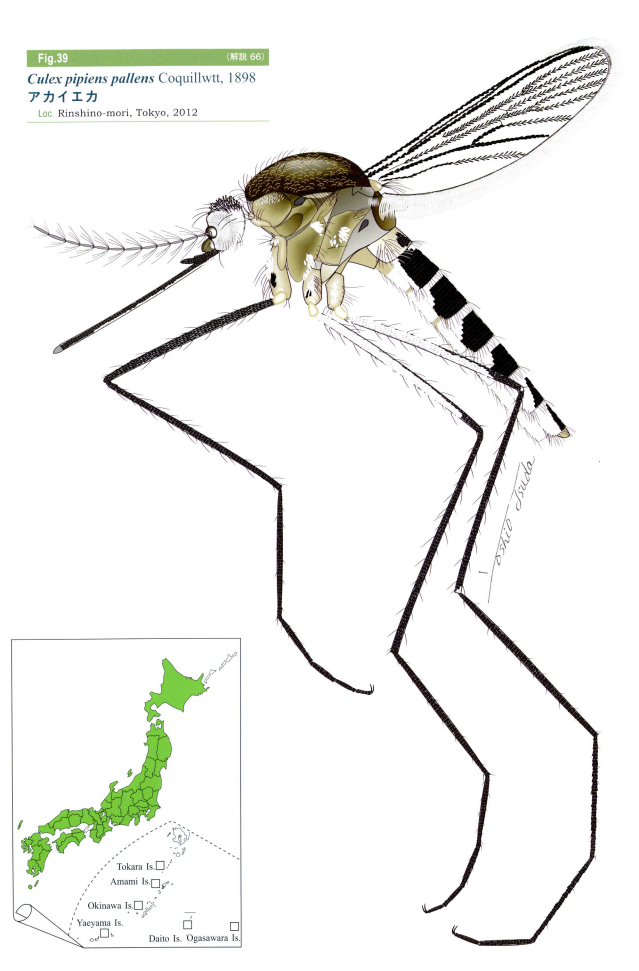

Fig.39 (解説 66)
Culex pipiens pallens Coquillwtt, 1898
アカイエカ
Loc. Rinshino-mori, Tokyo, 2012

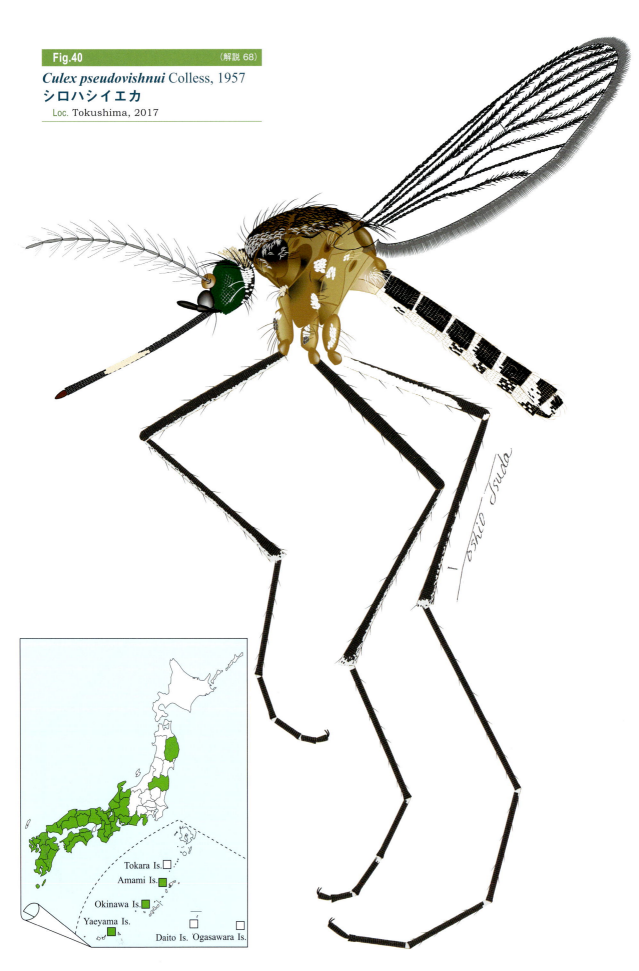

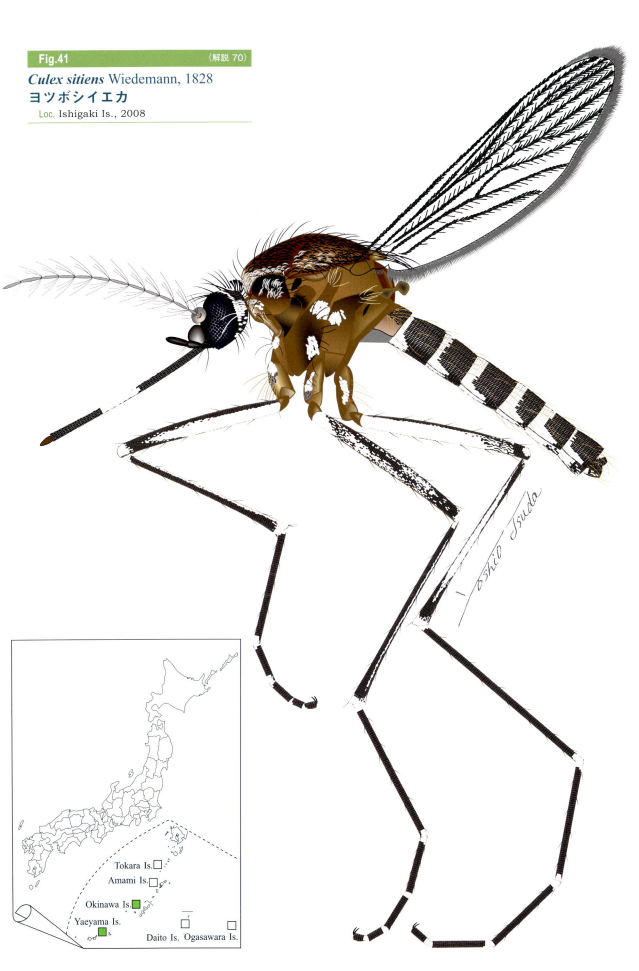

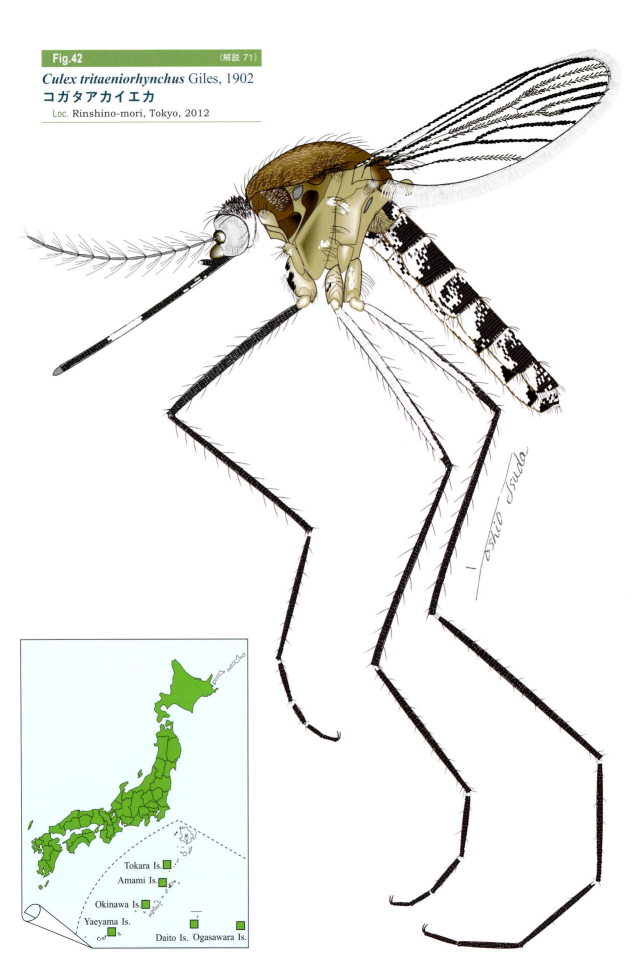

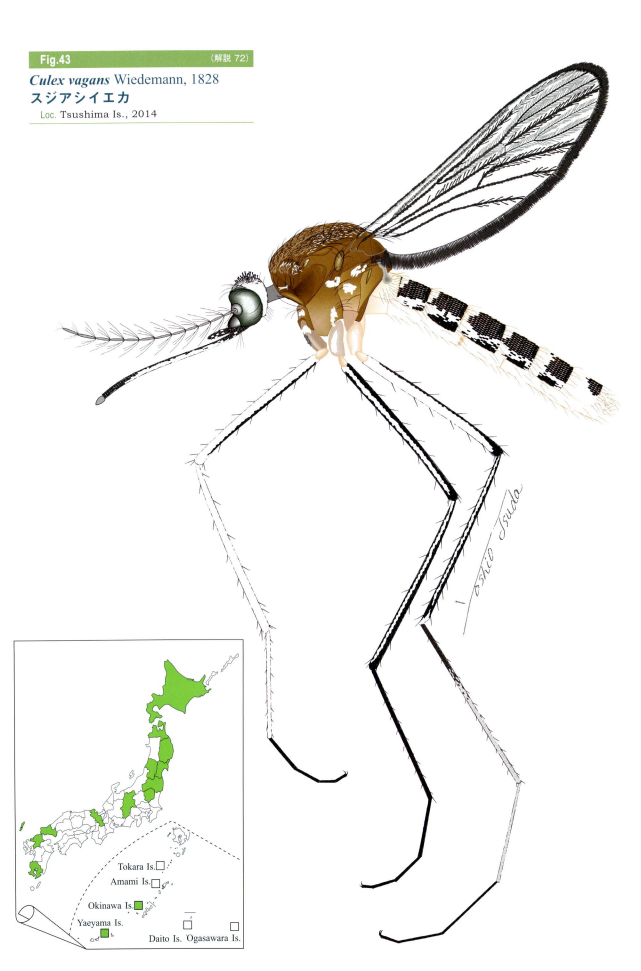

Fig.43 (解説 72)
Culex vagans Wiedemann, 1828
スジアシイエカ
Loc. Tsushima Is., 2014

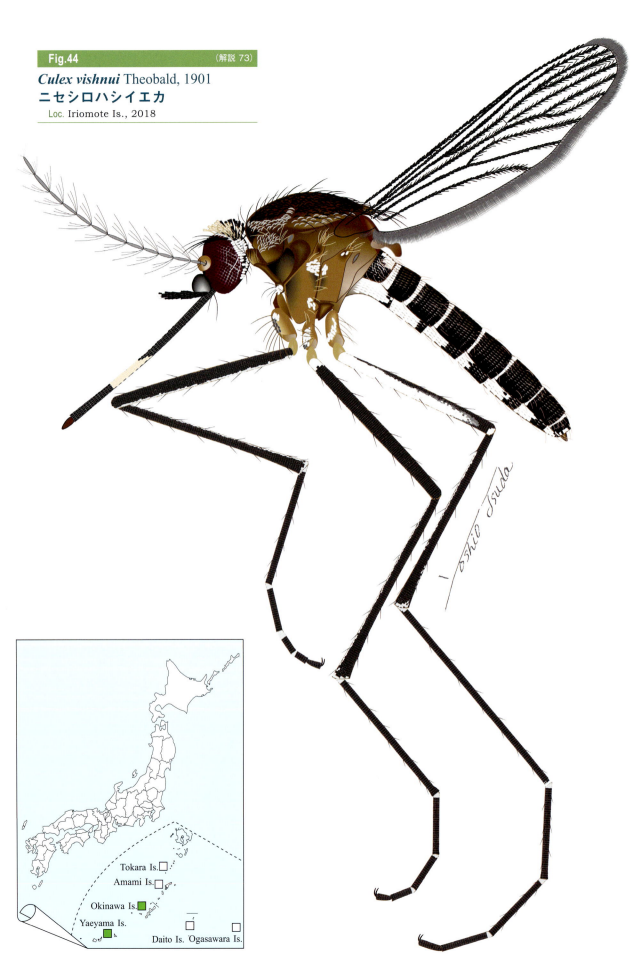

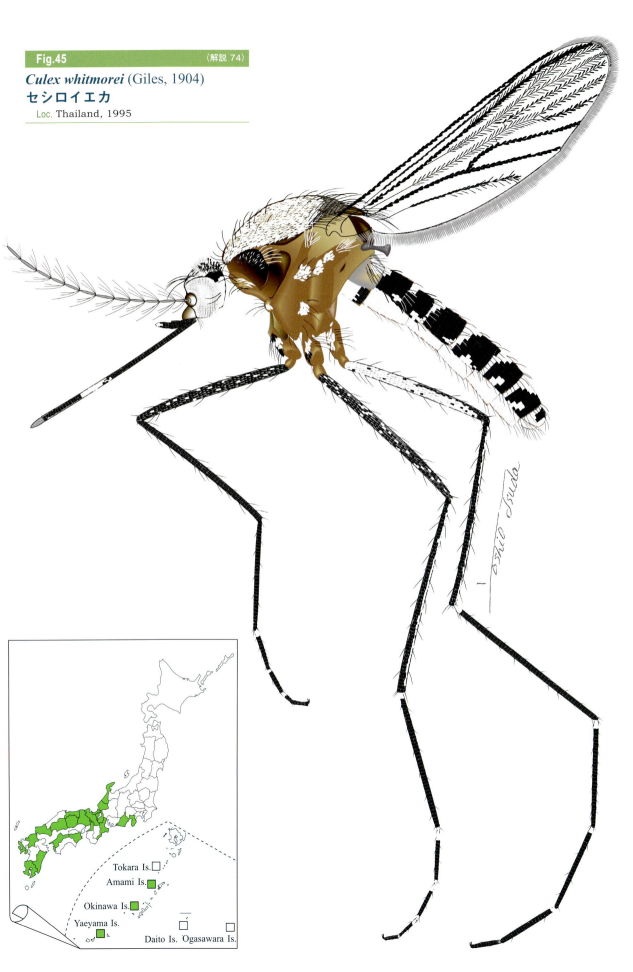

Fig.45 (解説 74)
Culex whitmorei (Giles, 1904)
セシロイエカ
Loc. Thailand, 1995

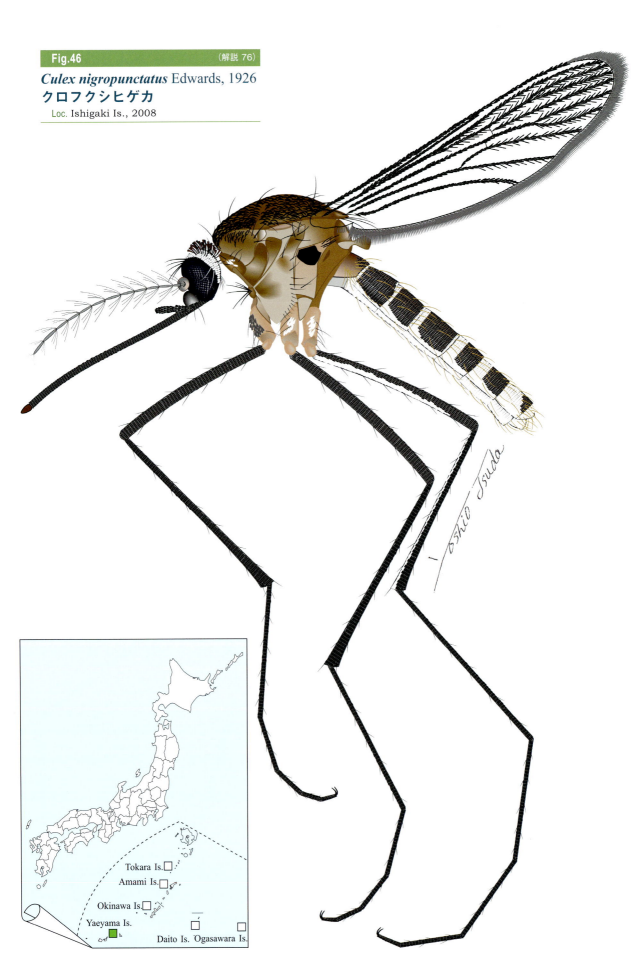

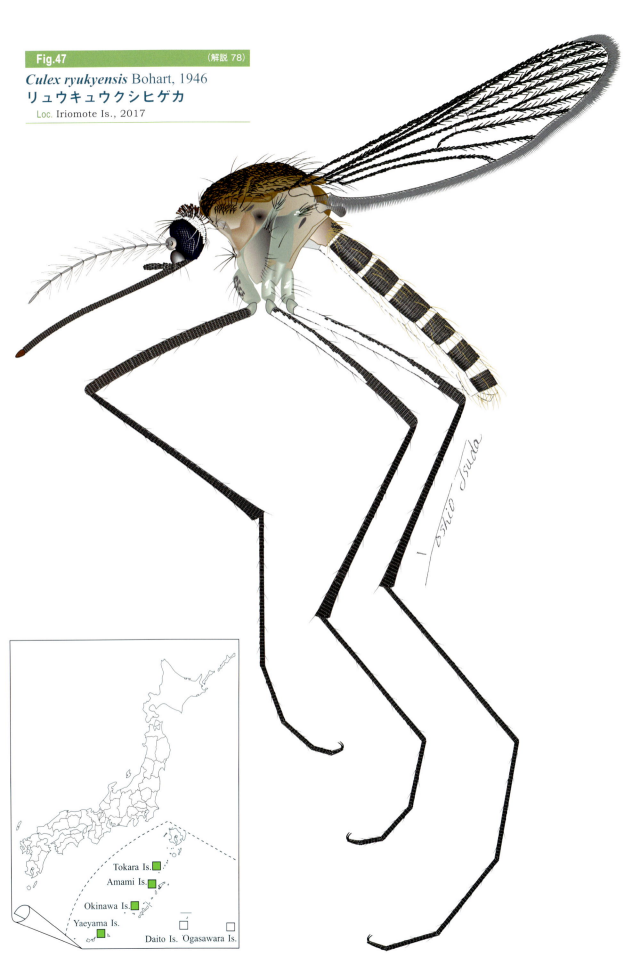

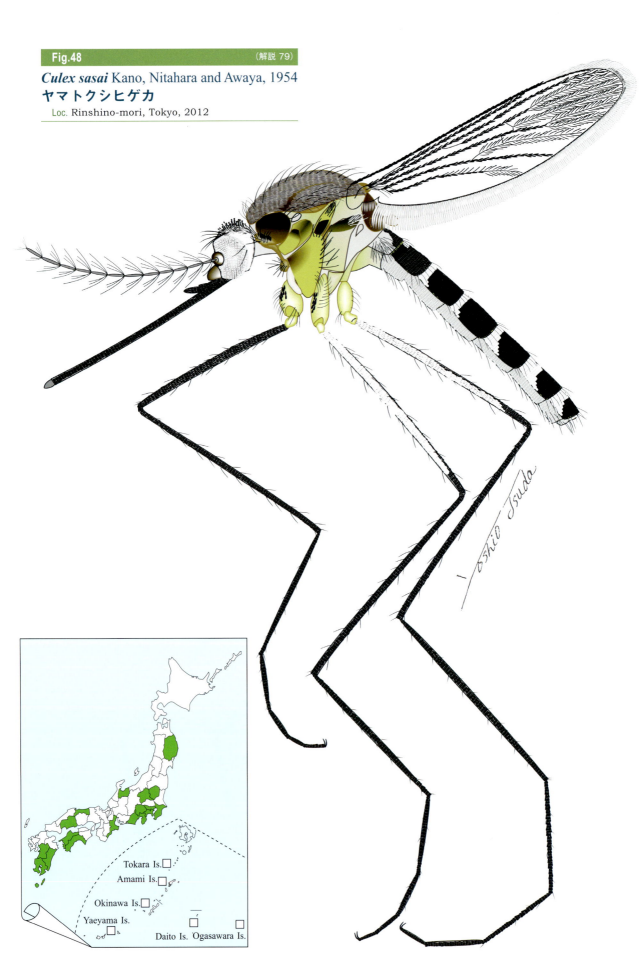

Fig.48 (解説 79)
Culex sasai Kano, Nitahara and Awaya, 1954
ヤマトクシヒゲカ
Loc. Rinshino-mori, Tokyo, 2012

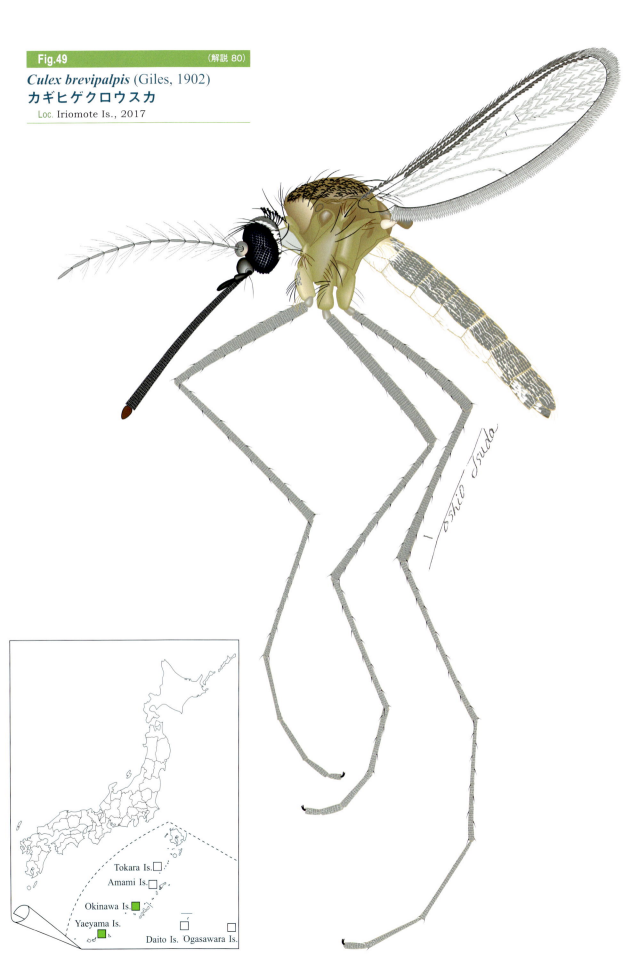

Fig.49 (解説 80)
Culex brevipalpis (Giles, 1902)
カギヒゲクロウスカ
Loc. Iriomote Is., 2017

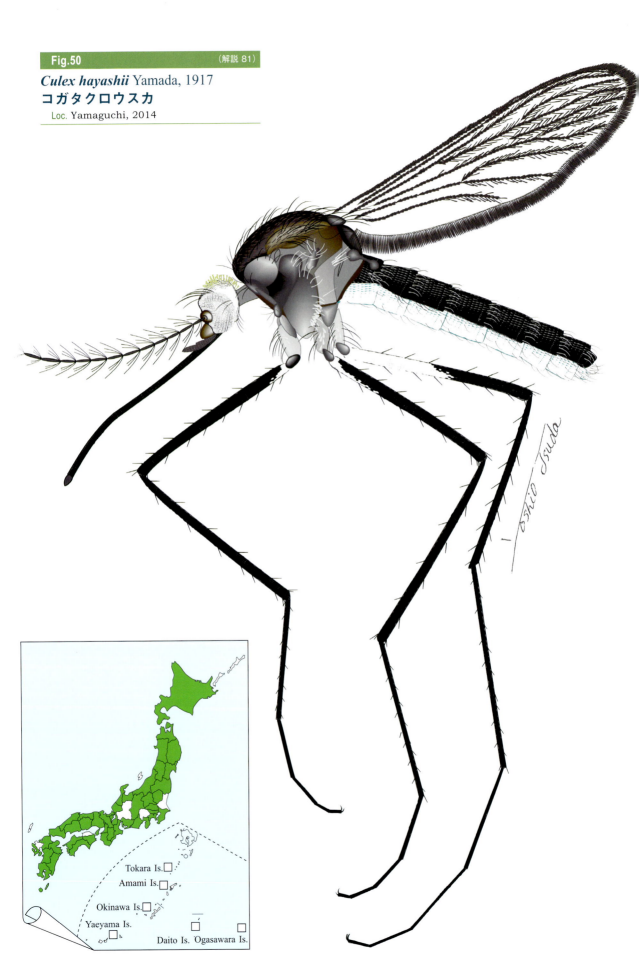

Fig.50　（解説 81）
Culex hayashii Yamada, 1917
コガタクロウスカ
Loc. Yamaguchi, 2014

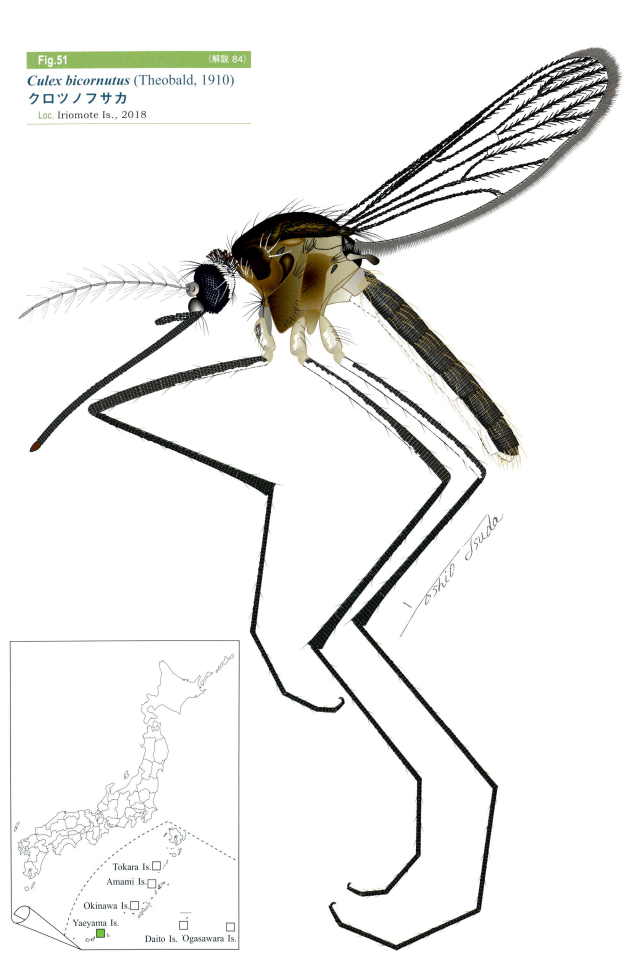

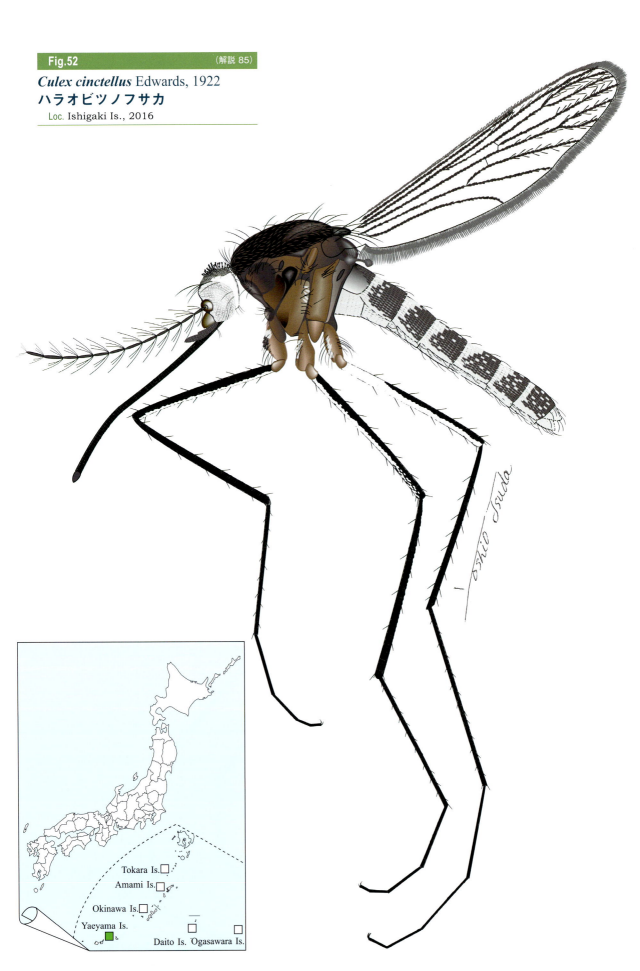

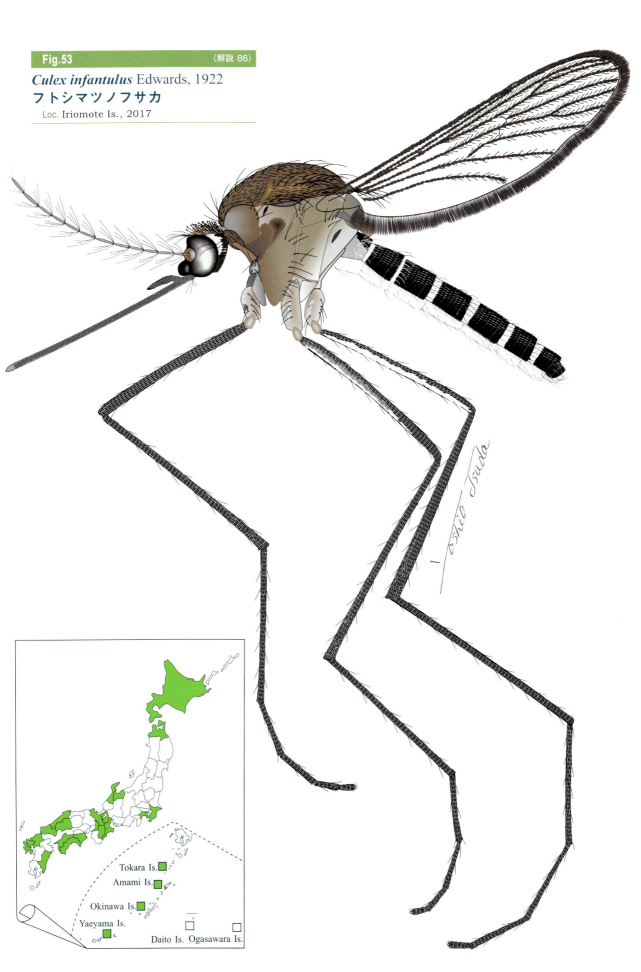

Fig.53 (解説 86)
Culex infantulus Edwards, 1922
フトシマツノフサカ
Loc. Iriomote Is., 2017

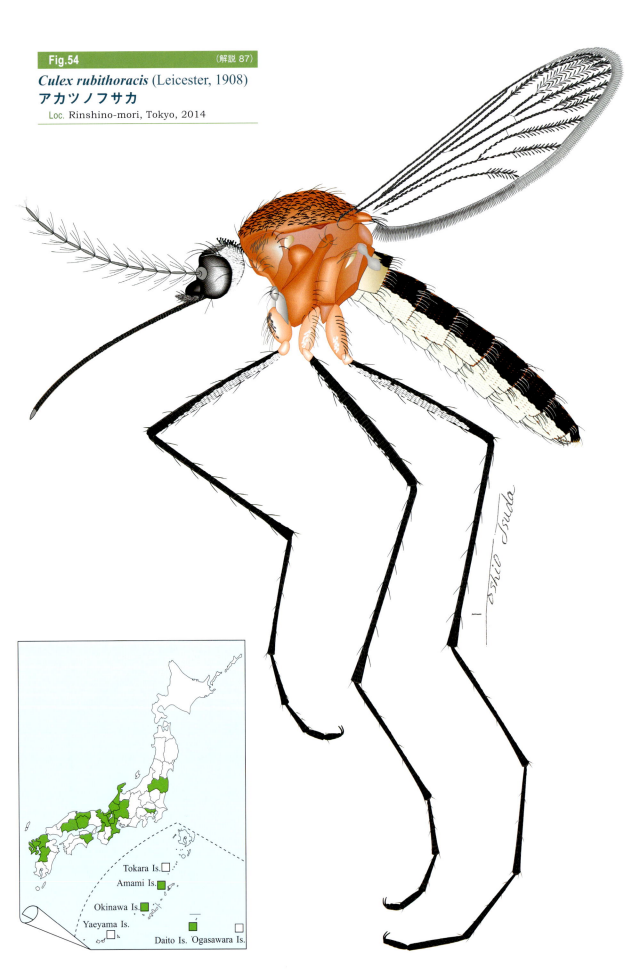

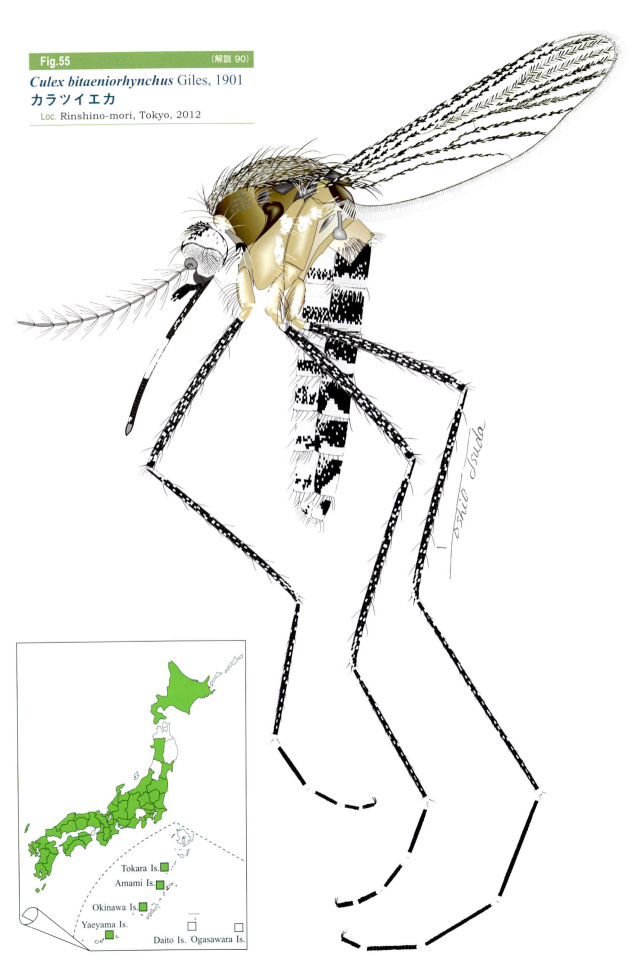

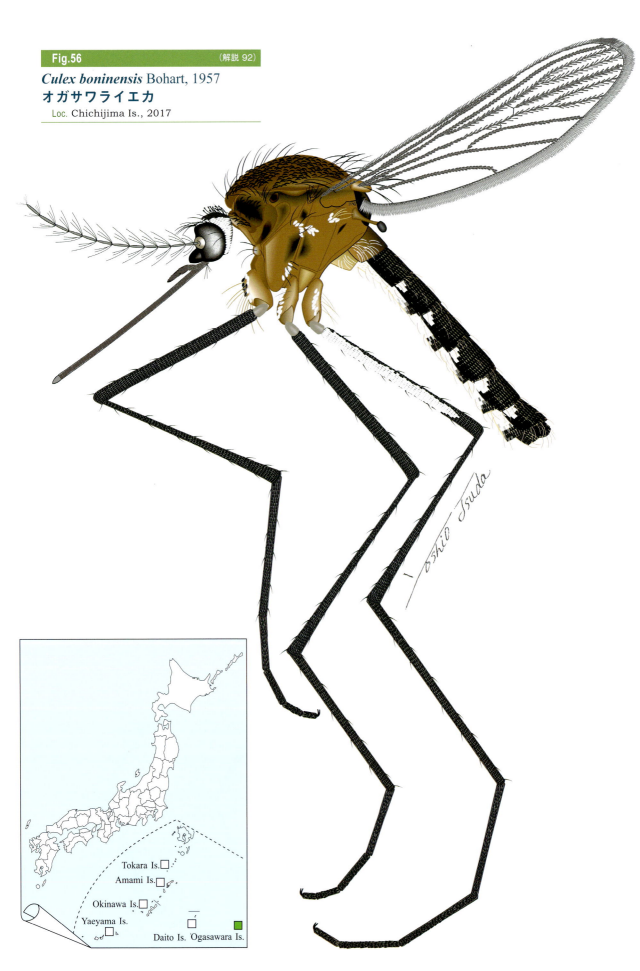

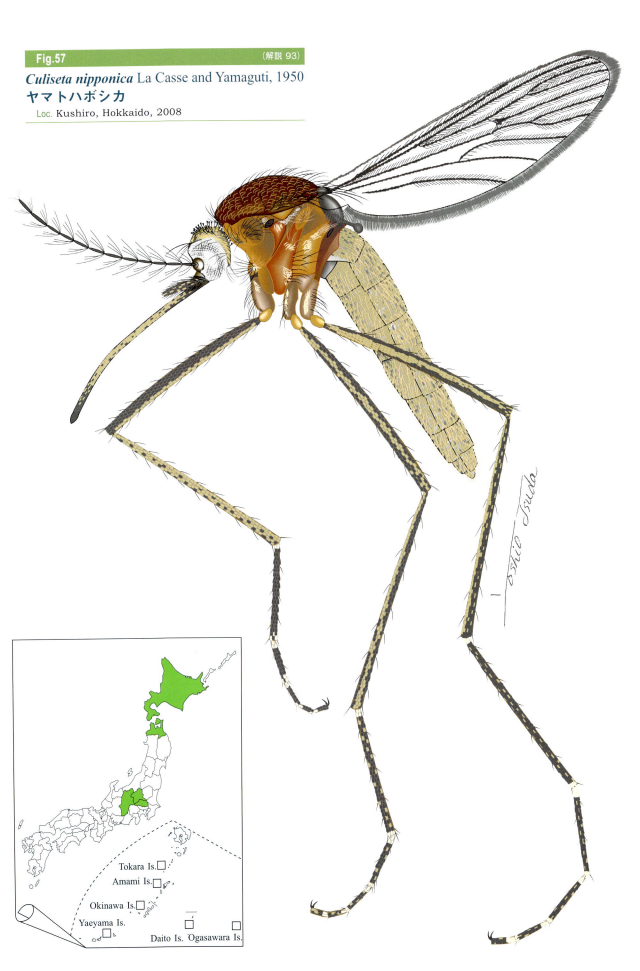

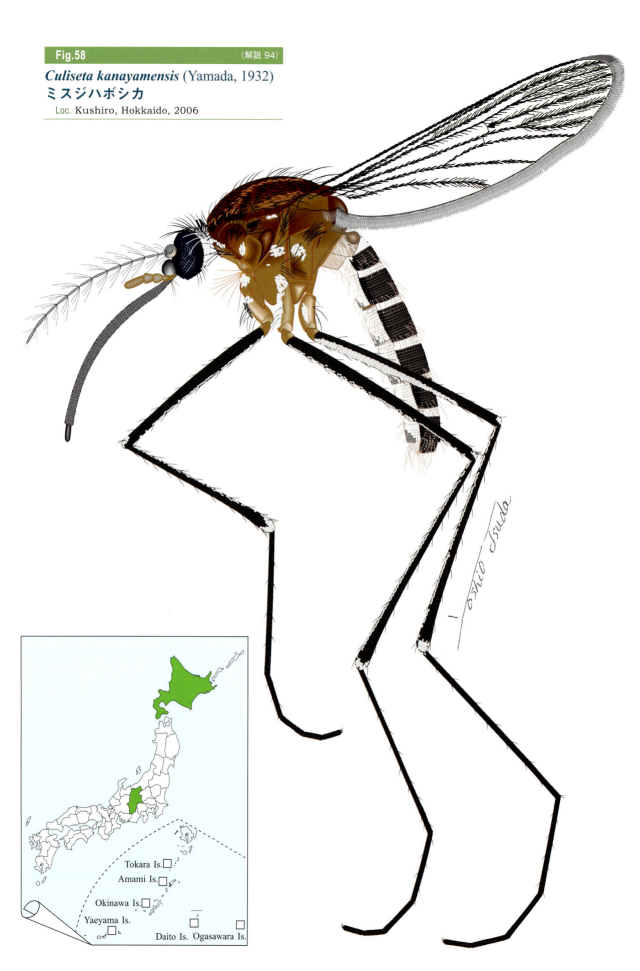

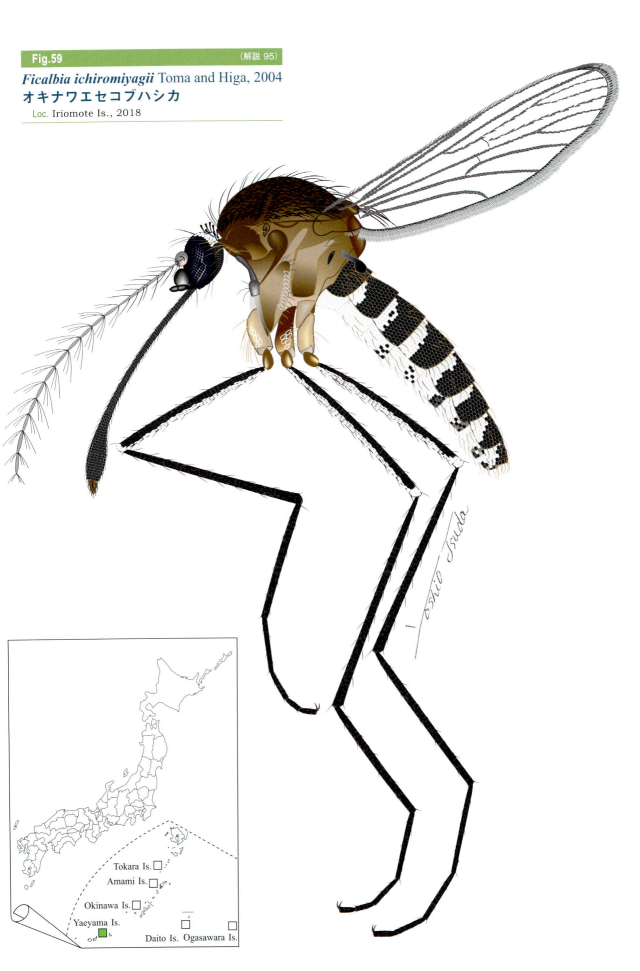

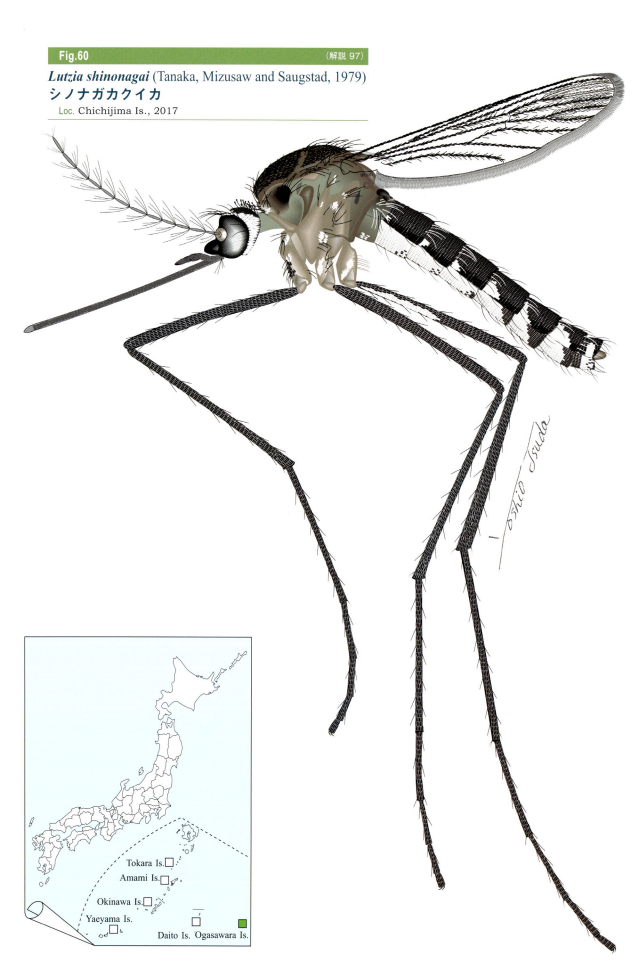

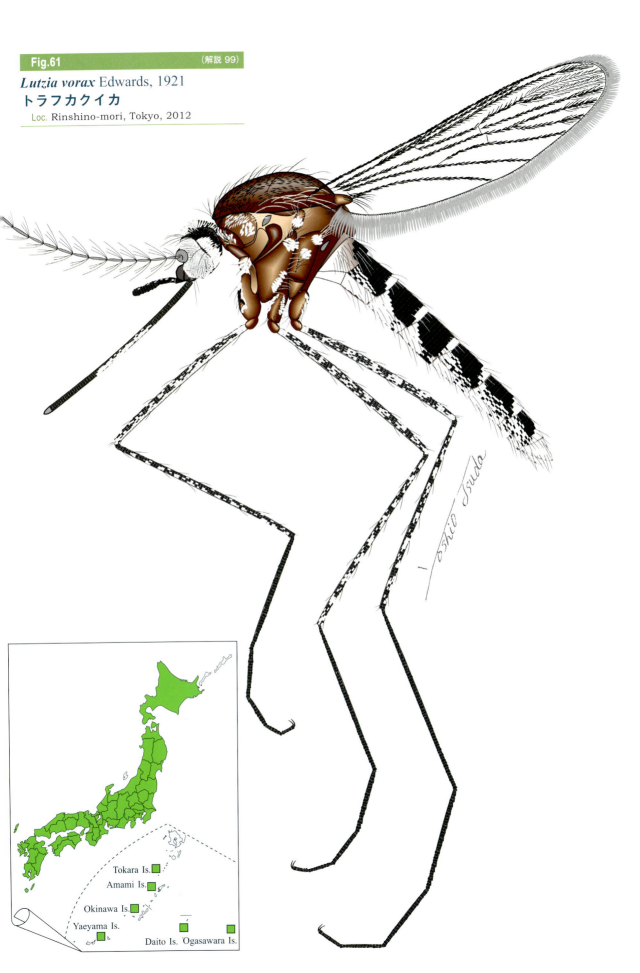

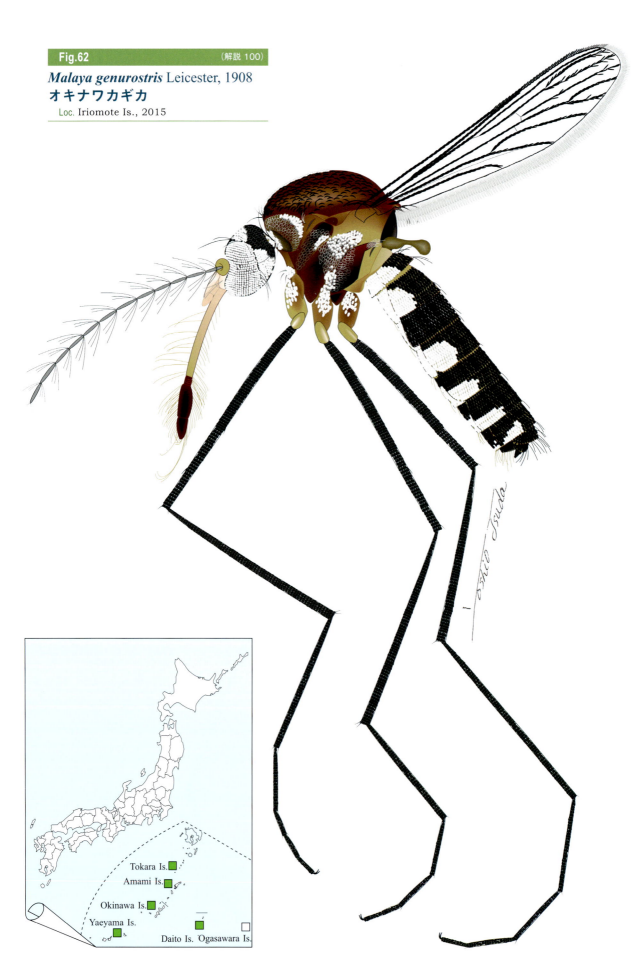

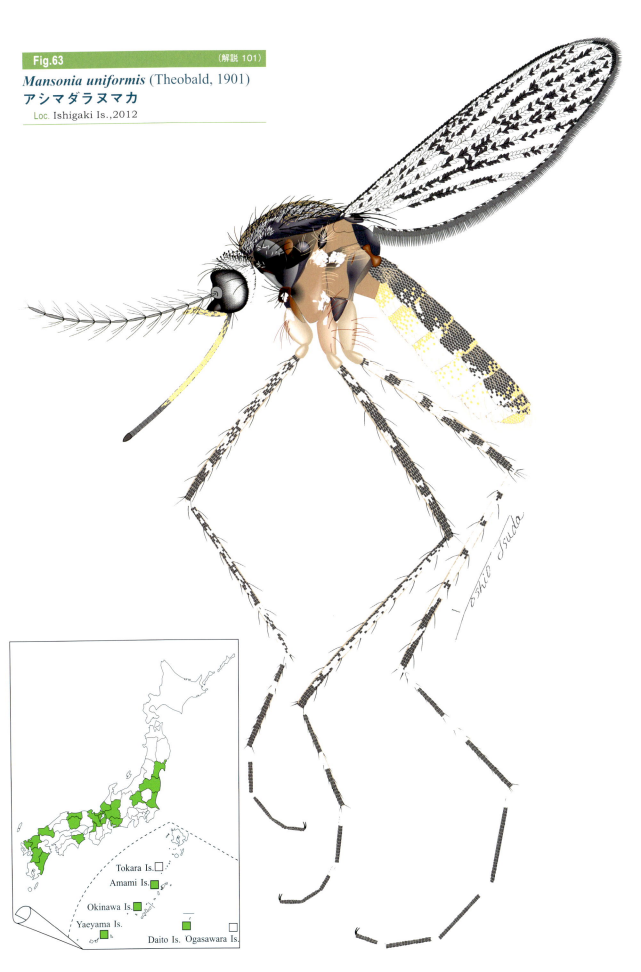

Fig.63 (解説 101)
Mansonia uniformis (Theobald, 1901)
アシマダラヌマカ
Loc. Ishigaki Is.,2012

Fig.64　　　　　　　　　　　　　（解説 102）
Mimomyia elegans (Taylor, 1914)
マダラコブハシカ
Loc. Iriomote Is., 2018

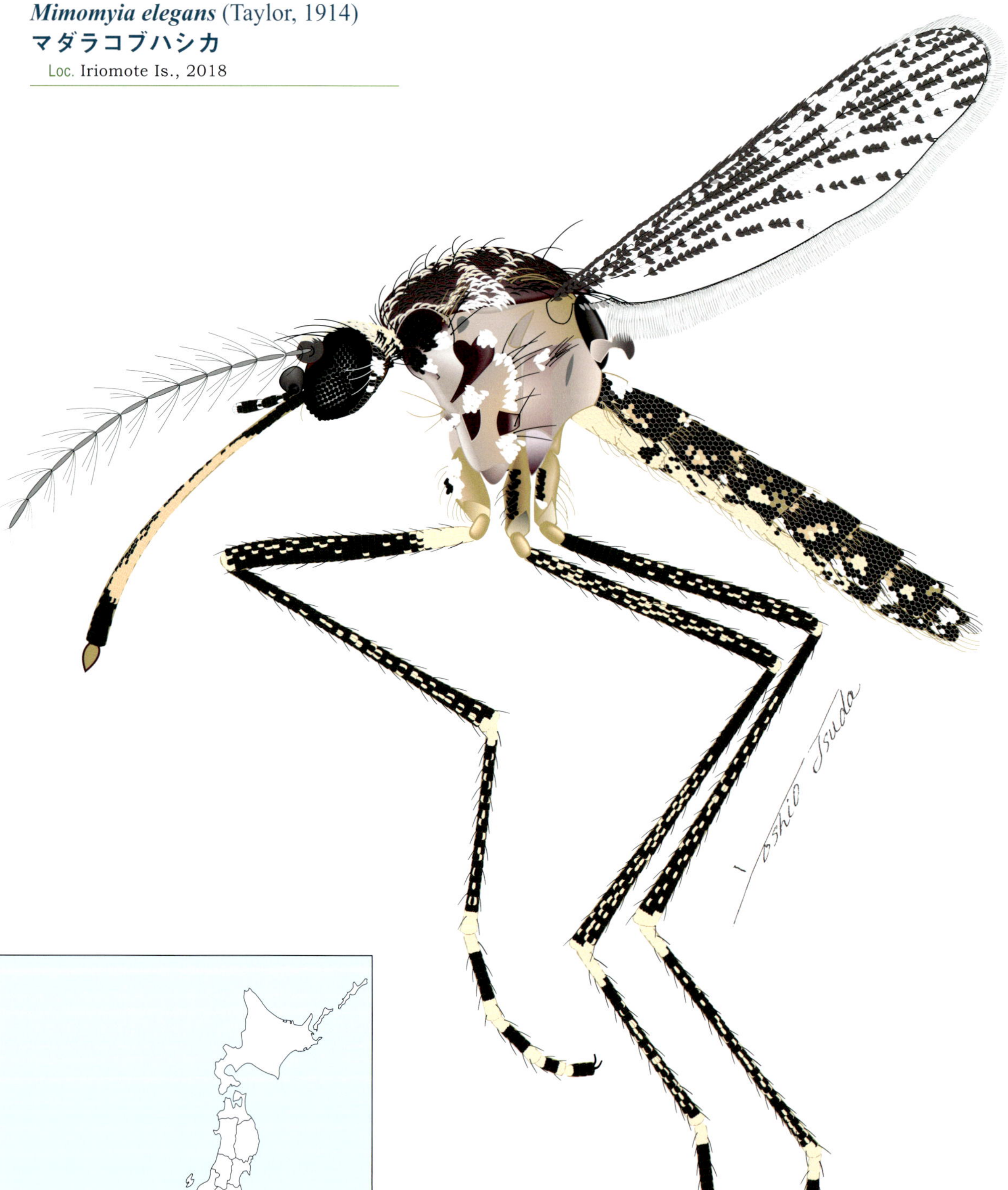

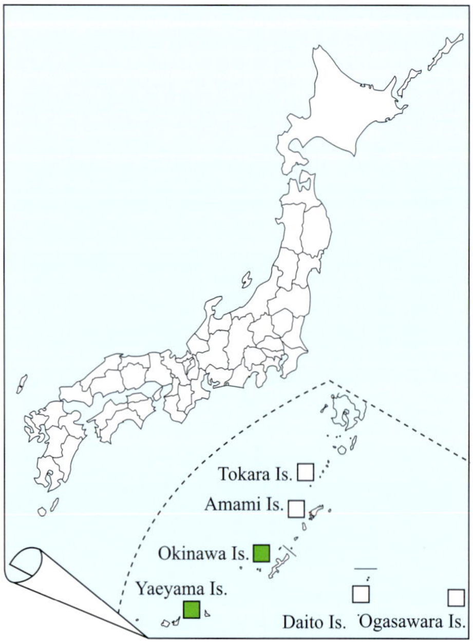

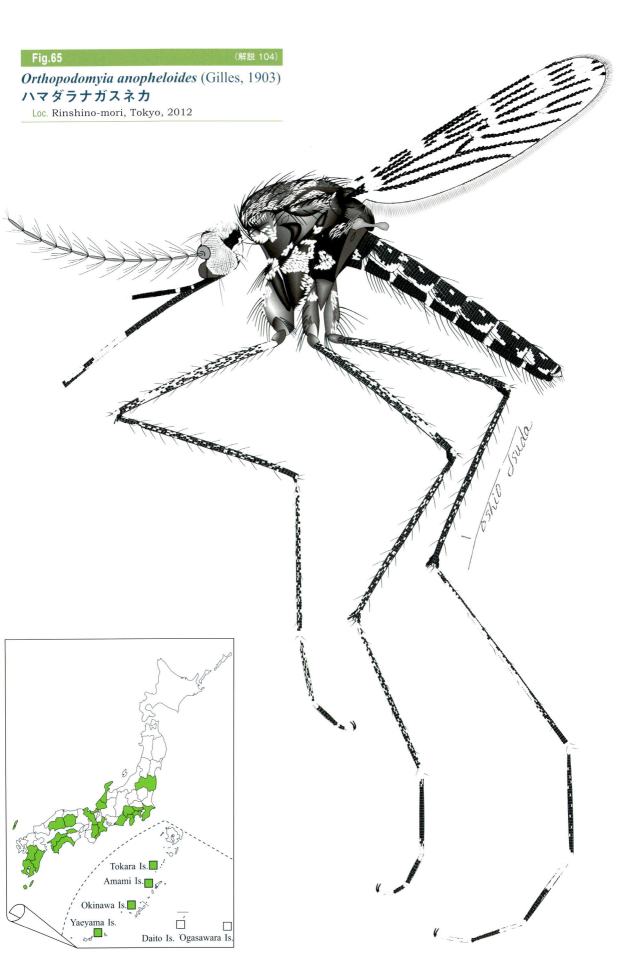

Fig.65 （解説 104）
Orthopodomyia anopheloides (Gilles, 1903)
ハマダラナガスネカ
Loc. Rinshino-mori, Tokyo, 2012

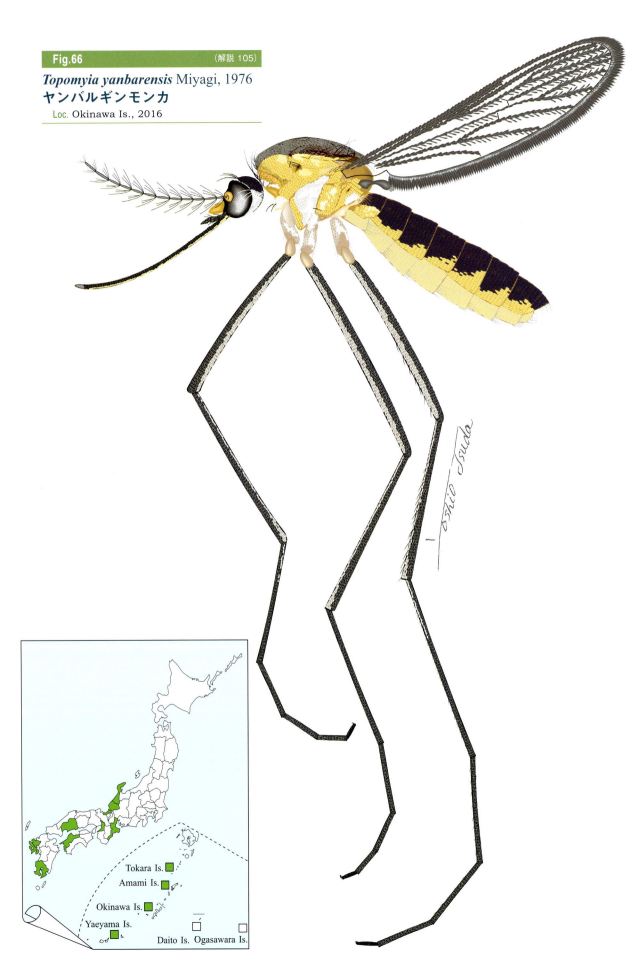

Fig.67 (解説 106)

Toxorhynchites manicatus yaeyamae Bohart, 1956
ヤエヤマオオカ
Loc. Ishigaki Is., 1997

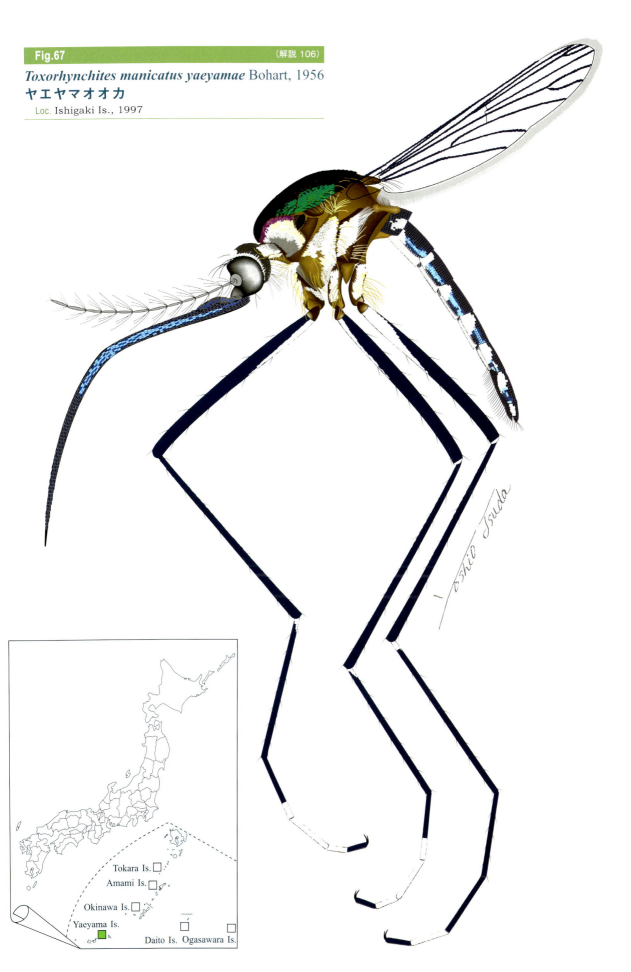

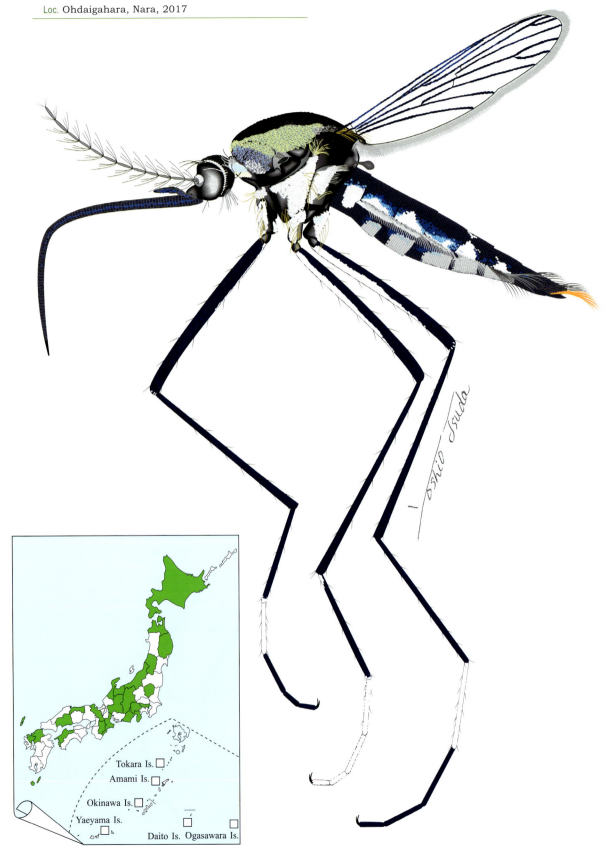

Fig.68 (解説 109)
Toxorhynchites towadensis (Matsumura, 1916)
トワダオオカ
Loc. Ohdaigahara, Nara, 2017

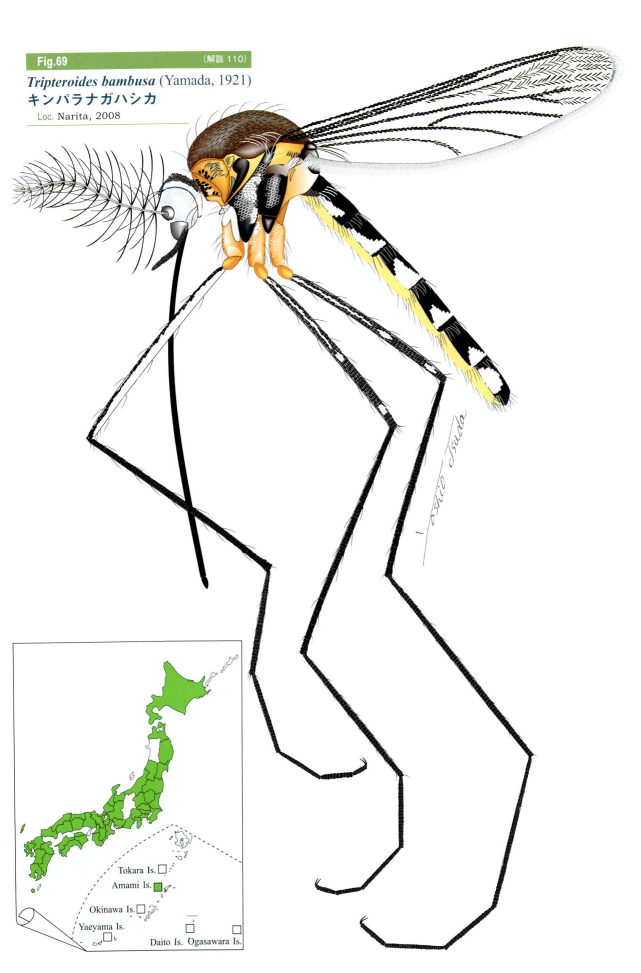

Fig.69 (解説 110)
Tripteroides bambusa (Yamada, 1921)
キンパラナガハシカ
Loc. Narita, 2008

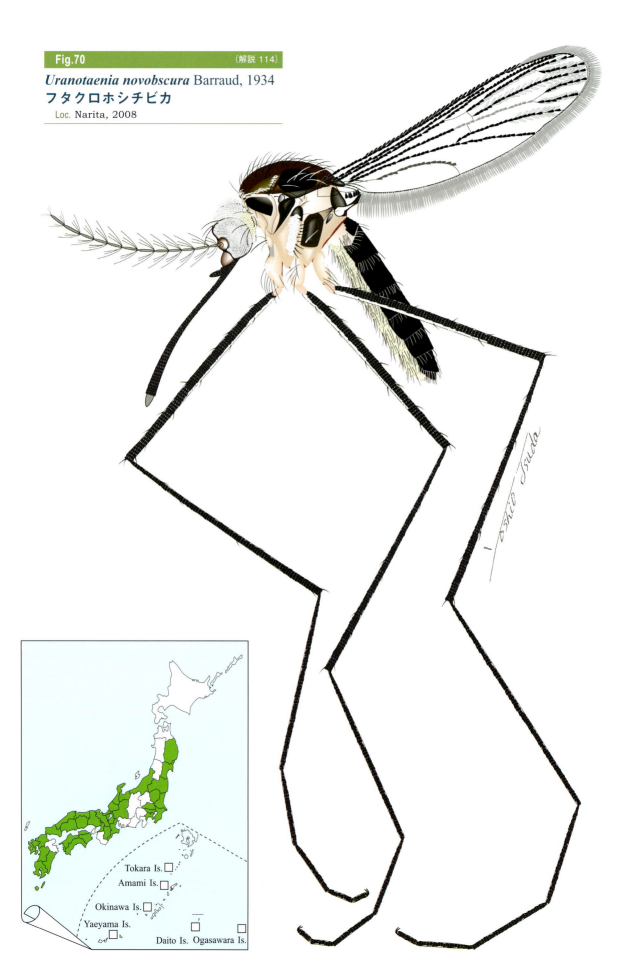

Fig.70 (解説 114)
Uranotaenia novobscura Barraud, 1934
フタクロホシチビカ
Loc. Narita, 2008

Fig.71 (解説 116)
Uranotaenia ohamai Tanaka, Mizusawa and Saugstad, 1975
シロオビカニアナチビカ
Loc. Iriomote Is., 2017

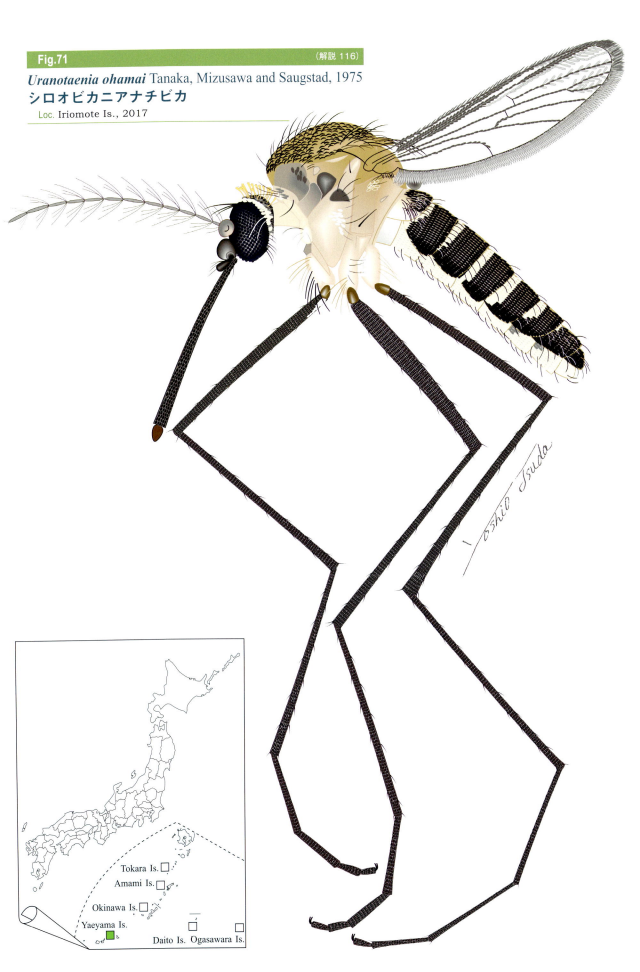

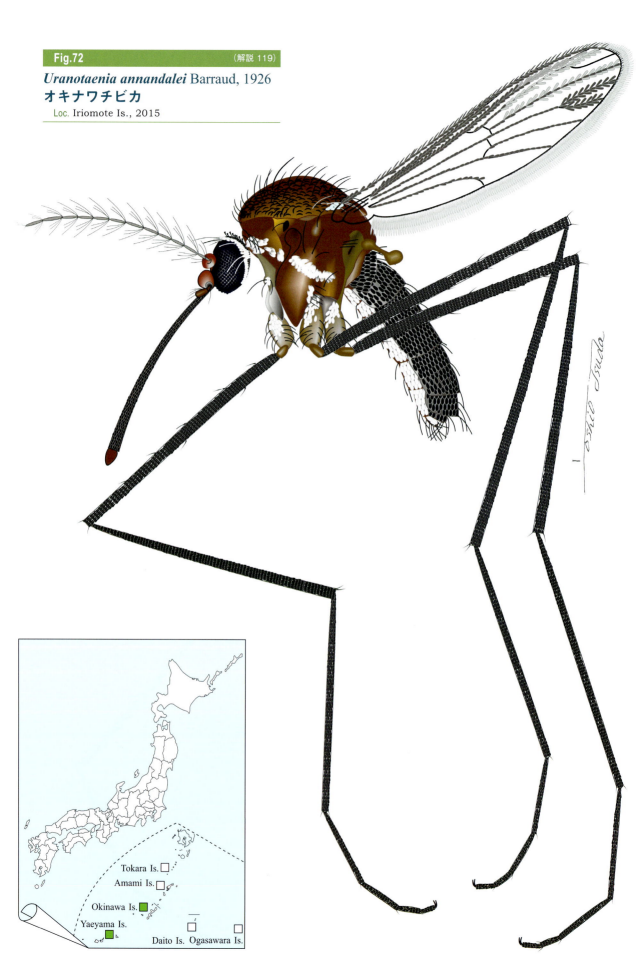

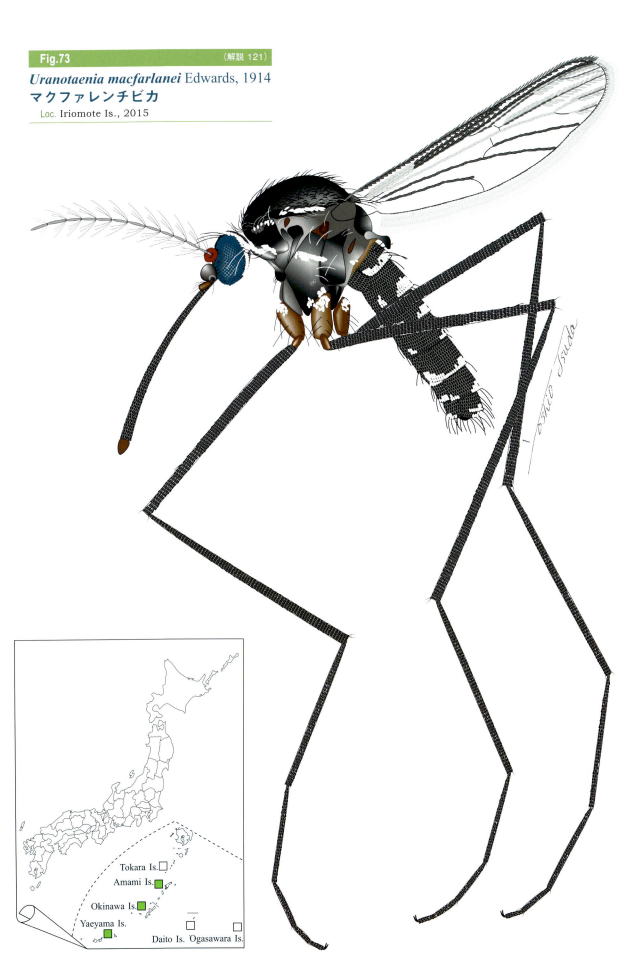

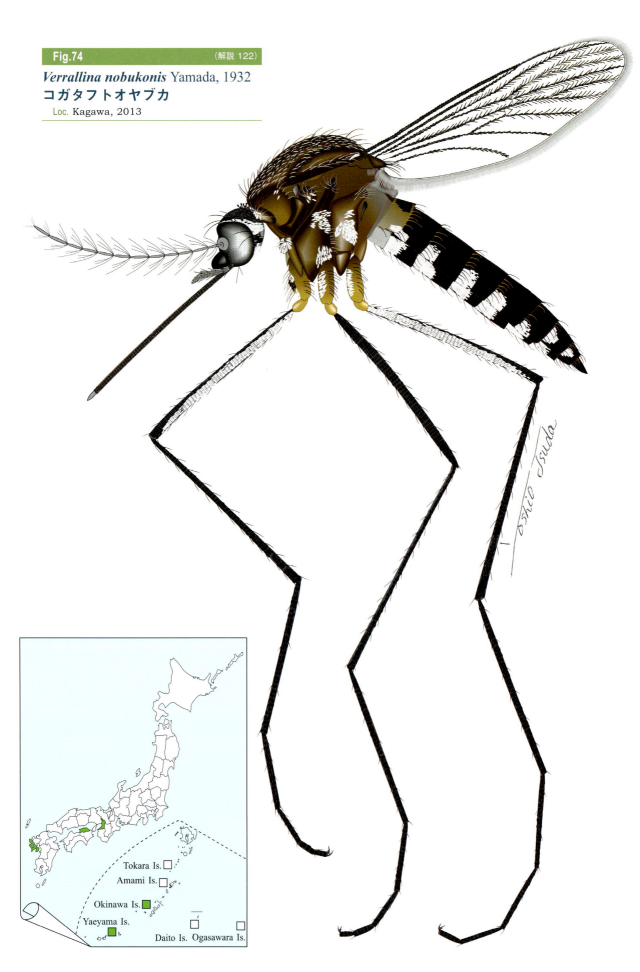

Fig.74 (解説 122)
Verrallina nobukonis Yamada, 1932
コガタフトオヤブカ
Loc. Kagawa, 2013

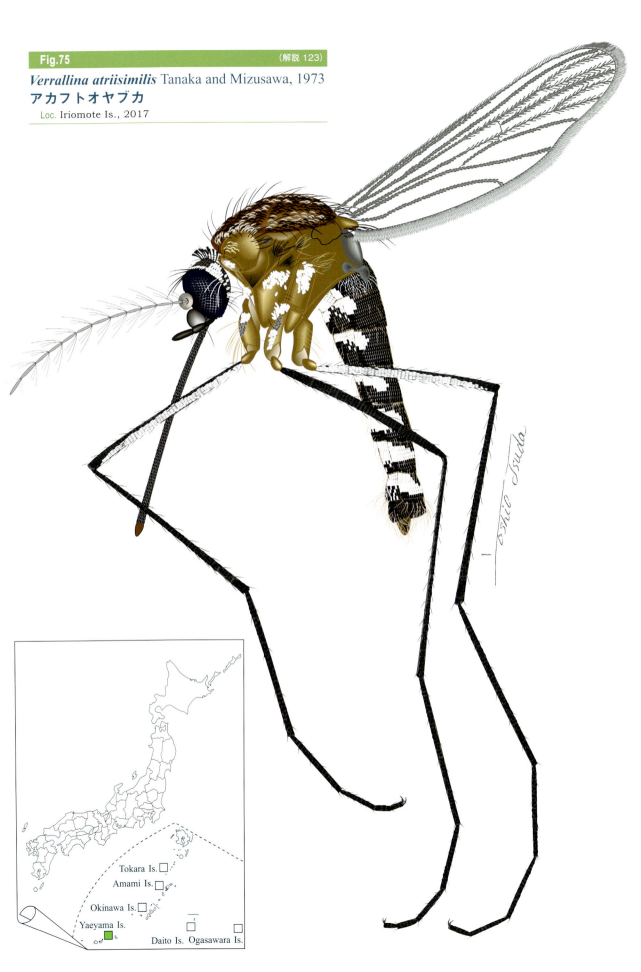

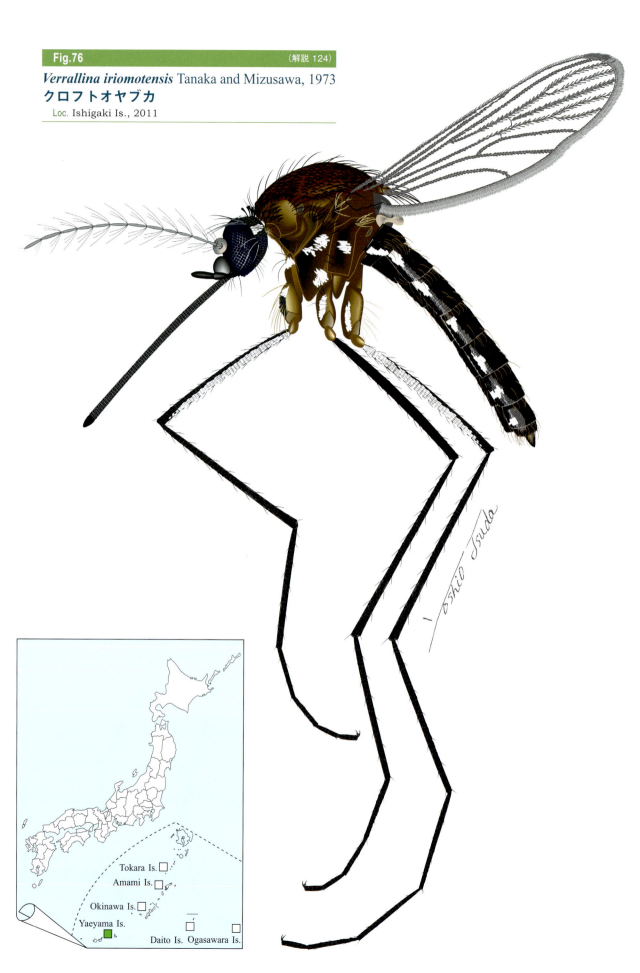

解　説

図解検索表

　蚊にかぎらず虫の体にはいろいろな部位に他の種類とは異なる特徴が表れている。そして種類による違いは形や色のように「目で見える形態的形質」だけでなく、体内の生理的な違いに基づいた習性や行動のような「形に現れない形質」にも見ることができる。蚊の場合には、吸血する動物に対する好き嫌い（吸血嗜好性）、吸血せずに最初の卵塊を生むことができる性質（無吸血産卵性）、吸血のために屋内に侵入する性質（屋内吸血性）などが形に現れない形質の例である。そして、種類による違いが形態的形質や形に現れない形質に現れる理由は、それぞれの種が持っている遺伝情報に違いがあるためである。したがって、それぞれの種が持つ遺伝情報の違いを直接調べることができれば、従来行われてきた形態だけに頼った方法に比べてより確実に種類を同定できるはずである。この考えに基づいて種の遺伝情報（DNA）を分析して塩基配列を調べ、その違いによって種類を同定する方法（分子分類法）が研究されている（Kasai et al., 2008; Higa et al., 2010; Taira et al., 2012; 前川ら，2016a）。この分子分類法は優れた方法ではあるが、現時点では時間とコストがかかるため、種類同定の主流にはなっていない。特別な場合、例えば雄や幼虫であれば形態的に種類を同定できるのだが、雌成虫では種間にはっきりした形態的違いがないにもかかわらず雌成虫の種同定をする必要がある場合や、形態的には種間の違いがはっきりしないが行動や習性に違いがあったり生息する地域が大きく異なるために集団の遺伝子源が異なるような場合（亜種や生態型など）、あるいは標本が破損していて形態的な観察が十分できない場合などで、これらの場合には分子分類法によらなければ種類を同定できない。

　わが国に生息している蚊の中にも、この本が対象にしている雌成虫では種類同定ができないグループがいくつか知られている。このようなグループの雌成虫は分子分類法によって同定する必要があるのだが、そもそも目の前にある標本がどのグループの蚊であり、そのグループの種類は形態的に種類を同定できるのかそれとも分子分類によらなければ種類を確定できないのかをまず調べなければならない。このような目的のために使われるのが、形態観察に基づいた検索表である。

　検索表で調べた結果、形態観察によっては種同定ができないと判断された場合で、しかもそのサンプルを破砕して分析しなければならないことがある。よくある例はそのサンプルが何らかの病原体を保持しているかどうかを知りたい場合で、その場合は体の一部（例えば脚1本）を残しておき、病原体が検出された場合には残しておいた体の一部からDNAを取り出して分子分類を行ってその種類を確定するとよい。

　この本では日本産蚊の雌成虫を対象として、これまで報告されているすべての種類を同定するための検索表を示している。この検索表の大部分はTanaka et al.（1979）を参考にして作成されており、1979年以降に発見され新種として記載された種類に関してはToma and Miyagi（1986）、Toma et al.（1990）、Toma and Higa（2004）、Miyagi and Toma（2013）、宮城・當間（2017）

などを参考にして検索表に追加した。種類の同定は、問題の虫が蚊であるかどうかという大きな区分から始めて、蚊であればどの属の種類であるか、さらにその属の中のどの亜属の種類であるかという具合に、大きなグループ分けから始めてより小さなグループへと対象グループを絞っていき、最後に種にたどりつくという手順で進めるのが一般的である。検索表は後述するいろいろな鍵形質を段階的に配置して、この種同定の手順をスムーズに進めることができるように考案されたものである。検索表を繰り返し使い、いろいろな種類を同定する経験を積み重ねることによって、素早く重要な鍵形質を観察し属や亜属を的確に同定できるようになる。このような観察眼を持つことは、蚊の調査研究を行う上で非常に有益であるのは言うまでもない。

　検索表は鍵形質がどんな特徴であるかを簡潔な文章で記したものが多い。しかし、文章だけでは理解しにくい場合があるため、できるだけ観察対象となる部位とその特徴を図で示した。蚊の分類に不慣れな人であっても、図を参照することで、検索表に示された鍵形質がどこを問題にしているのかを正しく理解できると思う。検索表にしたがって鍵形質のチェックを順次進めてようやく種にたどり着いた時、そこで種を確定するのではなく、その同定結果を他の情報によっても吟味するほうがよい。この本の検索表では、種類の名称に続いて、分布地域が簡単に示されている。例えば種類を同定した標本が北海道で採集されたものであるのに、その種類の分布地域に北海道が含まれていなければ、同定結果が間違っている可能性が高く、もういちど同定作業をくり返したほうがよい。さらに標本が採集された地域に問題がない場合でも、検索表ではチェックされなかった他の形質についても調べることで、同定結果をより確実にできる。この本の検索表には、分布に加えて、解説〇〇として形態的な特徴などをまとめた文章の番号が示してある。この解説を読んで同定結果を吟味することができる。また、検索表と解説の中に Fig. 〇と示してある種類は、全身図が口絵に示されているのでこれも参考にして同定結果を吟味してほしい。

解説図の凡例

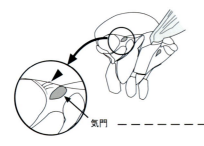

大きい円で囲まれた図は小さい円の部分の拡大図を示す。拡大図の中の黒三角は観察する部位(この場合刺毛)を指す。

この矢印は部位(この場合気門)を指している。

この矢印はある部位(この場合鱗片)を取り出して拡大したことを意味する。

黒三角や白三角は観察する部位を示す。この場合口吻の付け根を指している。

日本産蚊の分類体系

　生物の分類体系は、新しい知見に基づいて常に更新されている。蚊の分類体系も同様で、大きな枠組みの変更はないが、属や属よりも小さい亜属などのグループの相互関係については、分類学者によって常に検討が行われており流動的である。そのため特に属以下のグループの分類体系は分類学者によって異なることがよくある。

　本書で採用した日本産蚊の分類体系をここに示した。本書で示した学名に関しては、「3. 1. 日本産蚊の学名について」（p55）に解説したが、全身図と種の解説の配列は、学名のアルファベット順とした。

科	亜科	族	亜族	属	亜属
蚊科 Culicidae	ハマダラカ亜科 Anophelinae			ハマダラカ属 *Anopheles*（12種）	タテンハマダラカ亜属 *Cellia*（2種）
					ハマダラカ亜属 *Anopheles*（10種）
	ナミカ亜科 Culicinae	オオカ族 Toxorhynchitini		オオカ属 *Toxorhynchites*（3種）	オオカ亜属 *Toxorhynchites*（3種）
		チビカ族 Uranotaeniini		チビカ属 *Uranotaenia*（9種）	フタクロホシチビカ亜属 *Pseudoficalbia*（6種）
					チビカ亜属 *Uranotaenia*（3種）
		ナミカ族 Culicini	ハボシカ亜族 Culisetina	ハボシカ属 *Culiseta*（2種）	*Culicella* 亜属（1種）
					ハボシカ亜属 *Culiseta*（1種）
			エセコブハシカ亜族 Ficalbina	コブハシカ属 *Mimomyia*（2種）	*Etorleptiomyia* 亜属（2種）
				エセコブハシカ属 *Ficalbia*（1種）	
			ナミカ亜族 Culicina	イエカ属 *Culex*（30種）	シオカ亜属 *Barraudius*（1種）
					クロウスカ亜属 *Eumelanomyia*（3種）
					イエカ亜属 *Culex*（12種）
					オガサワライエカ亜属 *Sirivanakarnius*（1種）
					カラツイエカ亜属 *Oculeomyia*（2種）
					エゾウスカ亜属 *Neoculex*（1種）
					クシヒゲカ亜属 *Culiciomyia*（5種）
					ツノフサカ亜属 *Lophoceraomyia*（5種）
				カクイカ属 *Lutzia*（3種）	オガサワラカクイカ亜属 *Insulalutzia*（1種）
					カクイカ亜属 *Metalutzia*（2種）
			ムナゲカ亜族 Heizmanniina	ムナゲカ属 *Heizmannia*（1種）	ムナゲカ亜属 *Heizmannia*（1種）
			ヌマカ亜族 Mansoniina	ヌマカ属 *Mansonia*（1種）	アシマダラヌマカ亜属 *Mansonioides*（1種）
				キンイロヌマカ属 *Coquillettidia*（2種）	キンイロヌマカ亜属 *Coquillettidia*（2種）
			ナガスネカ亜族 Orthopodomyiina	ナガスネカ属 *Orthopodomyia*（1種）	
			ヤブカ亜族 Aedina	ヤブカ属 *Aedes*（40種）	セスジヤブカ亜属 *Ochlerotatus*（12種）
					オキナワヤブカ亜属 *Bruceharrisonius*（3種）
					キンイロヤブカ亜属 *Aedimorphus*（2種）
					トウゴウヤブカ亜属 *Tanakaius*（2種）
					ハトリヤブカ亜属 *Collessius*（1種）
					ヤマトヤブカ亜属 *Hulecoeteomyia*（1種）
					ナンヨウヤブカ亜属 *Neomelaniconion*（1種）
					エドウォーズヤブカ亜属 *Edwardsaedes*（1種）
					カニアナヤブカ亜属 *Geoskusea*（1種）
					ケイジョウヤブカ亜属 *Hopkinsius*（2種）
					エゾヤブカ亜属 *Aedes*（3種）
					シロカタヤブカ亜属 *Downsiomyia*（2種）
					ワタセヤブカ亜属 *Phagomyia*（2種）
					シマカ亜属 *Stegomyia*（7種）
				フトオヤブカ属 *Verrallina*（3種）	コガタフトオヤブカ亜属 *Harbachius*（1種）
					クロフトオヤブカ亜属 *Verrallina*（1種）
					アカフトオヤブカ亜属 *Neomacleaya*（1種）
				クロヤブカ属 *Armigeres*（1種）	クロヤブカ亜属 *Armigeres*（1種）
		ナガハシカ族 Sabethini		ナガハシカ属 *Tripteroides*（1種）	ナガハシカ亜属 *Tripteroides*（1種）
				ギンモンカ属 *Topomyia*（1種）	*Suaymyia* 亜属（1種）
				カギカ属 *Malaya*（1種）	

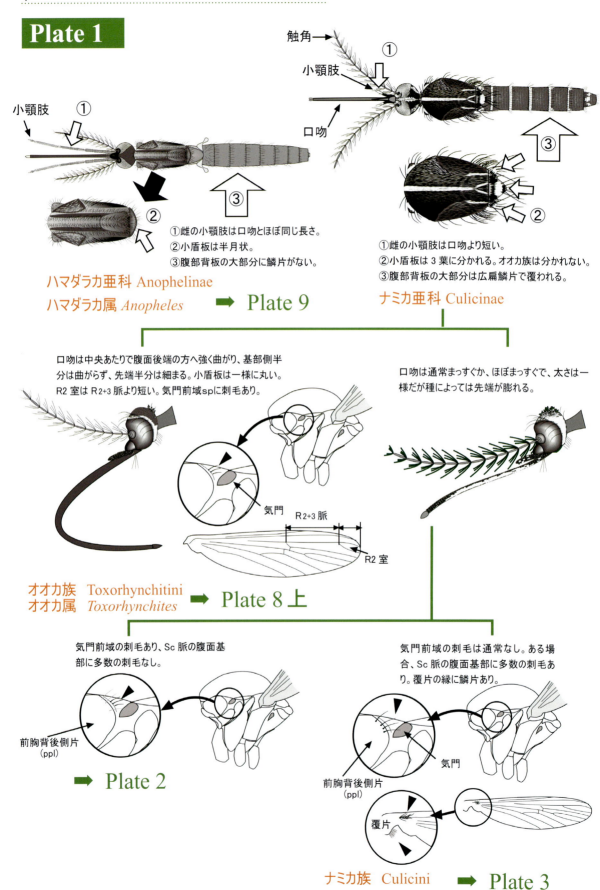

図解検索表　　　　　　　　　　　　　　　　5

Plate 1 より　　　　　　　　　　　　　**Plate 2**

翅膜に明確な微毛なし、R2 室は R2+3 脈より短く、覆片は裸出。1A 脈は Cu 脈分岐点か近い位置に達する。

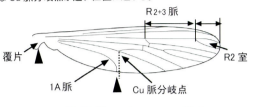

チビカ族　Uranotaeniini

➡ Plate 7

翅膜に明確な微毛あり、R2 室は R2+3 脈より長い。覆片と 1A 脈は様々。

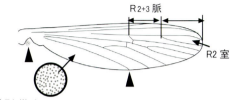

拡大すると微毛は点刻のように見える。

ナガハシカ族　Sabethini

覆片は裸出。頭頂に直立叉状鱗片はない。

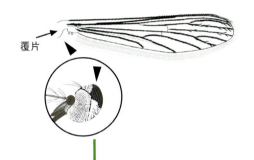

覆片は毛状の鱗片で縁取られる。頭頂に直立叉状鱗片がある。
頭頂に青色鱗片を伴い、胸側板と腹節に銀色鱗片を伴う。

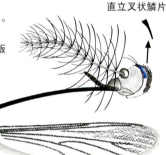

ナガハシカ属 *Tripteroides*
わが国からは 1 種類が知られる。

キンパラナガハシカ　*Tr. bambusa*
■分布：北海道以南（沖縄島からは報告がない）
トカラ列島と八重山諸島の集団は亜種とされる。Fig.69　解説 110

ヤエヤマナガハシカ　*Tr. bambusa yaeyamensis*
　　　　　　　　　　　　　　　　　　解説 111

口吻は細長く単純。前胸背前側片は大きく離れる。

ギンモンカ属 *Topomyia*
わが国からは 1 種類が知られる。

ヤンバルギンモンカ *To. yanbarensis*
■分布：本州以南
Fig.66　解説 105

口吻の先端 1/3 は顕著に膨れ毛深い。前胸背前側片は接近する。

カギカ属　*Malaya*
わが国からは 1 種類が知られる。

オキナワカギカ *Ml. genurostris*
■分布：琉球列島以南
Fig.62　解説 100

Plate 3

Plate 1 より　ナミカ族　Culicini

気門前域に刺毛なし、翅の亜前縁脈 Sc 下の刺毛がない。

気門前域に刺毛がある。翅の亜前縁脈 Sc 下面基部に刺毛がある。

ハボシカ属 *Culiseta*　➡ Plate 4 上

気門後域の刺毛は通常ない。

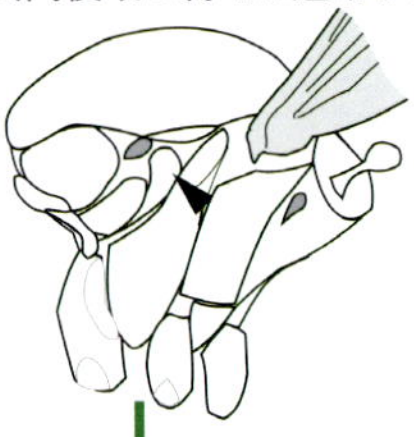

気門後域の刺毛は通常ある。

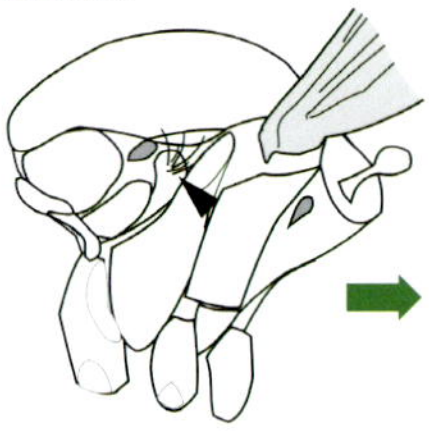

➡ Plate 4 下

翅に明色と暗色の広扁鱗片が混在する。
小盾版の鱗片は幅広い。
翅基片の縁鱗がないか、あるいは広扁鱗片が斜めにつく。
口吻の先端が膨らむ。

翅基片の縁鱗は細くて直角につく。
翅に幅広の鱗片を欠く。
口吻の先端は膨らまない（エセコブハシカを除く）。

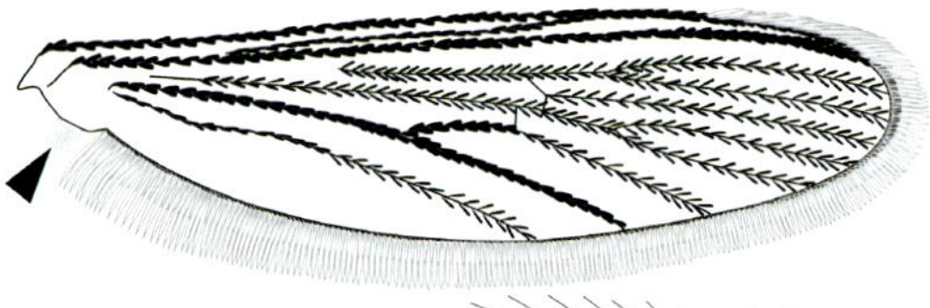

コブハシカ属 *Mimomyia*

触角の第 1 鞭節の長さは第 2 節とほぼ同じ。
1 : 1 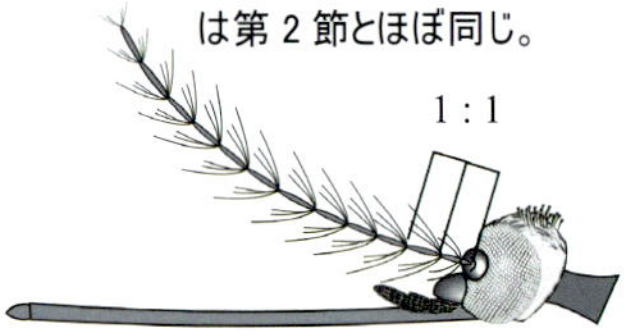

触角の第 1 鞭節の長さは第 2 節の 5〜6 倍。
口吻の先端が膨れる。
1 : 5

➡ Plate 5

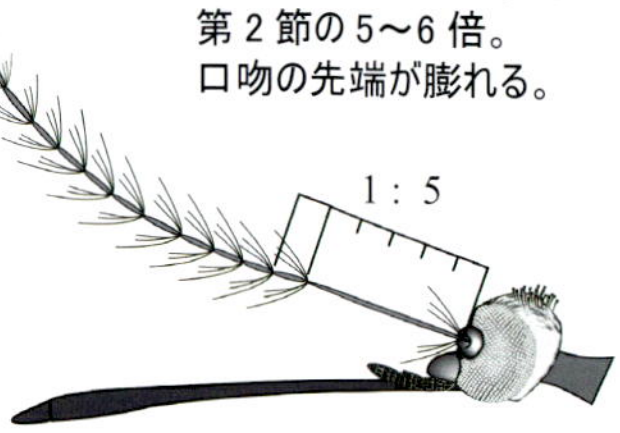

エセコブハシカ属 *Ficalbia*
わが国からは 1 種類が知られる。

オキナワエセコブハシカ
Ficalbia ichiromiyagii
■分布：西表島
Fig.59　解説 95

正中毛あり、腹節第 II〜VIII 節背板の中央に暗色縦帯あり。
後脚の第 2 跗節に 2 暗斑がある。

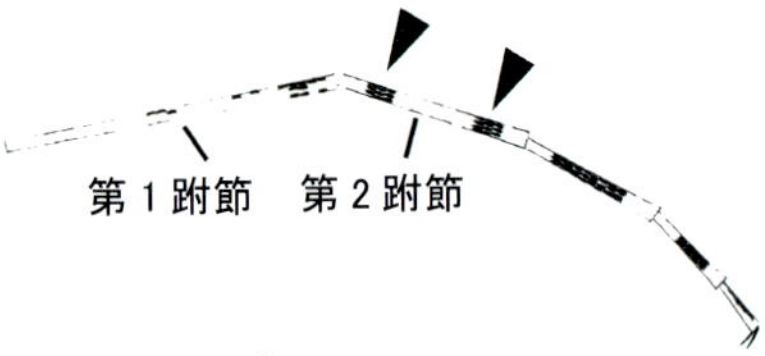

第 1 跗節　第 2 跗節

正中毛なし、腹節第 II〜VIII 節背板の中央基部、側面、側面基部に白斑あり。
後脚の第 2 跗節に 1 暗斑がある。

第 1 跗節　第 2 跗節

ルソンコブハシカ
Mi. luzonensis
■分布：琉球列島
解説 103

マダラコブハシカ
Mi. elegans
■分布：琉球列島
Fig.64　解説 102

図解検索表　　　　　　　　　　　　　　　　　7

Plate 4

Plate 3 より　ハボシカ属 *Culiseta*

気門前域に刺毛がある。
翅の亜前縁脈 Sc 下面基部に刺毛がある。

黄色種。腹節は一様に黄色鱗片で覆われる。跗節に白帯あり。

暗色種。腹節背板は暗色鱗片で覆われ、基部に白帯あり。跗節に白帯なし。

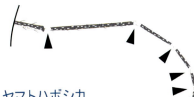

ヤマトハボシカ
Cs. nipponica
■分布：北海道、本州（稀）
Fig.57　解説 93

ミスジハボシカ
Cs. kanayamensis
■分布：北海道、本州
Fig.58　解説 94

Plate 3 より　　気門後域の刺毛は通常ある。

翅の鱗片は細く対称形。

翅の鱗片の大部分は幅広く非対称形。

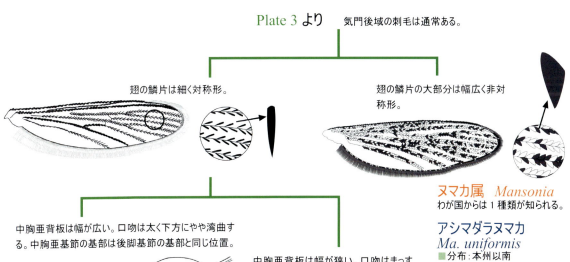

ヌマカ属 *Mansonia*
わが国からは 1 種類が知られる。

中胸亜背板は幅が広い。口吻は太く下方にやや湾曲する。中胸亜基節の基部は後脚基節の基部と同じ位置。

中胸亜背板は幅が狭い。口吻はまっすぐ。中胸亜基節の基部は後脚基節の基部より多少上に位置する。

アシマダラヌマカ
Ma. uniformis
■分布：本州以南
Fig.63　解説 101

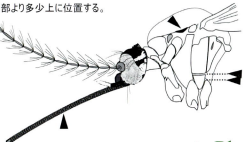

クロヤブカ属 *Armigeres*
わが国からは 1 種類が知られる。

オオクロヤブカ　*Ar. subalbatus*
■分布：本州以南
Fig.32　解説 58

ヤブカ属 *Aedes* ➡ Plate 18

Plate 5

Plate 3 より
気門後域の刺毛は通常ない。
触角の第1鞭節の長さは第2節とほぼ同じ。

爪の付け根が肉質板で隠され、はっきり見えない。

肉質板がないか、あるいは小さいため、爪の付け根がはっきり見える。

肉質板

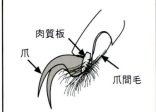

跗節先端の構造
第5跗節の先端には1対の爪がある。爪の付け根には、爪間毛（empodium）があり、イエカ属等ではさらに肉質板（褥板ともいう、pulvillus）を持つ。

前胸背前側片は接近している。後背板に刺毛を有す。

前胸背前側片は離れている。後背板は無毛。

➡ **Plate 6 上**

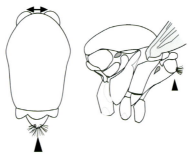

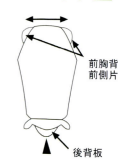

前胸背前側片

後背板

ムナゲカ属 *Heizmannia*
わが国からは、1種のみ知られる。

アマミムナゲカ *Hz. kana*
■分布：奄美群島　解説 96

中胸上後側板 mep 下部の刺毛は4本またはそれ以上で、前縁に沿って一列に並ぶ。

中胸上後側板 mep 下部の刺毛は3本以下。

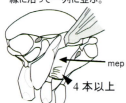

mep
4本以上

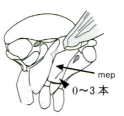

mep
0～3本

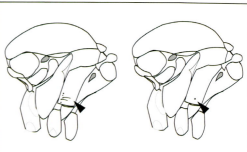

中胸上後側板（mep）下部の刺毛
この刺毛は取れてしまうことがよくある。毛が取れてしまっても、毛穴は残っているので、光の当たる方向を変えながら顕微鏡し、毛穴の有無を確認する。

カクイカ属 *Lutzia*
➡ **Plate 6 下**

イエカ属 *Culex*
➡ **Plate 12**

Plate 6

Plate 5 より　前胸背前側片は離れている。後背板は無毛。

前脚第1跗節は残りの2〜5節を合わせた長さより短い。

第2〜5節　第1節

前脚第1跗節は残りの2〜5節を合わせた長さより長い。

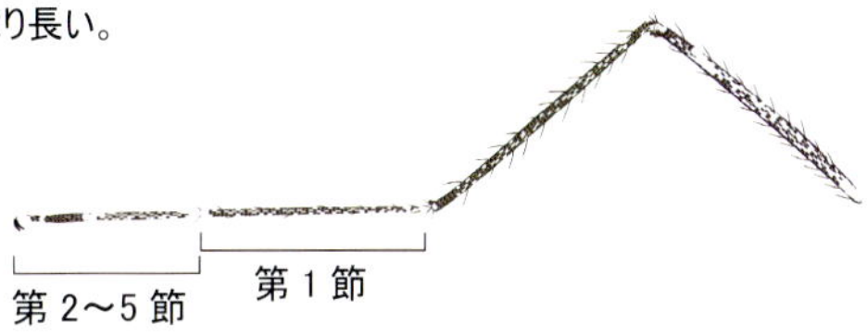

第2〜5節　第1節

キンイロヌマカ属　*Coquillettidia*

ナガスネカ属　*Orthopodomyia*

翅、脚、腿節の鱗片は大部分が黄色。

翅、脚、腿節の鱗片は暗紫色。

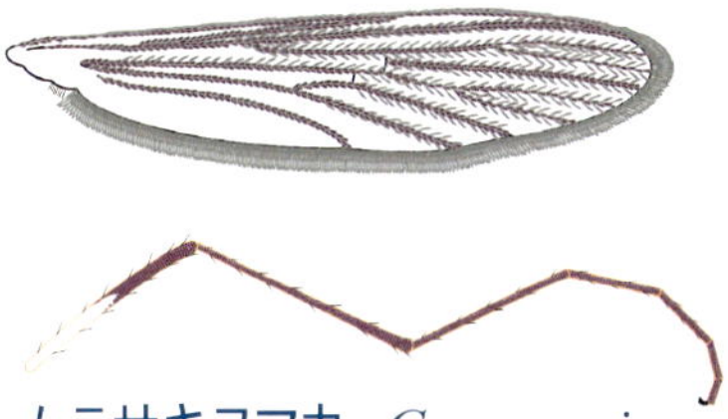

わが国からは1種類が知られる。翅に白斑を有する。

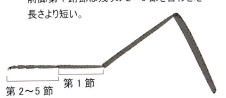

キンイロヌマカ　*Cq. ochracea*
■分布：本州、四国、琉球列島
Fig.34　解説60

ムラサキヌマカ　*Cq. crassipes*
■分布：琉球列島　Fig.33　解説59

ハマダラナガスネカ
Or. anopheloides
■分布：本州、四国、九州、伊豆諸島、対馬、屋久島、琉球列島
Fig.65　解説104

Plate 5 より　カクイカ属　*Lutzia*

中胸上後側板 mep 下部の刺毛は4本以上で、前縁に沿って一列に並ぶ。

小顎肢、口吻、腿節の基部を除き、脚はほぼ完全に暗色。翅基前瘤起には鱗片なし。

小顎肢、口吻、腿節に白色鱗片が混じる。翅基前瘤起の下方に鱗片斑がある。

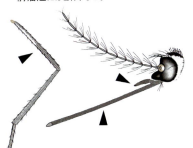

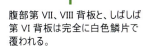

シノナガカクイカ
Lt. shinonagai
■分布：小笠原諸島

Fig.60　解説97

腹部第VII、VIII背板と、しばしば第VI背板は完全に白色鱗片で覆われる。

腹部第VI、VII背板には必ず、第VIII背板には通常暗色鱗片がある。

サキジロカクイカ
Lt. fuscana
■分布：琉球列島、大東諸島

解説98

トラフカクイカ
Lt. vorax
■分布：北海道、本州、四国、九州、伊豆諸島、対馬、屋久島、琉球列島、大東諸島、小笠原諸島、硫黄島

Fig.61　解説99

Plate 7

Plate 2 より　チビカ族 *Uranotaeniini*
　　　　　　　チビカ属 *Uranotaenia*

気門前域の刺毛あり。1A脈は Cu 脈分岐点か近い位置に達する。

翅基前瘤起は縫合線によって中胸下前側板と区分されない。翅基片は通常広扁鱗片で縁取られる。頭頂の直立叉状鱗片は多く、頭頂のほとんどを覆う。

直立叉状鱗片

翅基前瘤起は縫合線によって中胸下前側板と区分される。翅基片は裸出。頭頂の直立叉状鱗片はないか、非常に少ない。

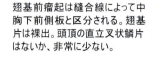

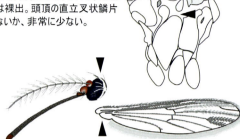

フタクロホシチビカ亜属
Pseudoficalbia

チビカ亜属 *Uranotaenia*

➡ Plate 8 下

腹部背板に白帯なし。

腹部背板に白帯あり。

前胸背後側片、気門後域および中胸下前側板の上部は暗色が明瞭。中胸下前側板の中央に微細な刺毛はない。中胸上後側板上方部に鱗片斑があるが中央にはない。

気門後域および中胸下前側板の上部の暗色は不明瞭。中胸下前側板の中央に微細な刺毛あり。中胸上後側板上方部には鱗片斑がないが通常中央に半透明の鱗片がある。

中胸背の両側の皮膚上に大きな黒紋がある。

中胸背の両側の皮膚上に大きな黒紋がない。

カニアナチビカ
Ur. jacksoni
■ 分布：琉球列島
解説 112

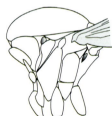

シロオビカニアナチビカ
Ur. ohamai
■ 分布：八重山諸島　Fig.71　解説 116

フタクロホシチビカ
Ur. novobscura
■ 分布：本州、四国、九州、屋久島
Fig.70　解説 114

琉球列島の集団は亜種とされている。

リュウキュウクロホシチビカ
Ur. novobscura ryukyuana
■ 分布：琉球列島
解説 115

中胸背の翅基部上部から前方に向かって側縁に沿った白色鱗片の縞がある。

中胸背の翅基部上部から前方に向かって側縁に沿った白色鱗片の縞はない。

褐色〜淡褐色の種。頭頂は多数の淡褐色の直立叉状鱗片で覆われる。中胸背、胸側板は全体的に淡褐色だが、気門後域、中胸下前側板、中胸上後側板は暗褐色。

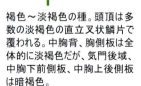

暗褐色の種。頭頂は多数の暗褐色直立叉状鱗片で覆われる。中胸背、胸側板はすべて濃褐色。

ムネシロチビカ
Ur. nivipleura
■ 分布：琉球列島
解説 113

ハラグロカニアナチビカ
Ur. yaeyamana
■ 分布：八重山諸島
解説 118

イリオモテチビカ
Ur. tanakai
■ 分布：八重山諸島
解説 117

図解検索表   11

Plate 8

Plate 1 より　オオカ属　*Toxorhynchites*

口吻は中央あたりで腹面後端の方へ強く曲がり、基部側半分は曲がらず、先端半分は細まる。小盾板は一様に丸い。R2 室は R2+3 脈より短い。気門前域 sp に刺毛あり。

触角の梗節と側背板は鱗片で覆われない。腹部第Ⅵ～Ⅷ節の背板側面の剛毛叢は顕著でない。

触角の梗節と側背板は鱗片で覆われる。腹部第Ⅵ～Ⅷ節の背板側面の剛毛叢は顕著。

前胸背後側片は、上部から20％以下が金属的暗紫色か藍青色の鱗片で覆われる。

前胸背後側片は、上部から50～60％が金属的暗紫色か藍青色の鱗片で覆われる。

中脚第2～5跗節は白色。

中脚第2跗節は白色。第3跗節は先端を除き白色。第4、5跗節は黒色。

ヤエヤマオオカ
Tx. manicatus yaeyamae
■分布：八重山諸島
Fig.67　解説 106

ヤマダオオカ
Tx. manicatus yamadai
■分布：奄美群島
解説 107

トワダオオカ
Tx. towadensis
■分布：北海道、本州、四国、九州、対馬、屋久島
Fig.68　解説 109

オキナワオオカ
Tx. okinawensis
■分布：沖縄群島
解説 108

Plate 7 より　チビカ亜属 *Uranotaenia*

腹部背板は完全に暗色。

腹部背板には白斑か白帯あり。

翅の基部前上方に白色鱗片の筋はない。

翅の基部前上方に幅広の青味がかった白色鱗片の短い筋がある。

コガタチビカ
Ur. lateralis
■分布：西表島
解説 120

オキナワチビカ
Ur. annandalei
■分布：琉球列島
Fig.72　解説 119

マクファレンチビカ
Ur. macfarlanei
■分布：琉球列島
Fig.73　解説 121

Plate 9

Plate 1 より
ハマダラカ属 *Anopheles*
①雌の小顎肢は口吻とほぼ同じ長さ。
②小盾板は半月状。
③腹部背板の大部分に鱗片がない。

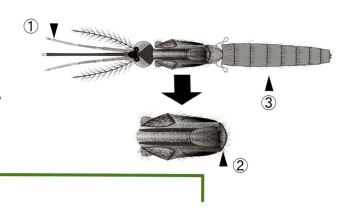

翅の前縁には肩前紋と肩紋に加え少なくとも4個の白斑がある。

翅の前縁には肩前紋と肩紋を除き0～3個の白斑がある。

タテンハマダラカ亜属 *Cellia*

ハマダラカ亜属 *Anopheles*

➡ Plate 10

後脚の腿節と脛節に白斑がある。

後脚はすべて暗色。

タテンハマダラカ
An. tessellatus
沖縄本島以南で成虫が採集された報告があるが、稀で幼虫は採集されていない。
■分布：沖縄島、石垣島、西表島

Fig.30　解説 56

ヤエヤマコガタハマダラカ
An. yaeyamaensis
■分布：宮古島、石垣島、西表島
2001年に東南アジアのコガタハマダラカ *An. minimus* とは別種とされ2010年に *An. yaeyamaensis* と命名された。

Fig.31　解説 57

図解検索表　13

Plate 10

翅の前縁には肩前紋と肩紋を除き0〜3個の白斑がある。

Plate 9 より　ハマダラカ亜属 *Anopheles*

翅に斑紋がある。

翅に斑紋がない。

頭頂中央部の直立叉状鱗片は暗色。
中胸背板は一様に褐色。

モンナシハマダラカ *An. bengalensis*
奄美大島と徳之島で採集記録がある。
■分布：奄美大島、徳之島、台湾、東南アジア
解説 46

頭頂の直立叉状鱗片は白色。
中胸背板に不明瞭な灰白色の縦斑がある。

オオモリハマダラカ *An. omorii*
稀な種類で山地の森林の樹洞に発生する。
■分布：北海道、本州
解説 51

頭盾に鱗片塊がある。
小顎肢に白帯がある。

➡ Plate 11

頭盾に鱗片がない。
小顎肢に白帯がない。

後脚腿節の中間部に幅広の白帯がある。
気門前域に刺毛はない。

後脚腿節の中間部に幅広の白帯がない。
気門前域に刺毛がある。

ヤマトハマダラカ
An. lindesayi japonicus
■分布：北海道、本州、四国、九州、
対馬、屋久島、トカラ列島
Fig.26　解説 50

通常、亜前縁脈紋は短く、Sc脈やR1脈にほとんどかからない。R脈基部は暗色鱗片で覆われる。R1脈基部に白斑なし。通常Cu2脈末端に縁鱗紋はない。

オオハマハマダラカ
An. saperoi
■分布：沖縄、八重山諸島
Fig.27　解説 52

通常、亜前縁脈紋は長く、Sc脈やR1脈にかかる。R脈基部は白色鱗片で覆われる。R1脈基部に白斑あり。Cu2脈末端に縁鱗紋あり。

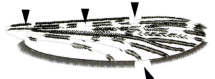

チョウセンハマダラカ
An. koreicus
■分布：北海道、本州、四国、九州
Fig.24　解説 48

Plate 11

Plate 10 より
頭盾に鱗片塊がある。小顎肢に白帯がある。

中脚基部上部に白色鱗片塊を有す。通常 Cu₂ 脈末端に縁鱗紋あり。

中脚基部上部に白色鱗片塊を欠く（稀に 1〜2 個の白色鱗片あり）。通常 Cu₂ 脈末端に縁鱗紋なし。腹部各節の側面に通常白色斑はない。

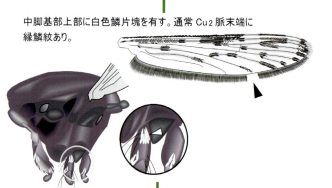

オオツルハマダラカ
An. lesteri
■分布：北海道、本州、四国、九州、琉球列島
Fig.25 解説 49

C 脈には通常肩紋なし。分脈前紋はあまり明白でない。後脚第 4 跗節基部に通常白帯なし（末端には白帯あり）。1A 脈に 2 暗斑あり。

C 脈には通常肩紋あり。分脈前紋は非常に明白。後脚第 4 跗節基部に白帯あり。1A 脈に 3 暗斑あり。

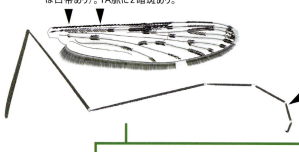

エセシナハマダラカ
An. sineroides
■分布：北海道、本州、四国、九州、対馬、屋久島
Fig.29 解説 54

翅先端の縁鱗に白斑あり（稀になし）。M 脈中央前方に暗色斑なし（稀に数個の暗色鱗片あり）。Cu 脈基部の暗色斑は短い。

翅先端の縁鱗に白斑なし。

An. pullus
（朝鮮半島に分布）

小顎肢第 3 節基部の白帯は他節の白帯より幅広。

小顎肢第 3 節基部の白帯は他節の白帯とほぼ同幅。

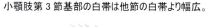

ヤツシロハマダラカ
An. yatsushiroensis
■分布：本州、九州
過去 30 年以上採集されていない。
解説 55

シナハマダラカ *An. sinensis*
■分布：本州、四国、九州、対馬、琉球列島、大東諸島
Fig.28 解説 53

エンガルハマダラカ *An. engarensis*
■分布：北海道
シナハマダラカと形態で区別することは難しい。
解説 47

図解検索表　　　　　　　15

Plate 12

Plate 5 より
イエカ属 *Culex*

中胸背に正中毛あり。　　　正中毛が取れてしまうことがよくある。その場合でも毛穴は残っているので、光の当たる角度を変えながら毛穴の有無を確認する。　　　中胸背に正中毛なし。

後脚第1跗節の長さは脛節の80％以下（=b/a<0.8）。

後脚第1跗節の長さは脛節の85％以上（=b/a>0.85）。

1A脈はm-cuからr-mの位置にまで達する。頭頂の少なくとも複眼縁に広扁鱗片あり。

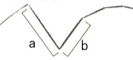

シオカ亜属 *Barraudius*
わが国からは1種類が知られる。

口吻に白帯はない。腹部背板は暗褐色で白帯はない。背板側縁に沿って黄白条斑があり、各節の条斑が連続して1本の黄白条斑を形成する。

イナトミシオカ *Cx. inatomii*
■分布：北海道、本州　Fig.35　解説 61

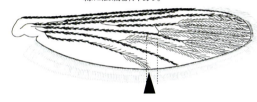

クシヒゲカ亜属 *Culiciomyia*
➡ Plate 16 下

1A脈はCu脈の分岐点とm-cu間の位置に達する。

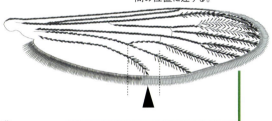

胸側板に明瞭な鱗片斑なし、腹部背板は完全に暗色。

胸側板に明瞭な鱗片斑あり、腹部背板に白帯があるか、側面基部に白斑点がある。

前胸背後側片の刺毛は後縁に沿って生ずる。頭頂の前方側面に複眼縁まで広扁鱗片あり。

前胸背後側片の刺毛は背縁から後縁に沿って生ずる。頭頂の鱗片は全て幅狭。

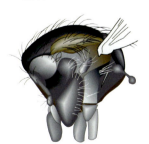  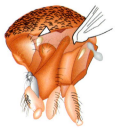 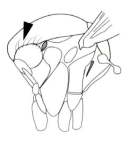

➡ Plate 16 上　　　➡ Plate 13

ツノフサカ亜属
Lophoceraomyia
➡ Plate 17

クロウスカ亜属
Eumelanomyia
➡ Plate 16 上

Plate 13

Plate 12 より　胸側板に明瞭な鱗片斑あり、腹部背板に白帯があるか、側面基部に白斑点がある。

白帯の位置には2種類ある。
背板の胸部に近い縁→基部 (basal)
背板の胸部から遠い縁→末端 (apical)

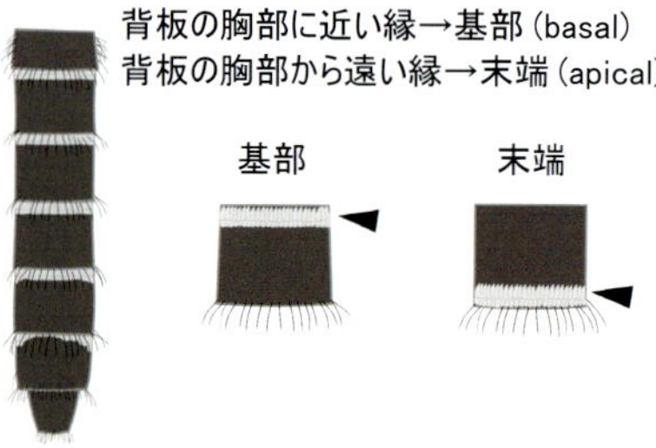

基部　　末端

口吻に白帯なし。腹部背板の末端に白帯あり。

エゾウスカ亜属　*Neoculex*

口吻に白帯がある。口吻に白帯がない場合、腹部背板の白帯はないか、背板の基部にある。

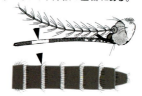

イエカ亜属　*Culex*

わが国には1種類が生息する。

頭頂に湾曲した白色狭鱗片と暗色直立叉状鱗片を生じる。中胸背は黒褐色で湾曲した金褐色狭鱗片で覆われる。胸側板に4白斑を有する。

エゾウスカ　*Cx. rubensis*
■分布：北海道、本州
解説89

中胸上後側板 mep の下方部に刺毛あり。口吻と脚の跗節に白帯なし。

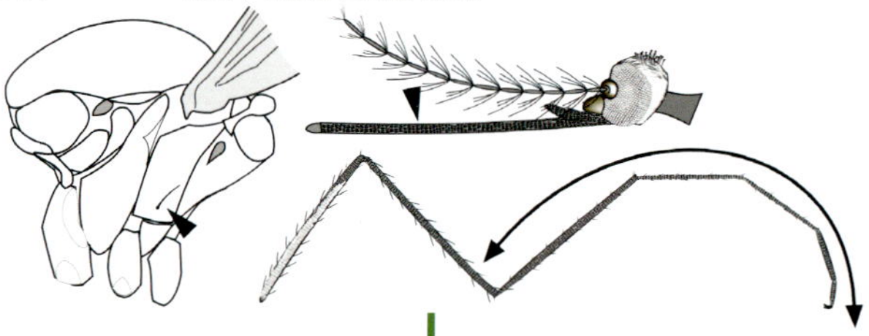

中胸上後側板 mep の下方部に刺毛なし。

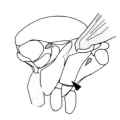

➡ Plate 14

胸側板の皮膚に顕著な2本の暗色横縞あり。腹部背板の中央基部に通常発達の悪い淡白斑あり。

オビナシイエカ　*Cx. fuscocephala*
■分布：八重山諸島
Fig.36　解説62

胸側板の皮膚に顕著な暗色横縞なし。腹部背板の基部に白帯あり。

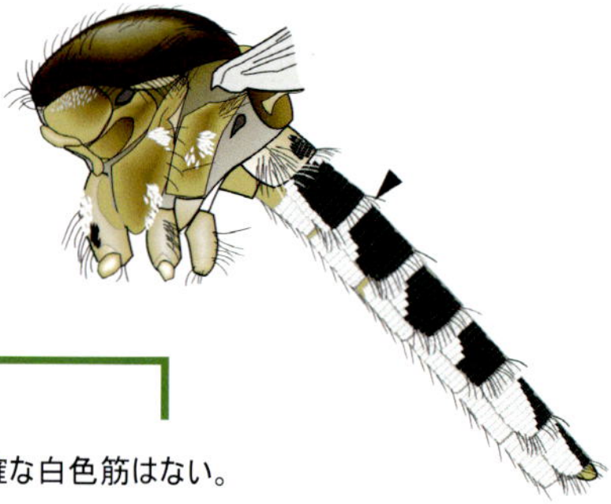

中脚腿節の前方表面に明確な白色筋あり。

スジアシイエカ　*Cx. vagans*
■分布：北海道、本州、九州、琉球列島
Fig.43　解説72

中脚腿節の前方表面に明確な白色筋はない。

アカイエカ群　*Cx. pipiens* group

わが国には以下の3分類群が生息する。雌成虫の形態による分類はできない。雄の生殖器では正確な同定ができる。DNAを用いた分子分類は可能。
アカイエカ　*Cx. pipiens pallens*
チカイエカ　*Cx. pipiens* form *molestus*
ネッタイイエカ　*Cx. quinquefasciatus* あるいは *Cx. pipiens quinquefasciatus*
＊ネッタイイエカはトビイロイエカ *Cx. pipiens* の亜種とする研究者と独立種とする研究者があり、文献では2つの学名が見られる。

Fig.39　解説66、67、69

■分布：アカイエカとチカイエカは九州以北に広く分布する。奄美大島以南にはネッタイイエカのみが分布する。ネッタイイエカは、最近大阪府でも採集されており分布の北限ははっきりしない。

図解検索表

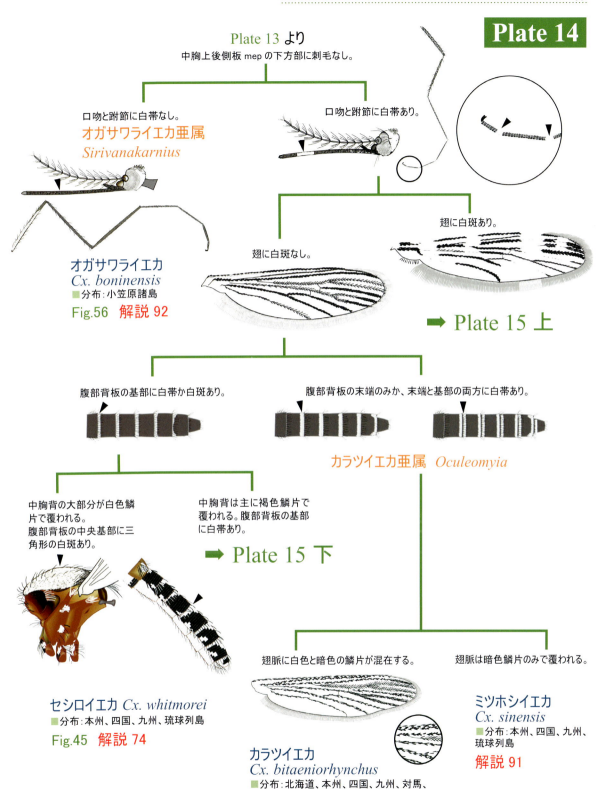

Plate 15

Plate 14 より　翅に白斑あり。

①翅のC脈とR脈の基部に白斑あり。②分脈紋はC脈、Sc脈、R-R1脈にかかる。③前脚第1跗節は第2〜5跗節とほぼ同長。

①翅の基部に白斑なし。②分脈紋はR-R1脈まで伸びない。③前脚第1跗節は第2〜5跗節より長い。

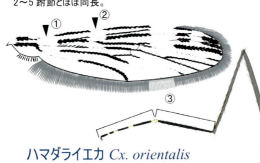
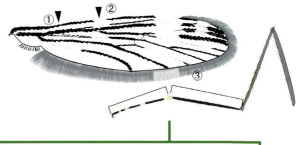

ハマダライエカ *Cx. orientalis*
■分布：北海道、本州、四国、九州
Fig.38　解説 65

腹部第III〜VI背板にしばしば、明瞭な白斑点あり、第VII背板先端に通常幅広の白帯あり。

ジャクソンイエカ *Cx. jacksoni*
■分布：九州、沖縄、韓国
解説 63

腹部第III〜VI背板にしばしば、明瞭な白斑点なし、第VII背板先端に幅狭か薄い白帯あり。

ミナミハマダライエカ
Cx. mimeticus
■分布：北海道、本州、四国、九州、琉球列島
Fig.37　解説 64

Plate 14 より

頭頂の直立叉状鱗片は全て暗色（先端白色のものあり）。口吻基部の暗色部に通常白色鱗片が散在する。中脚腿節に白色鱗片のまだら模様なし。

頭頂中央の一部の直立叉状鱗片は白色。口吻基部の暗色部に白色鱗片はない。

コガタアカイエカ
Cx. tritaeniorhynchus
■分布：北海道、本州、四国、九州、対馬、屋久島、琉球列島、大東諸島、小笠原諸島
Fig.42　解説 71

中脚腿節に白色鱗片のまだら模様なし。

中脚腿節に白色鱗片のまだら模様あり。

後脚腿節前面の先端側暗色部と白色部の境界は不鮮明。

後脚腿節前面の先端側暗色部と白色部の境界は明瞭。

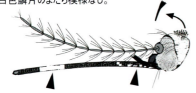

ヨツボシイエカ *Cx. sitiens*
■分布：琉球列島
Fig.41　解説 70

ニセシロハシイエカ
Cx. vishnui
■分布：琉球列島
Fig.44　解説 73

シロハシイエカ
Cx. pseudovishnui
■分布：本州、四国、九州、琉球列島
Fig.40　解説 68

図解検索表 Plate 16

Plate 12 より
クロウスカ亜属 *Eumelanomyia*

中胸背の正中毛と中胸上後側板下部の刺毛なし。

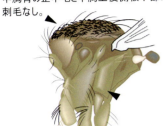

カギヒゲクロウスカ *Cx. brevipalpis*
■分布：琉球列島
Fig.49　解説 80

中胸背の正中毛と中胸上後側板下部の刺毛あり。

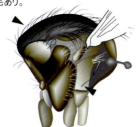

3分類群が生息する。成虫の形態による正確な同定はできない。オキナワクロウスカは幼虫で同定できる。

コガタクロウスカ *Cx. hayashii*
■分布：北海道、本州、四国、九州、屋久島まで
Fig.50　解説 81

リュウキュウクロウスカ *Cx. hayashii ryukyuanus*
■分布：琉球列島
解説 82

オキナワクロウスカ *Cx. okinawae*
■分布：琉球列島
解説 83

Plate 12 より　クシヒゲカ亜属 *Culiciomyia*

前胸背前側片から中胸上後側板上部にかけての暗色斑は通常淡色。R2室の長さはR2+3脈の2倍未満。
b/a<2

前胸背前側片から中胸上後側板上部にかけ暗色斑あり。R2室の長さはR2+3脈の2倍以上。
b/a>2

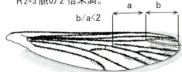

リュウキュウクシヒゲカ
Cx. ryukyensis
■分布：琉球列島
Fig.47　解説 78

中胸上後側板上方部に明瞭な黒褐色の斑があり、前胸背後側片と他の側板の暗色部よりも濃い。

中胸上後側板上方部の斑は不明瞭な褐色で、前胸背後側片と他の側板の暗色部よりも白っぽい。

以下の3種類が知られる。
雌成虫の形態では同定できない。正確な同定は幼虫で行う。

キョウトクシヒゲカ　*Cx. kyotoensis*
■分布：本州、四国、九州、屋久島、対馬
解説 75

アカクシヒゲカ *Cx. pallidothorax*
■分布：本州、四国、九州、屋久島、琉球列島
解説 77

ヤマトクシヒゲカ *Cx. sasai*
■分布：本州、四国、九州、屋久島
Fig.48　解説 79

クロフクシヒゲカ
Cx. nigropunctatus
■分布：八重山諸島
Fig.46　解説 76

Plate 17

Plate 12 より
ツノフサカ亜属 *Lophoceraomyia*

腹部背板の基部に白帯あり。触角の梗節に突起なし。

腹部背板の基部に白帯なし。

中胸背の外皮は赤褐色。口吻の腹面基部に2本の刺毛あり。前胸背後側片に毛状鱗片あり。翅前部刺毛は6～9本。

ハラオビツノフサカ
Cx. cinctellus
■分布：八重山諸島
Fig.52　解説 85

触角の梗節に突起あり。

触角の梗節に突起なし。中胸上後側板の下部に刺毛なし。

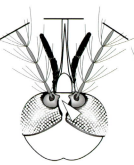

アカツノフサカ
Cx. rubithoracis
■分布：本州、四国、九州、琉球列島
Fig.54　解説 87

中胸背の外皮は黄褐色。口吻の腹面基部に4本の刺毛あり。前胸背後側片は鱗片で覆われず、翅前部刺毛は3～5本。

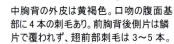

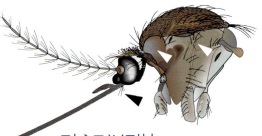

フトシマツノフサカ
Cx. infantulus
■分布：北海道、本州、四国、九州、琉球列島
Fig.53　解説 86

中胸背の外皮は暗褐色。中胸上後側板下部の刺毛は通常あるが、稀になし。

中胸背の外皮は明褐色。中胸上後側板下部の刺毛はなし。

クロツノフサカ
Cx. bicornutus
■分布：八重山諸島
Fig.51　解説 84

カニアナツノフサカ
Cx. tuberis
■分布：琉球列島
解説 88

図解検索表　　　21

Plate 4 より ヤブカ属 *Aedes*

Plate 18

小盾板の側葉の鱗片は幅狭。

小盾板の側葉の鱗片は幅広。

➡ Plate 19 上

頭頂には幅狭の伏臥鱗片があり、広扁鱗片があってもせいぜい中央にわずかにあるのみ。

頭頂には非常に幅広の伏臥鱗片あり。

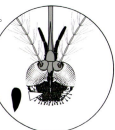

後胸亜基節に鱗片あり。

後胸亜基節に鱗片なし。

➡ Plate 19 下

中胸背正中に黄色の条が1本あり、気門後域に鱗片なし。

中胸背正中に黄色の条なし。

セスジヤブカ亜属（一部）
Ochlerotatus

オキナワヤブカ
Ae. okinawanus
■分布：屋久島、琉球列島
解説 8

➡ Plate 26

中胸亜基節の基部は後脚基節の基部よりかなり上にあり、跗節に白帯あり。

中胸亜基節の基部は後脚基節の基部よりやや上にあり、跗節に白帯なし。中胸背側面は幅広く黄色鱗片で覆われる。

ナンヨウヤブカ亜属
Neomelaniconion
わが国からは1種類が知られる。

中胸背の正中部は暗褐色で黄金鱗片の縦条斑を伴わない。中胸上後側板の刺毛は上部後方の刺毛のみ。

ナンヨウヤブカ
Ae. lineatopennis
■分布：八重山諸島
Fig.10　解説 20

翅基前瘤起に鱗片なし。

翅基前瘤起に鱗片あり。

中胸亜背板に鱗片あり。

中胸亜背板に鱗片なし。

中胸背板に明瞭な白または金色の縞か模様あり。口吻は全体暗色。

中胸背板に明瞭な装飾なし。口吻腹面中央は幅広く白色。

セスジヤブカ亜属（一部）
Ochlerotatus

エドウオーズヤブカ亜属
Edwardsaedes

キンイロヤブカ亜属（一部）
Aedimorphus

➡ Plate 26　➡ Plate 28 下　　➡ Plate 24 下

➡ Plate 22

Plate 19

Plate 18 より

頭頂の大部分に幅狭の伏臥鱗片あり。正中毛あり。

キンイロヤブカ亜属
(一部)
Aedimorphus

➡ Plate 24 下

頭頂の大部分に幅広の伏臥鱗片あり。正中毛なし。

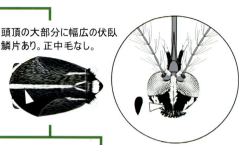

梗節の正中面には鱗片があってもせいぜい数個。脚の白帯はあっても後脚第1と第2跗節のみ。

梗節は背面と背側面を除いて幅広の銀色鱗片で覆われる。後脚第1〜5跗節に白帯あり。

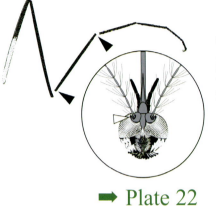

➡ Plate 22

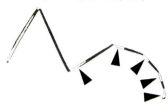

シマカ亜属 *Stegomyia* ➡ Plate 20

Plate 18 より

胸側板鱗片のない部分に多数の微毛あり。腹部第I節側背板は鱗片で覆われず。

カニアナヤブカ亜属
Geoskusea
わが国からは1種のみ知られる。

頭部の直立叉状鱗片は多数で眼縁まで広がる。中胸下前側板は多数の微毛を有する。雄の小顎肢は短い(口吻長の1/2〜1/3)。

カニアナヤブカ *Ae. baisasi*
■分布：琉球列島
Fig.7　解説 14

胸側板に微毛なし。腹部第I節側背板は鱗片で覆われる。

腹部第I節側背板

中胸背は装飾されず。(条斑などがない。)

中胸亜背板は鱗片で覆われる。気門後域は鱗片で覆われる。

中胸亜背板は鱗片で覆われず。気門後域は鱗片で覆われるか、覆われない。

中胸背は装飾される。気門後域は鱗片で覆われる。

➡ Plate 22

エゾヤブカ亜属 *Aedes*
➡ Plate 25 上

フトオヤブカ属 *Verrallina*
➡ Plate 25 下

図解検索表

Plate 20

Plate 19 より シマカ亜属 *Stegomyia*

中胸背の前方中央に 1 本の顕著な白色あるいは黄白色の縦条あり。眼の上部はかなり離れる。小顎肢第 3 節は第 2 節の 1.4〜2.2 倍の長さ。

中胸背の前方中央に顕著な 1 本の白条なし。眼の上部は少し離れる。小顎肢第 3 節は第 2 節の 0.9〜1.2 倍の長さ。

➡ Plate 21 上

気門後域に白斑あり。前脚と中脚跗節の爪は歯状。中胸背の前側面に白色の条あり。

気門後域に白斑なし。前脚と中脚跗節の爪は単状。中胸背の前側面に白色の条なし。

ミスジシマカ
Ae. galloisi
■分布：北海道、本州、九州
Fig.20 解説 41

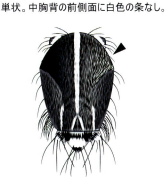

胸部側面の白斑は 2 本の明瞭な平行横縞を形成する。腹部背板の側面の白斑は帯状となり基部から遥かに離れる。腹部背板に帯を形成する場合は、白帯は基部から離れる。

胸部側面の白斑は明確な平行横縞を形成せず、腹部背板の側面の白斑は基部に接するか、ほぼ基部に位置する。腹部背板基部に白帯を有す。

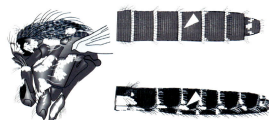

➡ Plate 21 下

中胸背翅の基部前上方に三日月形の黄褐色鱗片斑あり。小盾板の両側葉は暗色鱗片のみか白鱗片を混じる。

中胸背翅の基部前上方には幅広の白色鱗片からなる帯状の斑あり。小盾板の両側葉は白色鱗片で覆われる。

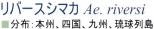

ダイトウシマカ *Ae. daitensis*
■分布：大東諸島
Fig.18 解説 37

リバースシマカ *Ae. riversi*
■分布：本州、四国、九州、琉球列島
Fig.21 解説 42

Plate 21

Plate 20 より

頭盾に鱗片なし。中胸背の中間部に縞なし。爪は単状。
前胸背後側片と中胸亜背板に白斑なし。腿節に斑点なし。脛節に白帯なし。

頭盾に鱗片あり。中胸背の中間部に縞あり。前脚と中脚の爪は歯状。

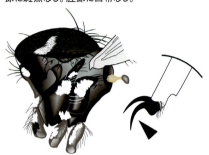

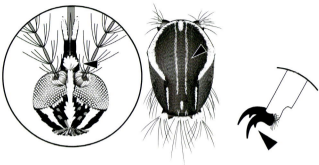

タカハシシマカ
Ae. wadai
■分布：小笠原諸島
Fig.22　解説 43

ネッタイシマカ
Ae. aegypti
■分布：現在わが国には生息していない。
Fig.16　解説 35

Plate 20 より

中胸背の翅の基部の前上方には幅広の白色鱗片はなく、幅狭で白色〜黄褐色の鱗片が斑を形成する。後凹陥毛は 1 本。後脚第 4 跗節の基部側 2/3〜5/6 は完全に白色。

中胸背の翅の基部の前上方に幅広の白色鱗片斑あり。後凹陥毛なし。後脚第 4 跗節の基部側 3/5〜2/3 は白色。

ヤマダシマカ
Ae. flavopictus
■分布：北海道、本州、四国、九州
Fig.19　解説 38

ヒトスジシマカ
Ae. albopictus
■分布：本州、四国、九州、琉球列島
Fig.17　解説 36

南日本の集団は以下の 2 亜種に分類される。

ダウンスシマカ *Ae. flavopictus downsi*
■分布：トカラ列島、奄美大島、沖縄島
解説 39

ミヤラシマカ *Ae. flavopictus miyarai*
■分布：石垣島、西表島
解説 40

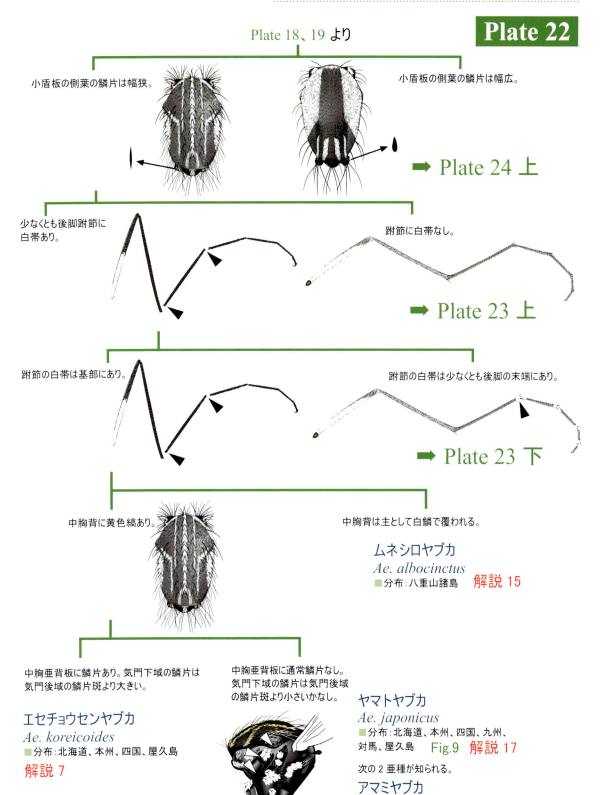

Plate 23

Plate 22 より

気門後域に鱗片あり。後脚跗節の爪は歯状。

気門後域に鱗片なし。後脚跗節の爪は単状。

セボリヤブカ
Ae. savoryi
■分布：小笠原諸島
解説 44

ブナノキヤブカ
Ae. oreophilus
■分布：北海道、本州、四国、九州
Fig.14　解説 33

Plate 22 より

中胸亜背板と気門後域の両方に鱗片あり。

中胸亜背板と気門後域の一方か、両方に鱗片なし。

後脚第5跗節は基部に白帯があるか、完全に暗色。中胸上後側板下方部の刺毛は通常あり。後脚跗節の爪は歯状。

後脚第5跗節は完全に白色。中胸上後側板下方部の刺毛なし。後脚跗節の爪は単状。

中胸亜背板に鱗片なし。中胸背の前方部は右記と異なる。

中胸亜背板に鱗片あり。中胸背の前方部は広く白色。

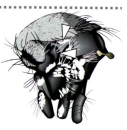

ケイジョウヤブカ
Ae. seoulensis
■分布：九州、対馬
Fig.8　解説 16

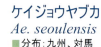

小盾板中葉に、幅広と幅狭の鱗片あり。気門後域に鱗片なし。後胸亜基節に鱗片あり。

小盾板中葉には、幅狭鱗片のみあり。気門後域に鱗片あり。後胸亜基節に鱗片なし。

トウゴウヤブカ
Ae. togoi
■分布：北海道、本州、伊豆諸島、小笠原諸島、四国、九州、琉球列島、大東諸島
Fig.23　解説 45

ハトリヤブカ
Ae. hatorii
■分布：本州、四国、九州、対馬
Fig.4　解説 10

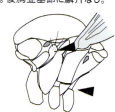

コバヤシヤブカ
Ae. kobayashii
■分布：本州、四国、九州
解説 6

中胸上後側板の下部に3～9本の刺毛がある。

中胸上後側板の下部に刺毛がない。

オキナワヤブカ
Ae. okinawanus
■分布：屋久島、琉球列島
解説 8

ヤエヤマヤブカ
Ae. okinawanus taiwanus
■分布：八重山諸島、台湾
解説 9

Plate 24

Plate 22 より

中胸亜背板に鱗片あり。跗節末端に白帯あり。腹部に顕著な鱗片の叢あり。

中胸亜背板に鱗片なし。跗節に白帯なし。腹部に鱗片の叢なし。

ワタセヤブカ
Ae. watasei
■分布：九州、屋久島、琉球列島
Fig.15　解説 34

中胸背の白斑は大きく、側縁に沿って翅の基部上方まで伸びる。腹部第VIII背板の基部に白帯あり。

中胸背の白斑は小さく、中胸背側角を超えて伸びない。腹部第VIII背板の基部に白帯なし。

シロカタヤブカ
Ae. nipponicus
■分布：北海道、本州、四国、九州、伊豆諸島、対馬、屋久島
Fig.5　解説 11

ニシカワヤブカ
Ae. nishikawai
■分布：奄美群島
解説 12

Plate 18、19 より　キンイロヤブカ亜属 *Aedimorphus*

小盾板は幅広の銀白色鱗片で覆われる。跗節に白帯なし。

オオムラヤブカ
Ae. alboscutellatus
■分布：本州、九州
解説 4

小盾板に狭曲の白色鱗片あり。跗節に白帯あり。

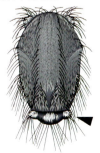

キンイロヤブカ
Ae. vexans nipponii
■分布：北海道、本州、四国、九州、対馬、琉球列島、大東諸島
Fig.3　解説 5

Plate 25

Plate 19 より **エゾヤブカ亜属** *Aedes*

腹部背板は側面が淡黄色、腹面が褐色で側面と腹面基部に白斑なし。黄色種。

アカエゾヤブカ *Ae. yamadai*
■分布：北海道、本州
Fig.2　解説 3

腹部背板の側面基部に白斑があり、しばしば背面基部に白斑か白帯あり。

腹部背板の側面基部には後方節へ行くに従い大きさが変わらない斑があり、しばしば第 VI 節、VII 節背板の上からも見える。第 III～VII 背板基部にしばしば完全な白帯あり（雄は白帯なし）。前脚基節末端の後部側面に通常白色鱗片斑あり。

腹部背板の側面基部には、後方節へ行くに従い小さくなる斑があり、通常第 VI 節、VII 節背板の上からわずかに見えるだけ。第 III～VII 背板基部には決して完全な白帯なし。前脚基節末端の後部側面に通常白色鱗片斑なし。

ホッコクヤブカ *Ae. sasai*
■分布：北海道、本州
解説 2

エゾヤブカ *Ae. esoensis*
■分布：北海道、本州　Fig.1　解説 1

Plate 19 より **フトオヤブカ属** *Verrallina*

眼縁に白鱗あり。

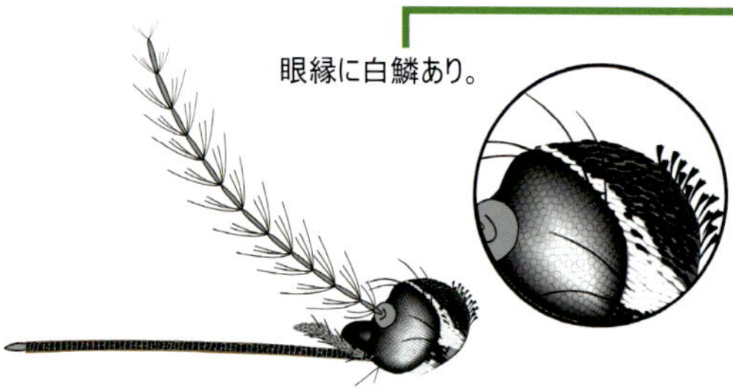

眼縁に白鱗なし。頭頂の後方中央に広扁鱗斑あり。

クロフトオヤブカ *Ve. iriomotensis*
■分布：八重山諸島　Fig.76　解説 124

眼縁の白色鱗片は幅狭。頭頂中央に曲狭鱗片条あり。

眼縁の白色鱗片は広扁。頭頂の中間部に 1 対の広扁白色鱗片条があるかなし。

アカフトオヤブカ *Verrallina atriisimilis*
■分布：八重山諸島
Fig.75　解説 123

コガタフトオヤブカ *Ve. nobukonis*
■分布：本州、四国、九州、琉球列島
Fig.74　解説 122

図解検索表   Plate 26

Plate 18 より セスジヤブカ亜属 *Ochlerotatus*

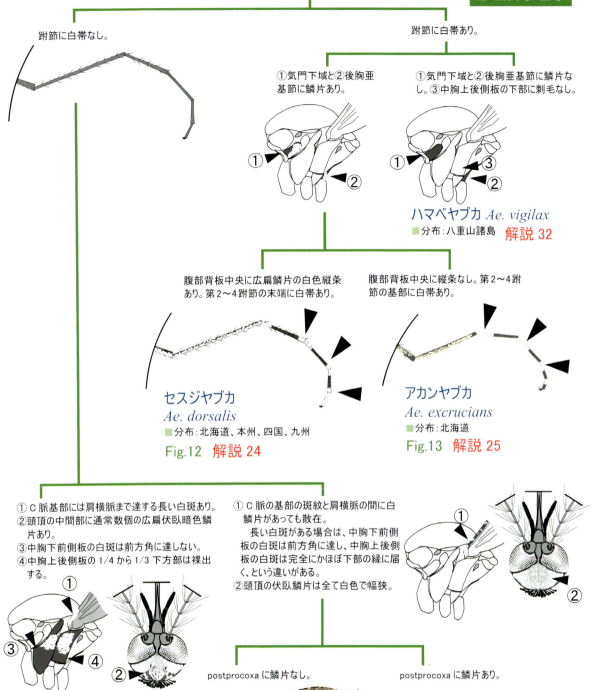

ハマベヤブカ *Ae. vigilax*
■分布：八重山諸島　解説 32

セスジヤブカ *Ae. dorsalis*
■分布：北海道、本州、四国、九州
Fig.12　解説 24

アカンヤブカ *Ae. excrucians*
■分布：北海道
Fig.13　解説 25

ダイセツヤブカ *Ae. impiger daisetsuzanus*
■分布：北海道
解説 28

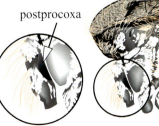

トカチヤブカ *Ae. communis*
■分布：北海道　Fig.11　解説 22

➡ Plate 27

Plate 27

Plate 26 より

中胸下前側板の白斑は前方角に届かず、中胸上後側板下方 1/4 から 1/3 は裸出する。

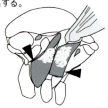

➡ Plate 28 上

中胸下前側板の白斑は前方角に届く。

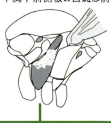

中胸上後側板・下方部の刺毛あり。中胸上後側板の白斑は下方部に届くか縁近くに達する。側頭は完全に白色。

中胸上後側板・下方部の刺毛なし。中胸上後側板の下部は、通常 1/4 から 1/3 が裸出する。側頭後方部は通常暗色斑あり。

カラフトヤブカ
Ae. sticticus
■分布：北海道
解説 31

頭頂の直立叉状鱗片はたいてい黄色。C 脈基部に白斑はあるかなし。

頭頂の直立叉状鱗片は暗色で、中央にもまた暗色鱗片あり。C 脈基部に白斑なし。

次の 3 種が知られるが、雌成虫の形態による同定は難しい。

チシマヤブカ *Ae. punctor*
■分布：北海道　　解説 30

キタヤブカ *Ae. hokkaidensis*
■分布：北海道　　解説 27

アッケシヤブカ *Ae. akkeshiensis*
■分布：北海道（厚岸）　解説 21

ハクサンヤブカ
Ae. hakusanensis
■分布：本州
解説 26

図解検索表 31

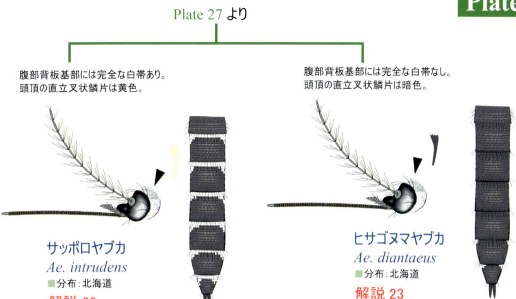

Plate 27 より

腹部背板基部には完全な白帯あり。
頭頂の直立叉状鱗片は黄色。

サッポロヤブカ
Ae. intrudens
■分布：北海道
解説 29

腹部背板基部には完全な白帯なし。
頭頂の直立叉状鱗片は暗色。

ヒサゴヌマヤブカ
Ae. diantaeus
■分布：北海道
解説 23

Plate 18 より

エドウオーズヤブカ亜属 *Edwardsaedes*

わが国には1種のみ生息する。

コガタキンイロヤブカ　*Ae. bekkui*
頭頂中央は黒褐色で黄白色曲狭鱗片の条斑をなす。脛節基部と前・中脚跗節の一部そして後脚跗節のすべては基部に白帯を持つ。気門下域刺毛を伴わない。
■分布：北海道、本州、四国、九州、対馬

Fig.6　解説 13

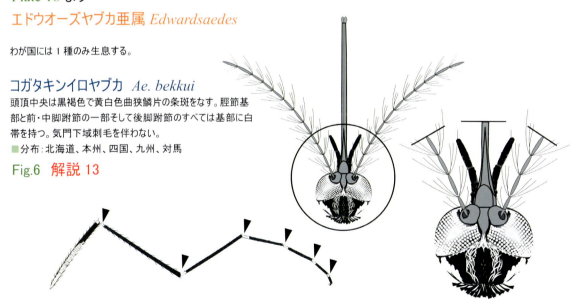

第1章　成虫の体の基本構造

　生き物の体のつくり(構造)とその働き(機能)には密接な関係がある。例えば鳥や昆虫が飛ぶための翼や翅、歩くための脚、魚が泳ぐためのヒレ、植物であれば太陽の光を浴びるための樹木の枝ぶりや草の葉の茂り方、水分や栄養分の通路である維管束の形や配置、植物体を支える根の張り方など、ある部位の働きを考えるとなぜそのような構造になったのかがよく理解できる。そして、機能的に優れた部位の構造には無駄がなく、洗練された美しさがあるように私は感じている。

　私が専門に研究してきた蚊の場合も同じである。蚊は体の大きさが4～5mmと小さい昆虫で、肉眼ではその構造を詳しく見ることができない。また、我々が目にする蚊は吸血のために刺しに来る嫌な虫であり、詳しく観察するような対象ではなく、腕や手に止まったとたんに叩き潰されてしまうのが常である。ところが、実体顕微鏡という顕微鏡で40倍ほどに拡大すると、思わず息をのむほどに美しい世界に出合うことができる。私たちがよく刺されるヤブカの体は実体顕微鏡を使って観察すると、体表を覆う黒くてツヤのある鱗片や銀白色に輝く鱗片が整然と並び、緻密な彫刻作品のようにさえ見える。

　この図鑑は蚊の成虫の種類を知るための手順を解説することを第一の目的にしている。しかしそれだけではなく、40倍の拡大レンズを通して見ると、蚊の体がどれほど美しいかを多くの人に知ってもらうことも目的にしている。4mmの蚊を40倍に拡大すると16cmになり、これはちょうどB5判1ページに収まる大きさに相当している。そこで、1ページに1種類の全身図を示して、蚊の形や体色がいかに多様でかつ美しいかを紹介することにした。

　蚊の標本を美しい状態に保つことができるのは、標本にしてからわずか1日ほどにすぎない。昆虫の体は外側が固い殻でできていて、その中は体液と呼ばれる液体で満たされている。この体液が体内を循環して栄養分や老廃物を運搬し、種々のホルモンなどの体内分泌物を体中に行き渡らせている。蚊が生きているときは体内の生理的反応は活発で、あたかもゴム風船が空気で満たされてぱんぱんに膨らんでいるように、蚊の体も体液が充満してしっかり支えられている。ところが死んでしまうと、乾燥によって体液がなくなり蚊の体は空気が抜けたゴム風船のように縮んでしまう。乾燥は体の萎縮だけでなく、変色やツヤの消失なども引き起こして蚊の姿を大きく変貌させる。そのため、乾燥した標本で種類を同定するときには、頭の中で、ゆがんだ蚊の体の本来の姿を復元しながら、いろいろな部位の特徴を観察する必要がある。そして、そのためには、蚊の体がどのような構造になっているかをよく理解しておくことがとても重要になる。

　蚊は昆虫の仲間で、その体は頭部、胸部および腹部の三部分で構成されている(図1-1)。成虫の胸部には3対の脚(前脚、中脚、後脚)がある。昆虫は、前翅と後翅をそれぞれ2枚ずつ持つのが基本だが、蚊やハエ類では後翅が平均棍と呼ばれる棒状の器官に変わっていて、飛ぶための翅は2枚だけである。昆虫類の体の構造は分類群によって様々であるが、どの分類群にも共通する基本的な体構造がある。そ

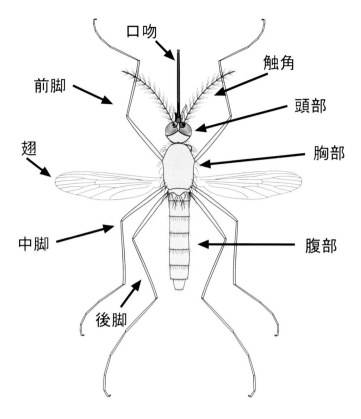

図 1-1　蚊成虫の体構造

して、昆虫の行動や生活様式の違いを反映して、その基本構造がさまざまに変化し、その結果それぞれの分類群に特有の姿かたちが発達してきたとされている。

　蚊の形態学的な説明は以下の書籍で詳しく行われており、この章の解説の多くはこれらの書籍に基づいている。

(1) Christophers, S.R. (1960) *Aedes aegypti* (L.) The yellow fever mosquito, its life history, bionomics and structure. Cambridge University Press.
(2) Harbach, R.E. and Knight, K.L. (1980) Taxonomists' glossary of mosquito anatomy. Plexus Publishing Inc.
(3) Clements, A.N. (1992) The biology of mosquitoes Volume 1, Development, nutrition and reproduction. Chapman & Hall.
(4) Clements, A.N. (1999) The biology of mosquitoes Volume 2, Sensory reception and behavior. CABI Publishing.
(5) Becker et al. (2010) Mosquitoes and their control second edition, Springer.

残念ながら日本語の解説はほとんどなく、田中(2006)が成虫の形態について簡単に解説しており、体の部位の日本語名称を示している。部位の名称は海外の分類学者の間でも統一されておらず、同じ部位に対して別の名称が与えられていることがある。そのため、(2)に記した Harbach and Knight (1980) が名称の相互関係を整理している。以下の解説では、田中(2006)による日本語名称を採用し、必要に応じてBecker et al.(2010)にしたがって英語名称をカッコ書きで示した。また、昆虫の基本的な体構造の名称は森本(2003)にしたがった。上にあげた(1)、(3)、(4)の書籍は、形態の単なる説明だけでなく、その部

分がどのような機能を持っているかを詳しく解説しており、蚊の体の構造について理解を深めることができる。

蚊成虫の形態にみられる一番の特徴は、針のように細長い口で、口吻(こうふん)(proboscis)と呼ばれている。体の全面が多数の鱗片と刺毛(または剛毛)で覆われていることも蚊成虫の大きな特徴である。実体顕微鏡で拡大すると、胸部や腹部だけでなく翅や脚も鱗片で覆われていることがわかる。そして、鱗片の色や形は多様なので、体のどの部分がどんな鱗片で覆われているか、どこに刺毛が生えているかを観察することによって、ほとんどの種類を区別することができる。蚊の体は外骨格と呼ばれる固い板で包まれているが、外骨格は1枚の板ではなく複雑に分かれていて、その分割された板のひとつひとつに名前が付けられている。そのため、蚊の種類を同定するためには、まず体の立体構造をよく理解し、それぞれの部位が何と呼ばれているかを知っておく必要がある。体の部位の名前を知ることは、いわば住宅地図の処番地を知ることであり「○丁目△番地の角にある家」のように、目的の場所を正確に示すためにどうしても必要である。蚊成虫の体の部位の名称はまとめて全身図版の冒頭に示してある。

この図鑑は蚊の成虫、特に私たちが一番よく目にする、刺しに来る雌成虫の種類を同定することを目的にしている。そこで、この章では種類の同定を行う際に必要になる成虫の形態学的な知識をまず解説する。さらに、種類を知るためにどの部位のどんな特徴を観察するかについて次章で解説する。

体の構造を確実に理解するには、実物の蚊を使ってひとつひとつの部位を確認するとよい。そこで北海道を除く全国に生息しており、よく人を刺すため入手しやすいヤブカの仲間、ヒトスジシマカを選んで解説に使っている。できれば、庭先や公園などで自分で採集したヒトスジシマカを手元に置いて、読んでほしい。

▶ 1.1. 頭部

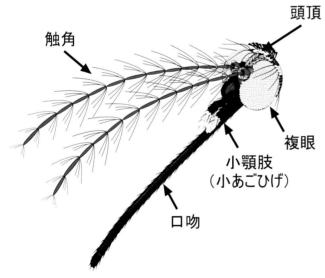

図1-2 蚊の頭部の構造:ヒトスジシマカ雌の例

頭部で一番目立つのは、大きな眼(複眼)である。複眼は個眼と呼ばれる小さなつぶが数百個集まってできている(図1-2)。複眼は左右にひとつずつあり互いに接するように位置しているが、その間隔は上部ほど広くなっている。頭部の一番上の部分は頭頂と呼ばれる。頭頂は鱗片で覆われている種類が多く、ヒトスジシマカは幅広で黒色の鱗片で覆われ、中央には幅広で白色の鱗片が並んだ縞がある。この白色縞は複眼の間まで達している。頭頂には黒色で直立した鱗片(叉状鱗片と呼ぶ)が多数ある。複眼の縁には幅広で白色の鱗片(白色広扁鱗片)の列がある。頭部の側面は側頭部と呼ぶが、ヒトスジシマカの側頭部は白色広扁鱗片で覆われ白斑ができている。複眼縁の頭頂部には4～5本、側頭部には4本の刺毛(あるいは剛毛と呼ぶ)が生えている(Tanaka et al., 1979)。蚊の種類による違いは、頭部を覆う鱗片の色や形、斑紋の有無、刺毛の数などに現れる。

複眼に接して1対の触角が生えている。触角の付け根の部分は梗節と呼ばれる。梗節は鱗片で覆われ

ている種類と露出している種類がいるが、ヒトスジシマカの梗節には白色広扁鱗片がある。触角の下には頭盾があり、その左右の付け根付近に小顎肢(小あごひげ)が生えている。小顎肢全体が鱗片で覆われているが、ヒトスジシマカの小顎肢の先端は白色である。左右の小顎肢の付け根に接するように口吻が伸びている。

蚊の口吻は一見すると1本の注射針のように見える。しかし詳しく観察すると、1本の中空の針ではなくて、上唇、1対の大顎、下咽頭、1対の小顎、下唇と呼ばれる7つの細長い部品で作られていることがわかる(図1-3)。

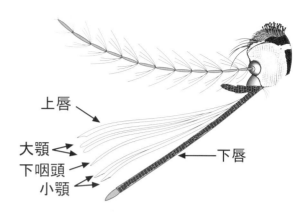

図1-3　口吻の構造:5種類(7本)のパーツで構成されている

上唇は細長い板が下向きに丸くなってストロー状になり、その付け根は食道につながっている。ストロー状に丸まった上唇の左右の縁は、下面で重なっている。このストローの裂け目をふさぐように大顎と下咽頭が位置している。こうして作られた管は外側にある小顎の動きによって皮膚に刺し込まれ、蚊が動物から吸った血液はこの管の中を通って食道から中腸に取り込まれる。口吻を皮膚に差し込んだ蚊は皮膚の中で管をくねくねと動かして血管を探さねばならないため、吸血用の管自体はとても柔らかく、そして傷つきやすい。そこで柔らかい管全体を保護するために下唇が使われている。下唇は、吸血用の管の外側を覆うように、上向きに丸くなって包んでいる。つまり蚊の下唇は、刀の鞘の役目をしている。下唇の表面も刺毛と鱗片によって覆われている。ヒトスジシマカの口吻を覆っているのは黒色広扁鱗片だけであるが、他の種類の中には口吻の中央部が白色広扁鱗片で覆われて白帯を形成している種類もいる。また、口吻の長さや形にも種による違いがみられる。

1.2. 雌雄のちがい

吸血のために刺しに来る蚊は雌だけであるが、例外的に雄が動物に誘引される種類がある。ヒトスジシマカなどシマカと呼ばれる蚊の中には、雄が動物の周囲を盛んに飛び回ることが知られる種類がいる。そのため、捕虫網などで蚊を採集すると、雌だけでなく雄も一緒に採集される。雄が動物に誘引されない種類の場合でも、幼虫を採集してきて飼育すると、雌だけでなく雄が羽化してくる。このような場合、種類を調べるためには、まず雄と雌を区別しなければならない。というのは、蚊の種類を調べるための解説(検索表)は、多くの場合雌の特徴に基づいて書かれているためである。

蚊の頭部には雌雄で形状が大きく異なる部位があり、成虫の雌雄を見分けるために使われている。すべての種類の蚊に共通している雌雄の違いは、触角の形態である(図1-4)。雄の触角には細長い毛が密生しているため、肉眼で見ると毛羽立った鳥の羽毛のような感じに見える。雌の触角の毛は短くて肉眼でははっきり見えないため、触角自体が1本の細長い糸のように見える。

蚊の雌雄で異なるもうひとつの部位は小顎肢で、雄の小顎肢の長さは口吻とほとんど同じ長さなのに対して、雌の小顎肢は短くて肉眼では認めることが難しいほどである。雄の小顎肢の先端が口吻から離れていると、口吻が三又に分かれているように見える。ただし、この雌雄による小顎肢の長さの違いは、ハマダラカ類ではあてはまらない。ハマダラカ類の雌は雄と同様に口吻と同長の小顎肢をもっている。また、キンパラナガハシカのように雄の小顎肢が雌と同様に短い種類も知られている。

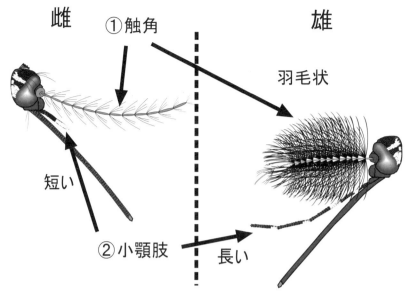

図 1-4　雌雄の形態的違い

頭部以外に雌雄で形状が異なる部位がもうひとつある。それは腹部の末端にある外部生殖器であるが、慣れないと肉眼で確認するのは難しい。

▶ 1.3. 胸部

　昆虫の胸部は、前胸、中胸、後胸の3つの体節に分けられる。蚊の場合、翅が付属している中胸が大きく発達し、前胸と後胸は小さい。翅を動かして飛翔するためには強力な筋肉が必要であり、中胸には発達した筋肉が収められている。昆虫の体節は、背面を覆う背板(tergum あるいは notum)、腹面を覆う腹板(sternum)、そして左右の側面を保護する1対の側板(pleuron)で構成され、脚基部の上側の膜部分には1対の気門がある。ただし多くの昆虫では前胸気門は消失している。体節を構成する板がさらに分割されると、背板片(tergite)、腹板片(sternite)、側板片(pleurite)と呼ばれる複数の板に分かれる。

　蚊の胸部も前胸、中胸、後胸の3体節に分けられるのだが、それぞれが収縮／発達して変形しているため、わかりにくい。また、体表が鱗片と刺毛で覆われているため、分割された板の境界がわかりにくい。以下の説明図では、ヒトスジシマカの図と模式図を並べて示したので、比較しながら構造を確認して欲しい。

　蚊の前胸の背板(前胸背板、pronotum)を背面から見ると中央部が縮小し、側面は発達して前胸背前側片(antepronotum)と前胸背後側片(postpronotum)に分かれている(図 1-5、1-6)。前者は耳たぶの様な丸みのある形状で前方に突出しているのに対して、後者は平たい板状で中胸の側板(mesopleuron)の一部のように見える。

　蚊やハエ類(ハエ目)の中胸背板(mesonotum)は基本的に、4つに分割され、前方から順に前盾板(prescutum)、盾板(scutum)、小盾板(scutellum)、後盾板(あるいは後背板 postnotum)と呼ばれる。後盾板は小盾板の下に隠れるように位置していて背面からは見えにくい。蚊の場合、前盾板と盾板の分割は完全ではなく、両者を分割する盾板横溝(transverse suture)が部分的に認められ、中胸背縫合線(scutal suture)と呼ばれている(図 1-6)。そのため、前盾板と盾板は一括して中胸背(scutum)と呼ばれる。中胸

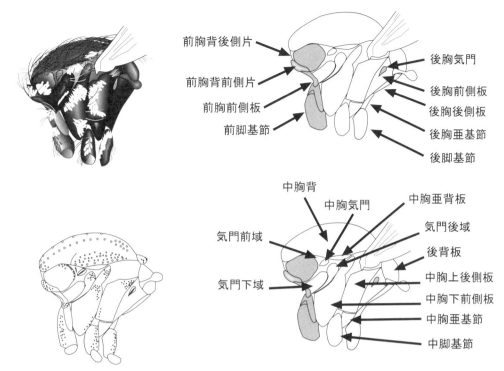

図 1-5　蚊の胸部側面の構造と名称および刺毛の位置（左下図）

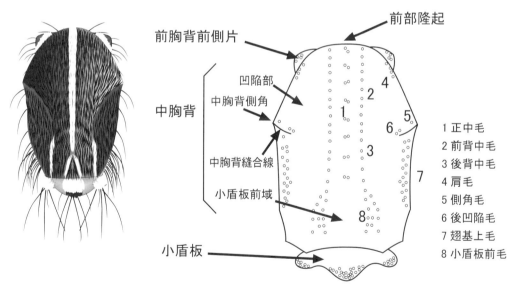

図 1-6　蚊の胸部背板の部位と刺毛の名称

背の側縁で中胸気門の上部に位置する部分は、中胸背縫合線の出発点で、この部分は中胸背側角（scutal angle）と呼ばれる。中胸背側角の前方やや内側はわずかに窪んでいて凹陥部（scutal fossa または fossal area）と呼ばれる。翅付け根の前方には中胸背板に由来する小片があり、中胸亜背板（pratergite）と呼ばれている。

中胸背に続いて小盾板がある。蚊の小盾板には2つのタイプがある。ひとつはハマダラカ類やオオカ類に見られるタイプで、後縁部はくびれがなく弧を描いている。もうひとつのタイプは後縁部にくびれ

があり、3つに分かれている。ヒトスジシマカはこのタイプである。中胸背面を構成する4つ目の板である後盾板は、その内部に飛翔筋を支える構造を持っている。

蚊の後胸背板は縮小して細い帯状となっている。

中胸背には蚊の種類を同定する上で重要な刺毛列が3対ある。これらの刺毛が生えている位置を図1-6に小さい白丸で示した。正中毛(acrostichal seta)は左右の刺毛の列が中央で合わさってひとつになっている。2つめの刺毛列は背中毛(dorsocentral seta)で前方部分は前背中毛(anterior dorsocentral seta)、後方部分は後背中毛(posterior dorsocentral seta)と呼ばれる。もう一組の刺毛列は翅基上毛(supraalar seta)と呼ばれ、翅の付け根の上部、中胸背の後部側縁に生えている。これらの刺毛の有無や色は種類によって異なる。ヒトスジシマカの属するシマカ亜属の蚊には正中毛がほとんどなく、前方の1～2対のみに限られる。また、背中毛は少なく、凹陥部の中央部には刺毛がない、小盾板前毛(prescutellar seta)と翅基上毛は発達している、などの特徴がある。

中胸背は全面あるいは一部が鱗片で覆われる。鱗片の色、形、量は属によって異なる。全面が同色の鱗片で覆われる種類もあれば、色の異なる鱗片によって縞模様や斑紋が形成されている種類もある。これらの模様は種類を同定する上で重要になるので、標本を作製する際には中胸背の鱗片が取れないように注意しなければならない。ヒトスジシマカの場合、中胸背の大部分は黒色の狭曲鱗片によって覆われているが、正中線には白色の狭曲鱗片によってやや太めの縦筋が1本作られている(図1-6左)。また、後背中毛と小盾板前毛の付近にも白色狭曲鱗片の細い縦筋がある。さらに、中胸背側縁で翅基の斜め前方部分に白色広扁鱗片の小塊が、また翅基の上方には白色の狭曲鱗片の小塊が認められる(図1-5左)。これらも他の種類と区別する上で重要な特徴になっている。

▶ 1.4. 胸部側面

図1-5左に示したように、ヒトスジシマカの胸部側面は多くの鱗片と刺毛で覆われているため、複数に分割された胸側板の境界線がわかりにくい。そのため、図1-5では鱗片と刺毛を取り去った模式図で胸側板の構造を示した。

胸部の側面も前胸、中胸、後胸の3部分に分かれる。図1-5で濃い灰色で塗りつぶした部分は前胸に相当し、前胸前側片の下につながる前胸前側板は側面からみると丸みを持った突起の様に見えるが、その下辺は板状に広がって胸部の前面を覆っている。前胸前側板には前脚の基節(procoxa)が膜によって接合している。この膜はprocoxal membraneと呼ばれ前面(anteprocoxal membrane)と後面(postprocoxal membrane)が区別されている。薄い膜構造なので形状は不定で、基節との接合角度や乾燥度合いによって形はゆがむ。

図1-5の白色部分は中胸で、中胸の側板は溝(mesopleural suture)によって前方の大きい板(中胸前側板 anterior mesepisternum)と後方のより小さい板(中胸後側板、posterior mesoepimeron)の2つに分かれる。中胸前側板はさらに上下2つの側板片、中胸上前側板(upper mesanepisternum)と中胸下前側板(lower mesokatepisternum)に分かれる。中胸上前側板には中胸気門があり、気門を基準点として以下の3つの区画が区別されている：気門前域、気門後域、気門下域。気門前域は蚊のグループを区別する上で重要で、この部分に刺毛があるかどうかが問題になる。気門前域はそれ自体が狭くこの部分に生える刺毛を、前方にある前胸背後側片の後縁に生える刺毛(前胸背後側片刺毛)と区別することが難しい。光の当たる角度を変えて気門付近に伸びる刺毛の根元がどこにあるかを注意して観察する必要がある。ヒトスジシマカには気門前域の刺毛はない。気門後域は、刺毛や鱗片の有無が重要なチェックポイントで、ヒトス

ジシマカはこの部分に1〜4本の刺毛がある(Tanaka et al., 1979)。気門下域の上端で気門のすぐ下の部分は、hypostigmal area と呼ばれ、この部分の鱗片の有無が種類同定に使われることがある。

図1-5左のヒトスジシマカの図に示したように胸部側面は鱗片と刺毛によって覆われているため、初心者にとっては気門周囲のエリアがどこなのかを知ることは案外難しい。胸部側面を観察するには、まず中胸気門を探すことが重要で中胸気門が確認できれば、その前後および下の部分を区別することが容易になる。中胸気門は蚊を殺した時の状況によって、気門が閉じていることもあれば、大きく開いていることもある。閉じているときはネコの瞳のように楕円形の中央に細い筋が見える。

中胸下前側板の上方は細くなり盛り上がって瘤状になっている。この瘤状部分は翅基前瘤起と呼ばれ、鱗片や刺毛の有無は重要な特徴となっている。また中胸下前側板の上部と下部後方にも刺毛や鱗片があるため、これらの部分も観察の対象になる。ヒトスジシマカの場合、翅基前瘤起に6〜12本、中胸下前側板の上部に1〜2本、下部後方に2〜5本の刺毛があり、これらの部分はいずれも白色鱗片で覆われている(Tanaka et al., 1979)。

中胸後側板も上下2つ(中胸上後側板と中胸下後側板)に分かれるが、後者は縮小して狭い板となり目立たない。そのため、種類同定で重要になるのは中胸上後側板だけで、この部分のどこに刺毛と鱗片があるかをチェックする。特に中胸上後側板の下部に刺毛が何本あるかは、しばしば種類を特定する上で重要な特徴のひとつになっている。ヒトスジシマカは中胸上後側板下部に刺毛を持たない。中胸下後側板の下には小さい三角形の中胸亜基節がある。

図1-5の薄い灰色で示した部分が後胸で中胸に比べはるかに小さい。後胸の側板は溝によって前方の三角形(あるいは台形)の後胸前側板と細い帯状の後胸後側板に分かれる。後胸前側板には後胸気門と平均棍がある。

胸部側面の刺毛の位置を図1-5に小さい丸で示した。

1.5. 腹部

腹部は9つの腹節と先端の外部生殖器からなる。第9腹節は第8腹節内にあり外からは見えない。また、ヒトスジシマカが属するシマカ類の第8腹節は小さくて、大部分が第7腹節に引き込まれていて背面からは見えない。

腹部第1節は他の腹節よりも小さめで、背板の側縁部と中央部がはっきり区分されている場合があり、このような場合、側縁部は側背板(laterotergite)と呼ばれている。雌の腹部第2節から第7節は比較的簡単な構造をしている。個々の腹節は筒状で、背側(背板)と腹側(腹板)をドーム状の板で囲まれている(図1-7)。腹部には胸部のような硬い側板はない。背板と腹板は柔軟な膜によってつながっており、この膜の前方に気門が1つある。また、腹節同士も節間膜によってつながっている。節間膜は伸縮するので、吸血して中腸に血液が取り込まれたときや水分を摂取した時には、腹節の間と背板と腹板の間の膜が伸びて腹部全体が大きく膨らむ。吸血後2〜3日かけて血液が消化されると腹部はやや小さくなるが、血液の消化と並行して卵巣で卵が作られるため、腹部は血液に代わって成熟した卵で満たされる。すべての卵を産卵してしまうと、節間の膜は縮んで腹部は再び扁平で小さい状態に戻る。

腹部の9節から11節は変形して外部生殖器を形成している。雌の外部生殖器は雄に比べると単純な構造で種類の同定にはほとんど使われていない。これに対して雄の外部生殖器は非常に複雑で、種の特徴が顕著なため、分類学的にはもっとも重要な部分である。雄の外部生殖器の構造に関してはこの図鑑では触れない。雄蚊の外部生殖器の詳細については、田中(2006)や宮城・當間(2017)を参照して欲しい。

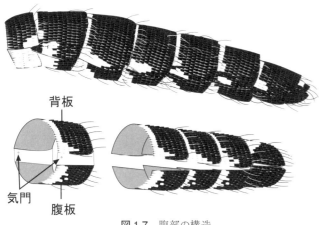

図 1-7　腹部の構造

腹部も他の体節と同様に、全体が鱗片と刺毛で覆われている。腹節の背板が異なる色の鱗片で覆われ、特徴的な斑紋を示す種類がいる。ヒトスジシマカの腹部背板は、胸部に結合している側（基部）が白色鱗片で覆われ、白色の帯を形成している（図 1-7）。この白帯は側縁に近づくと幅が広くなる。腹部の白帯には個体差があり、中央部が黒色鱗片で覆われて白帯が切れ、不完全な帯になっていることもある。

ピン標本を作製した直後は、体内が血液（体液）で満たされているので、腹部はまっすぐで筒状の形を保っている。しかし、時間の経過とともに標本が乾燥すると、腹板が背板の内側に引き込まれ腹部全体は扁平となる。さらに腹部の先端は下方にさがって腰が曲がったような形に変形することが多い。そのため、乾燥標本によって生きているときの精悍な姿を保つのは非常に難しい。

▶ 1.6. 翅

翅は上下 2 層の薄い表皮とそれに挟まれた管状の翅脈で構成されている。翅脈の本数や分岐の仕方は脈相とよばれ、分類群ごとに特徴がある。蚊の翅は 6 本の翅脈とそれらから分岐した翅脈によって支えられている（図 1-8-(1)）。蚊の翅脈の名称（記号）は分類学者によって異なるので、ここでは田中（2006）の名称を用いる。翅の前縁に位置する翅脈は前縁脈（C）と呼ばれ分岐はない。前縁脈の次の翅脈は亜前縁脈（Sc）と呼ばれこれも分岐しない。3 番目の翅脈は径脈（R）で、R_1 と Rs に分かれ、さらに Rs は R_{2+3} と R_{4+5} に分岐する。R_{2+3} 脈は R_2 と R_3 脈に分岐するが、R_{4+5} 脈は分岐しない。4 番目の翅脈は中脈（M）で M_{1+2} と M_{3+4} に分かれる。5 番目の翅脈は肘脈（Cu）で Cu_1 と Cu_2 脈に分かれる。6 番目の翅脈は第 1 臀脈（1A）と呼ばれ分岐はない。これらが縦に走る翅脈（縦脈）で縦脈同士を連結する短い横脈があり、蚊の翅には 6 つの横脈がある。2 本は翅の付け根にあり、C 脈と Sc 脈を結ぶ h 脈、R 脈と M 脈、Cu 脈を結ぶ Ar 脈である。残りの 4 横脈はそれによって結ばれる 2 本の脈によって、それぞれ Sc-r、r1-rs、r-m、m-cu と呼ばれる。

R_2 脈と R_3 脈で囲まれた部分は R2 室と呼ばれる。また、M_{1+2} 脈と M_{3+4} 脈で囲まれた部分は M1 室と呼ばれている。

翅は単なる平らな板ではなく、屏風のように襞状で波打った板である。翅脈は翅の襞の形成と関連しており、縦脈には隆起したもの（隆起脈）と窪んだもの（凹脈）の 2 種類があって、これら 2 種の翅脈が基本的には交互に繰り返して配列している。

蚊の縦脈のうち隆起脈は、前縁脈 C、径脈 R、R_{4+5}、肘脈 Cu、第 1 臀脈 1A である。残りの亜前縁脈 Sc、Rs、中脈 M は凹脈である。

鱗片は横脈にはないが、縦脈のほとんどは上面と下面の両方が鱗片で飾られている。翅脈を覆う鱗片は 2 種類が区別されている（図 1-8-(2)）。ひとつは、幅広で先端が切断されたような形をしており互いに重なり合っている鱗片で squame scale（うろこのような鱗片）と呼ばれている。squame scale（うろこの

(1) 翅脈の名称

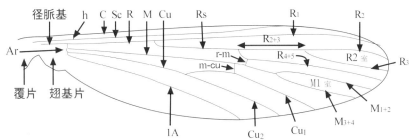

(2) 翅の鱗片

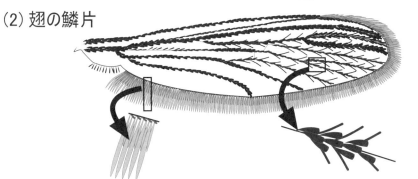

(3) ハマダラカ類の翅斑紋の名称

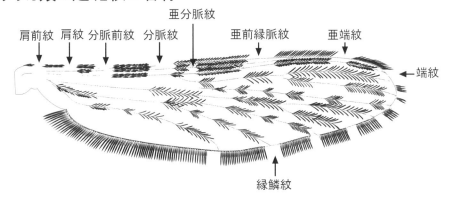

図 1-8　翅の構造と名称、ハマダラカの翅斑紋の名称

ような鱗片）はすべての翅脈の上面と側面に密着するように付着している。翅脈を覆うもうひとつの鱗片は、より細長くて尖った形をしており翅脈に突き刺さるように付着している鱗片で Plume scale（羽毛のような鱗片）と呼ばれている。Plume scale（羽毛のような鱗片）は、翅の先端部の分岐した翅脈（R_{2+3}、R_2、R_3、R_{4+5}、M_{1+2}、M_{3+4}、Cu_1、Cu_2 など）で顕著な種類が多い。

　翅の後方の縁は翅脈の鱗片とは異なる鱗片（縁鱗）で縁取られている。縁鱗は長さと形が異なる 3 種類の鱗片で構成されている。まず細長い紡錘形の鱗片（fringe scale）が縁に対して直角に付着し、多数の鱗片が互いに接するように整然と翅を縁取っている。この鱗片の付け根付近には隙間があるが、これを埋めるように、同じ紡錘形でより小さい鱗片（secondary fringe scale）が付着している。さらにこれらの鱗片の付け根には、幅広で先端が切断された形の鱗片が縁に対して斜めに、翅の裏面と表面の両面に付着している（図 1-8-(2)）。

　ヒトスジシマカの翅は黒色の鱗片で覆われており斑紋はない。翅が黒色の鱗片だけでなく色の薄い鱗

片で部分的に覆われている種類では、斑紋が区別できる。どの翅脈のどこに斑紋があるかは、ハマダラカ類などの種類を同定する際に重要な特徴になっており、ハマダラカ類の翅の斑紋には名称がつけられている（図1-8-(3)）。

▶ 1.7. 翅の基部の構造

翅は複数の小片（翅底骨）で作られる関節によって胸部に接合している。この翅基部の関節は、人の手首の骨格を思わせるような複雑な構造をしている。形態学的には興味深い部位だが、種類の同定には使われないので解説は省略する。また、翅の角度によって翅基部の形態は変化し描画することが難しいため、この図鑑の全身図では翅基部は描いてない。

▶ 1.8. 脚

脚は付け根から順に基節、転節、腿節、脛節、跗節、爪で構成され、表面は鱗片と刺毛で覆われている（図1-9）。跗節はさらに5節に分かれ、一番先端の第5跗節には2本の爪が生えている（図1-10）。爪の間には爪間毛があり、爪の付け根の下部には肉質板がある。イエカ類の肉質板は大きく発達し多数の微毛を伴うので、爪の基部は隠れて見えない（図1-10左）。これに対して肉質板が小さい種類では爪の基部をはっきりと見ることができる（図1-10右）。第1跗節は脛節の先端と間接によってつながっているが、跗節同士は関節ではなく柔軟な膜によってつながっている。多くの種類では、雌の爪は枝分かれのない単純な構造で、どの脚の爪も同じ形である。セスジヤブカ亜属のように、前脚の爪の形が種類を同定するた

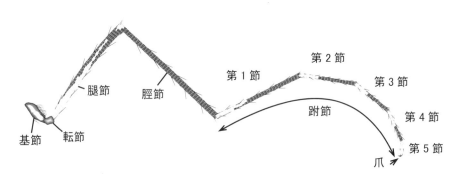

図1-9　脚の構造と名称

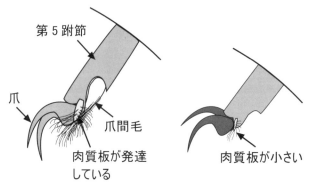

図1-10　跗節の先端の爪と肉質板

めに重要なグループもある。ヒトスジシマカの雌の爪は単純であるが、雄では前脚と中脚の爪が枝分かれしている（Tanaka et al., 1979）。

　基節と転節にも鱗片があるが、種類の同定にはほとんど使われない。腿節、脛節、跗節の鱗片は単一色の種類もいれば、色が異なる鱗片が混じって斑紋を作っている種類もいる。そのため脚のどの部分に斑紋があるかということは種類を特定する際に重要な特徴のひとつになっている。ヒトスジシマカは、跗節の基部（胸部に近い方）に白斑を持っており、後脚の第5節は全体が白いという特徴がある。

1.9. 刺毛、鱗片の起源と付き方

　刺毛と鱗片は皮膚を構成する真皮細胞から変化した毛母細胞に由来し、毛母細胞から出た突起が棘状になったものが刺毛（または剛毛）、扁平花弁状のものが鱗片である。刺毛は窩生細胞で作られたソケットに収まっている。刺毛が抜け落ちてもソケットの部分（毛穴）は残るため、注意深く観察して毛穴の有無を調べることで、刺毛の有無を確認することができる。

　全身図を描くにあたって鱗片の様子を観察したところ、鱗片は重なり合うようにして蚊の体表を覆っているが、その重なり方には犬や猫の毛並みのような方向性があることに気が付いた（図1-11）。しかもその重なり方はどの種類でもほぼ同じだった。蚊の胸部背面と腹部の鱗片は、胸部前方から尾部に向けて撫でつけられたような向きに重なっている。胸部側面の鱗片は胸部背面から脚に向かって上から下へ撫でつけられたように、また、脚の鱗片は腿節の付け根から跗節の先端に向かって撫でつけられたように重なりあっている。さらに翅の鱗片は基部から先端に向けて、頭の鱗片は頭頂から顔面に向けて撫でつけられたように重なっている。

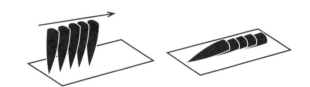

図1-11　鱗片は同じ向き（矢印の向き）に重なっている

　この鱗片の重なり方は、成虫が羽化するときに蛹殻から抜け出す手順と関係しているように思われる。蚊の成虫は蛹の背中にできた縦の裂け目から、まず胸部背面が最初に現れ、次いで頭頂部と翅の基部が出てくる。頭部は複眼、触角、小顎肢そして口吻の順に出てくる。これと並行して胸側面と翅、腹部が裂け目から上方に盛り上がるように出てくる。胸部がまっすぐ上方に伸びて蛹殻を抜けると、胸部に接合している脚の付け根が現れ、そのまま腿節、脛節、跗節の順に現れ、一番短い前脚、中脚、一番長い後脚の順に蛹殻から抜け出して、羽化が完了する。体表を覆う鱗片の重なり方は、羽化に際して先に現れる部位から遅れて現れる部位に向かって撫でつけるような向きになっていることがわかる。もし鱗片が逆向きに重なっていると、蛹殻の裂け目から体を抜き出すとき、鱗片が逆毛のように引っかかって、羽化の妨げになってしまうだろう。刺毛の生える向きも鱗片とほぼ同じである。

　種類を同定する時、鱗片の有無は重要な特徴の1つだが、ある部位にあった鱗片が剥がれ落ちて別の部位に付着していることがよくある。そのような鱗片かどうかを判断するには、鱗片の重なり方や付着している方向を観察するとよい。

第 2 章　蚊成虫の分類で重要な形態的特徴：「鍵」形質

　蚊の種類を同定するとき、体のすべての部位の特徴を調べる必要はない。一群のよく似た種類に共通した特徴や種類の違いがよく現れている部位については、分類学者によって詳しく調べられている。そこで、種類を分類する際に重要になる部位とその特徴を系統立てて調べることによって、蚊の種類を正確かつ迅速に同定することができる。この「種類を分類する際に重要になる部位とその特徴」を「鍵」形質（Key character）と呼ぶことにする。以下では頭部、胸部、腹部、翅、脚の順に「鍵」形質を説明する。また、2、3の「鍵」形質を組み合わせることで、種類を同定することができる例を紹介する。

▶ 2.1. 頭部の「鍵」形質（図 2-1）

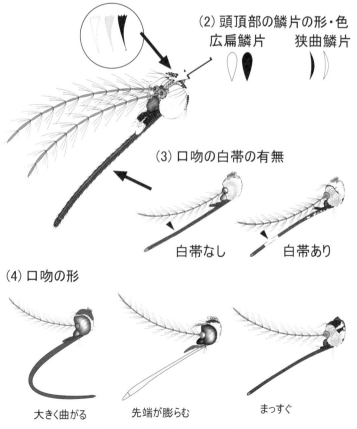

　ほとんどの蚊は、頭頂部に突き刺さるように立つ叉状（ホーク状）の鱗片（直立叉状鱗片）を持っている。この直立叉状鱗片の有無と色が頭部の「鍵」形質の1つである（図 2-1-(1)）。直立叉状鱗片には黒色、クリーム色、白色などが知られている。この鱗片の色を調べるとき注意すべきことがある。黒色の鱗片であっても、光の当たる角度によって、白く光って見えたり、褐色に見えることがある。そのため、鱗片の色を確認するためには、標本を回転させて光の当たる角度を変えて観察する必要がある。頭頂部には表面に張り付くように並ぶ鱗片（伏臥鱗片）がある。この伏臥鱗片の形と色がもうひとつの「鍵」形質である（図 2-1-(2)）。伏臥鱗片には幅広のもの（広扁鱗片）と細くて曲がったも

図 2-1　頭部の「鍵」形質

の（狭曲鱗片）の2種類を区別できる。色には黒色、白色、淡黄色などがある。蚊の第一の形態的特徴である口吻にも「鍵」形質がある。口吻も表面を鱗片で覆われているが、一色の鱗片だけで覆われている種類と、中央部に白色の鱗片からなる斑紋（白帯）を持つ種類が区別できる（図2-1-(3)）。また、口吻の形も「鍵」形質である（図2-1-(4)）。多くの種類の口吻はほぼまっすぐだが、オオカ類の口吻は大きく下方に曲がっている。また、コブハシカやカギカの口吻は先端が膨らんでいる。

頭部には他にも付属肢があるが、触角の梗節や頭盾の鱗片の有無、小顎肢の鱗片の色や斑紋の有無なども重要な特徴である。

2.2. 胸部背面の「鍵」形質（図2-2）

胸部背面は観察しやすい部位で、その大部分を占める中胸背板の縞模様の有無は重要な「鍵」形質である（図2-2-(1)）。多くの種類では背中全体が単一色の鱗片で覆われているが、ヤブカ類などには暗色鱗片で覆われた中胸背板に白色あるいは淡黄色の鱗片が筋状に並んで縞模様になっている種類がいる。縞模様は種類によって異なることがあり、種類を同定するのに役立つ。ただし、この縞模様は色の異なる鱗片によって作られているので、鱗片の一部が取れてしまうと模様が不鮮明になる。また採集方法によっては、背面の鱗片がほとんど取れてしまい、縞模様が確認できないこともよくある。背中の表面がツルツルで光っている個体は、鱗片が取れてしまったことを意味しているので、縞模様があったかどうかは確認できない。

胸部背面の後方には小盾板があり、小盾板の形とそこに付着している鱗片の形と色は、グループを区別したり種類を同定するときの「鍵」形質である。小盾板には2種類の形が区別できる（図2-2-(2)）。ひとつはハマダラカ類やオオカ類のもので、小盾板の後縁部にくびれがなく、三日月を横にしたような形をしている。もうひとつは、後縁部の2ヵ所がくびれて、大きめの中央部とその左右につな

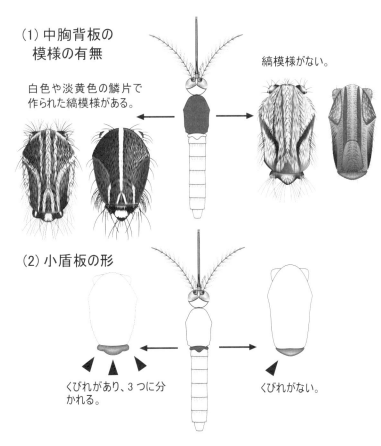

図 2-2　胸部背面の「鍵」形質

がる小さめの側葉の3つに分かれている。イエカ類やヤブカ類はこのタイプの小盾板である。小盾板に付着している鱗片にも幅広の広扁鱗片と細い狭曲鱗片の2種類がある。鱗片の色にも黒色、淡黄色、白色などがあり、小盾板全体が1種類の鱗片だけで覆われているか、あるいは鱗片の色や形が小盾板の部位によって異なるかが「鍵」形質になっている（図2-2-(3)）。

▶ 2.3. 胸部側面の「鍵」形質（図2-3）

　胸部側面を観察するとき、まず中胸気門の位置を確認することが重要である。胸部を側面から見ると、首のすぐ後ろには耳たぶのようにとび出た前胸背前側片があり、それに続いてややゆがんだ円盤状の前胸背後側片がある。この前胸背後側片の上の縁は中胸背板に接しているが、後縁部は中胸背板から離れている。後縁部が中胸背板から離れはじめる付近よりやや後方に小さな穴がある。これが中胸気門である。

　胸部側面の「鍵」形質はこの中胸気門の周辺にあり、ひとつめは気門前域の刺毛（剛毛）の有無である（図2-3-(1)）。気門前域というのは、中胸気門と前胸背後側片の後縁部、中胸背板によって囲まれた小さな三角形の部分で、ハマダラカ属やチビカ属、ナガハシカ属の種類では気門前域に1～数本の短い刺毛（気門剛毛）がある。ハボシカ属の種類では、気門を覆うように6～10本の長い気門剛毛が列を成して生えている。前胸背後側片には後縁に沿って刺毛が生えており、これと気門剛毛を混同しやすい。刺毛の付け根がどこに位置しているかを注意して調べる必要がある。

　中胸気門の後部には気門後域と呼ばれるやや盛り上がったコンマ状の部分があり、ここに刺毛あるいは鱗片があるかどうかが「鍵」形質の一つである（図2-3-(2)）。気門後域は中脚の付け根付近から上に伸びた中胸下前側板に接しており、その隣には中胸上後側板が接している。この中胸上後側板は、上部と下部に刺毛が生えているが、下部の刺毛の本数が「鍵」形質になっている（図2-3-(3)）。刺毛が

(1) 気門前域の刺毛の有無

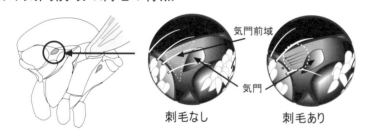

(2) 気門後域の刺毛・鱗片の有無

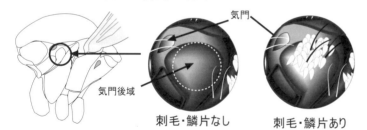

(3) 中胸上後側板の下部の刺毛

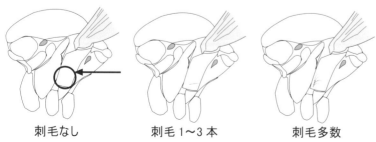

図2-3　胸部側面の「鍵」形質

ない種類、刺毛が1〜3本、刺毛が多数生えている種類が区別できる。カクイカ属の場合、この部分に5本以上の刺毛が縦に列を成して生えていることが大きな特徴になっている。中胸上後側板下部の刺毛の有無によって種類が特定される場合もあるので、刺毛があるかどうかは注意して観察する必要がある。ところが、この部分の刺毛は取れてしまうことがよくある。刺毛自体がない場合でも、光の当たる角度を変えて注意深く観察すると、毛穴を確認できる。毛穴があれば刺毛が生えていたと考えて問題ない。

ヤブカ属などでは、中胸亜背板の鱗片の有無も重要な形質とされている。

2.4. 腹部の「鍵」形質（図2-4）

腹部は背中側の腹部背板が観察しやすく、2個の「鍵」形質がある。ひとつめの「鍵」形質は腹部背板に白い鱗片が横に並んだ帯があるかどうかである（図2-4-(1)）。ここで、帯と呼んでいるのは、白色鱗片が途切れることなくつながって背板を横断しているものをいう。中央部に白色鱗片がなく帯が切れている場合は、不完全な帯と呼んで区別している。オオクロヤブカのように腹部背板に白帯はないが、背板の側面に白色鱗片の塊がある種類も知られている。腹部背板の白帯の位置には、基部、末端(先端)、中央の3種類があり、どの部位にあるかということも「鍵」形質である（図2-4-(2)）。腹部背板を切り離すと、胸部に近い方の縁と遠い方の縁を区別できるが、前者を基部(basal)、後者を末端(apical あるいは先端)と呼んでいる。腹部背板の白帯は基部にあることが多く、末端に白帯を持つ種類は限られる。また、基部と末端の間の位置に白帯が位置する種類も知られるが、少数である。背板の基部と末端を区

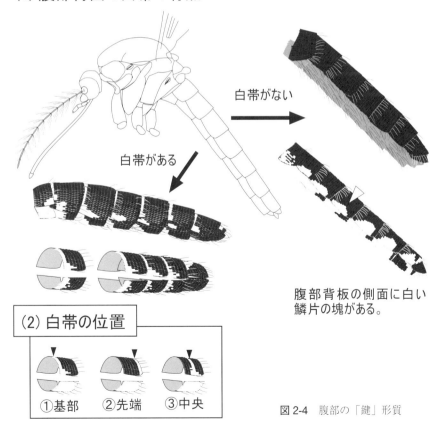

図2-4　腹部の「鍵」形質

別するには、背板の縁を確認する必要があるが、標本によってわかりにくいことがある。その場合は、背板の縁に生える刺毛列を利用するとよい。背板の縁に沿って生える刺毛は光が当たると光って見えるので、刺毛列を基準にして反対側の縁に白帯があれば基部、刺毛列の付け根に白帯があれば末端と判断できる。

▶ 2.5. 翅の「鍵」形質（図2-5）

　蚊の翅は周囲の縁と翅脈が鱗片で飾られているので、鱗片の色や斑紋の有無によって、おおきく3つの組に分けることができる。1つ目の組は鱗片が単色ではなく、ハマダラカ類のように部分的に白色鱗片が集まって斑紋を形成している種類である（図2-5-(1)）。翅に斑紋を持つ種類はイエカ属やナガスネカ属、ヌマカ属などでも報告されている。ハマダラカ類では、前縁脈にある斑紋の数や大きさ、縁鱗にある斑紋（縁鱗紋）の位置などを比較して種類同定に利用している。2つ目の組は、翅を覆う鱗片に白色

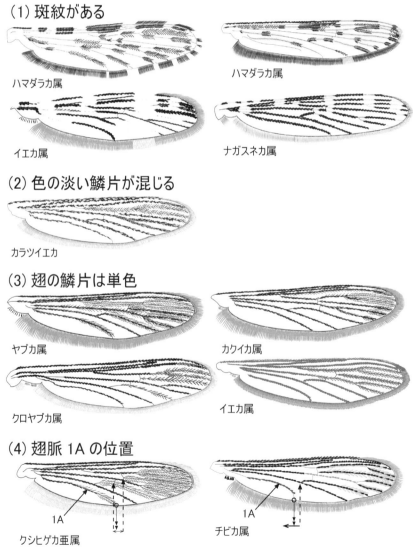

図2-5 翅の「鍵」形質

鱗片が混じっているが、はっきりした斑紋を作っていない種類である(図2-5-(2))。代表的なのはカラツイエカである。3つ目の組は単一色(多くは黒色)の鱗片によって翅が覆われている(図2-5-(3))。

翅の「鍵」形質には翅脈の入り方もある(図2-5-(4))。ここで問題になるのは、1A脈と呼ばれる一番下の翅脈で、1A脈の端(翅の縁に達する位置)がどこであるかを観察する。イエカ属クシヒゲカ亜属の種類では1A脈の端は翅中央部にある2本の横脈、r-mとm-cuの間に位置している(図2-5-(4)左図)。チビカ属の場合は、1A脈の端はすぐ上の翅脈(Cu脈)の分岐点よりも翅の基部寄りにあることが属の特徴になっている(図2-5-(4)右図)。

R_{2+3}の長さとR2室の長さの比も種同定に役立つ場合がある。

2.6. 脚(主に後脚)の「鍵」形質 (図2-6)

脚は基節と転節によって胸部に接合しているが、転節に続く腿節、脛節、跗節はほぼまっすぐで細長いため、長さを測るのが容易である。跗節は5つの節に分かれ、脚の付け根に近い節から順に1節、2節…5節と呼ばれている。ナガスネカ属の場合、後脚第1跗節の長さが残りの第2から5節を合わせた長さよりも長いという特徴がある(図2-6-(1)上図)。腿節や脛節に数個の白色鱗片が集まった小斑が多数あるかどうかも「鍵」形質である(図2-6-(2))。多数の小斑がある場合、斑脚(Speckled leg)と呼ばれている。腿節の付け根や下面には白色鱗片を持つ種類が多いが、幅広い帯状になっていることがほとんどで、小斑とははっきりと区別できる。

跗節に斑紋があるかどうか、斑紋がある場合その部位がどこかということも「鍵」形質である(図2-6-(3))。ここで斑紋というのは、白色鱗片が指輪のようにつながって脚を取り囲んでいるものをいう。斑紋の位置には基部(胸部に近い端)と末端(胸部から遠い端)の2つを区別している。種類によっては、跗節の基

(1) 第1跗節と第2〜5跗節の長さの違い

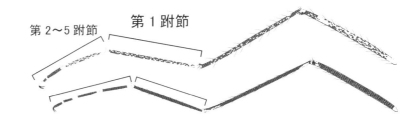

(2) 腿節と脛節の斑模様の有無

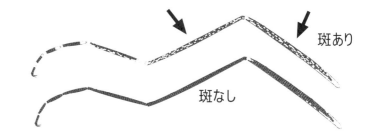

(3) 跗節の斑紋の有無と斑紋の位置

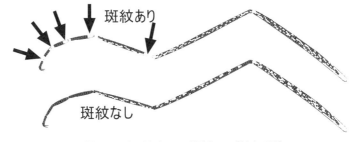

図2-6 脚(主として後脚)の「鍵」形質

部と末端の両方に斑紋を持つものがある。この場合、斑紋は跗節をつなぐ関節にまたがっている。

▶ 2.7. 複数の「鍵」形質の組み合わせ（図2-7）

　2つあるいは3つの「鍵」形質を組み合わせるだけで、種類を同定できることがある。例えば、ヤブカ類には背中に縞模様をもつ種類が多いが、この縞模様と後脚の跗節の白斑の有無と白斑の位置を合わせて考慮すると、種類を区別することができる（図2-7-(1)）。ヤマトヤブカ、トウゴウヤブカ、ハトリヤブカ、ブナノキヤブカは背中によく似た縞模様を持っている。縞模様だけで種類を同定するのは難しいが、後脚跗節の白斑の有無と白斑の位置を組み合わせると種類を区別することができる。ブナノキ

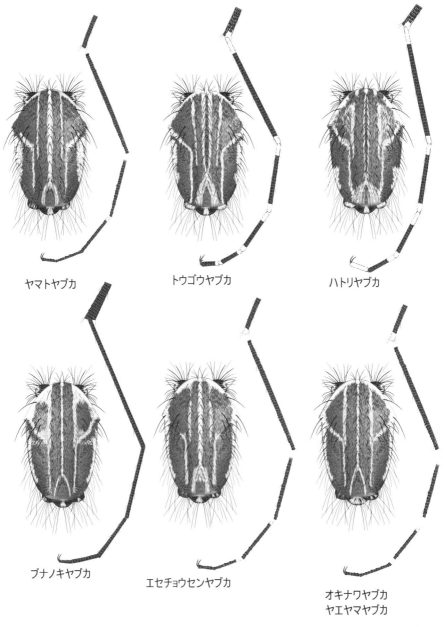

図2-7-(1)　背中の縞模様と後脚跗節の白斑の組み合わせによるヤブカ類の区別

第 2 章　　51

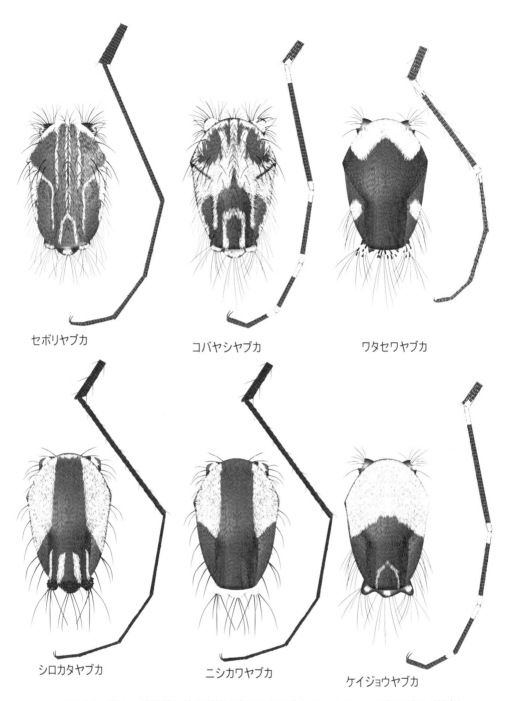

図 2-7-(1)　背中の縞模様と後脚跗節の白斑の組み合わせによるヤブカ類の区別（続き）

ヤブカは脚に白斑を持たない（黒脚）。ヤマトヤブカは第 4 跗節と第 5 跗節が黒色である。トウゴウヤブカは跗節の関節にまたがる白斑を持ち、第 5 跗節の大部分は黒色である。ハトリヤブカも跗節の関節にまたがる白斑を持つが、第 5 跗節は白色である。同様にして、エセチョウセンヤブカとコバヤシヤブカも区別することができる。オキナワヤブカとヤエヤマヤブカ、ブナノキヤブカとセボリヤブカはこれら 2 つの「鍵」形質だけでは区別できないが、腹部の「鍵」形質や採集された場所によって区別することが可能である（第 3 章および検索表 Plate 23 参照）。ワタセヤブカ、シロカタヤブカ、ニシカワヤブカ、

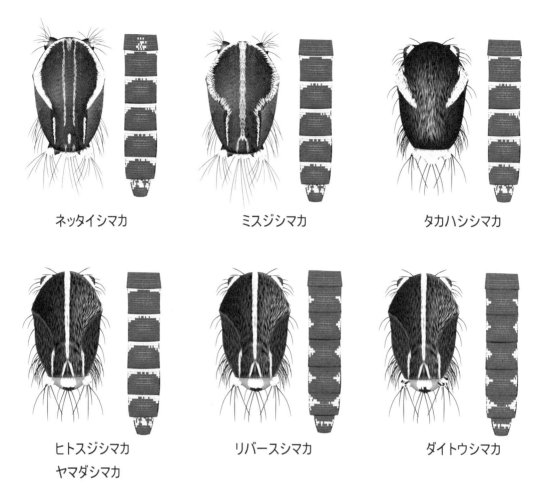

図 2-7-(2)　シマカ類の背中の模様と腹部の白斑の組み合わせ

　ケイジョウヤブカは背面の白斑の形状、小盾板の鱗片の形と色、跗節の白斑を組み合わせることによって種類を区別できる。
　シマカ亜属の種類は小盾板が広扁鱗片で覆われるという特徴があるが、背中にも目立つ縞模様がある（図 2-7-(2)）。ネッタイシマカ、ミスジシマカ、タカハシシマカは背中の縞模様のちがいによって区別することが可能である。ヒトスジシマカ、ヤマダシマカ、リバースシマカ、ダイトウシマカはいずれも背中の中央に 1 本の白い筋を持っているので、これだけでは区別が難しい。しかし腹部の白斑を見ると、ダイトウシマカとリバースシマカは腹部の白斑が節の中央に伸びるのに対して、ヒトスジシマカとヤマダシマカの腹部の白帯は基部にあるという違いがある。そして、リバースシマカとダイトウシマカは小盾板側葉の鱗片の色が異なり、前者は白色鱗片で覆われるが、後者では白色と黒色の鱗片が混じっていることから、両種を区別することができる。ヒトスジシマカとヤマダシマカは背中の縞模様、小盾板の鱗片、腹部背面の白斑にみられる違いの組み合わせだけから区別することはできず、他の部位の違いを調べる必要がある（第 3 章および検索表 Plate 21 参照）。
　翅に斑紋がある種類や白色鱗片が散在する種類は限られるので、2 つあるいは 3 つの「鍵」形質の組み合わせによって種類を同定できる場合がある（図 2-7-(3)、(4)）。翅に斑紋がある種類（ハマダラカ属の種類、ハマダラナガスネカ、ハマダライエカ、ミナミハマダライエカ、ジャクソンイエカ）、白色鱗

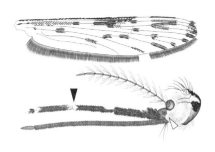

小顎肢が口吻とほぼ同じ長さ。
→ ハマダラカ属の種類

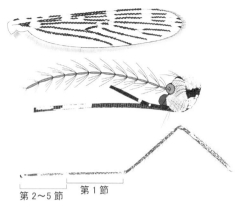

後脚の第1跗節は第2〜5節よりもはるかに長い。口吻に白帯がある。斑脚である。
→ ハマダラナガスネカ

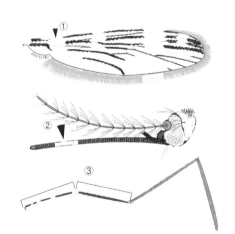

翅の基部に白斑がある。口吻に白帯がある。後脚の第1跗節は第2〜5節とほぼ同じ長さ。→ ハマダライエカ

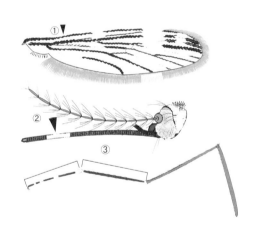

翅の基部に白斑はない。口吻に白帯がある。後脚の第1跗節は第2〜5節よりも長い。
→ ミナミハマダライエカ、ジャクソンイエカ

図 2-7-(3)　翅に斑紋がある種類の区別

片が散在する種類（ルソンコブハシカ、マダラコブハシカ、アシマダラヌマカ、カラツイエカ）について、種類を区別するための「鍵」形質の組み合わせを図 2-7-(3) と図 2-7-(4)（次頁掲載）に示した。翅に斑紋がある蚊が採れた場合は、この図に示した特徴をチェックすることによって、手早く種類を同定することができる。

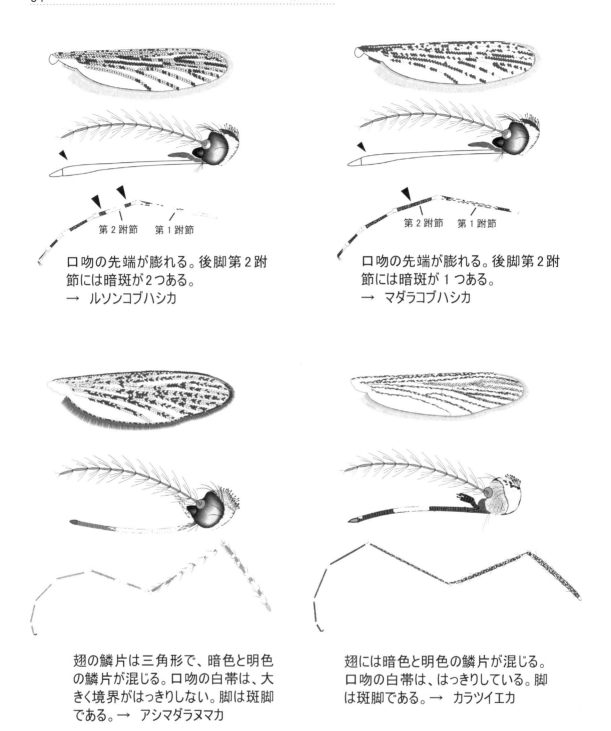

図 2-7-(4) 翅に暗色と明色の鱗片が散在している種類

第3章　種類の解説

　この章では、日本産蚊の種類を同定する際に参考になる分布、形態、生態について簡略にまとめた。分布図は主として La Casse and Yamaguti (1950)、上村 (1968)、Tanaka et al. (1979)、前川ら (2016b)、宮城・當間 (2017) を参考とし、これに上村・渡辺 (1977)、上村・白井 (1999)、津田ら (2006a,b)、Higa et al. (2006)、渡辺ら (2006)、Tsuda et al. (2009a,b)、山内 (2010; 2013)、水田 (2011)、白石 (2011)、水田ら (2012)、Hoshino et al. (2012)、佐藤ら (2016) と未発表の最近の採集記録を加えて作成した。翅長は Tanaka et al. (1979)、原記載論文などに基づいて示したが、翅長に関する情報が得られなかった種類では示していない。発生水域に関しては、Tanaka et al. (1979)、宮城・當間 (2017)、上村 (1968; 2016) を参考にした。吸血習性は、Tanaka et al. (1979)、宮城・當間 (2017) に加えて、野外で採集された吸血蚊の吸血源動物に関する以下の論文を参考にしてまとめた：Tamashiro et al. (2011)、Ejiri et al. (2009; 2011a,b,c)、Kim and Tsuda (2010; 2012)。越冬ステージは、Wada et al. (1976)、Mogi (1996)、Tanaka et al. (1979)、宮城・當間 (2017) を参考にした。病原体に関しては、Tanaka et al. (1979)、佐々ら (1976)、Sirivanakarn (1976) をベースに最近の研究報告を加えてまとめたが、文献調査が十分とは言えないため概略を示したに過ぎない。

3.1. 日本産蚊の学名について

　本書に示した学名は、基本的には Tanaka et al. (1979) にしたがい、これに 1979 年以降に新種として記載された種類を追加し、さらに最近行われた属や亜属の変更について Harbach (2018) の目録によって確認した。ただし *Aedes* 属の分類に関しては、2000 年以降分類学的再検討が進められ、大幅な変更が行われている。この変更に関しては現在でも専門家の間で議論が続けられており、統一的な見解が得られたとは言い難い。米国昆虫学会が発行している Journal of Medical Entomology は蚊に関して多くの論文が掲載されてきた学術雑誌であるが、他の関連雑誌と協議した結果として *Aedes* 属の学名の扱いに関する編集方針を 2005 年と 2016 年の 2 回掲載している (Edman, 2005; Reisen, 2016)。2016 年の編集方針は 2015 年に発表された Wilkerson et al. (2015) の見解を支持したもので、2000 年以前の分類体系によって *Aedes* 属に分類されていた種類はそのままこの属に分類される。しかし、これらの種類をどのようなグループに細分するかについては、Reinert et al. (2009) の主張を取り入れる。ただし細分された各グループを属とするのではなく *Aedes* 属の中の亜属として扱うという方針である。このような現状を考慮して、この本でも Wilkerson et al. (2015) の見解にしたがって、*Aedes* 属の亜属を再編し学名に示した。また、和名は田中 (2006) にしたがった。

3.2. 日本産蚊の分布について

　日本列島は南北に細長く、北海道や東北地方のように冷涼な亜寒帯気候から、南西諸島や小笠原諸島

のように冬でも15℃以上の気温が保たれる亜熱帯気候まで、気候条件は非常に多様である。この多様な気候条件を背景として、日本列島の生物相は、生物地理学的には東洋区と旧北区の生物によって形成されている。東洋区と旧北区の境界線は渡瀬線と呼ばれ、トカラ列島南部の悪石島と小宝島の間にある。

　日本の蚊相(蚊の種類とその構成)も東洋区と旧北区の種類で構成されるが、温帯気候に属する本州、四国、九州には亜熱帯地域から北へ分布を拡大してきた種類の分布北限と、これとは反対に亜寒帯地域から南へ分布を広げてきた種類の分布南限とがあると考えられる。この本ではわが国の蚊の国内の分布地図を示し、それぞれの種について分布の境界線、特に温帯地域における分布境界線、がどこにあるかを推測するための情報を提供している。

　この本で示した分布地図は、これまでにその種類が採集されたことが論文などによって報告されている地域を都道府県単位(南方の島嶼地域は群島単位)で示したものである。最近の生物の分布地図では、採集場所の位置を緯度経度によって地図上にプロットする方法がふつうである。わが国の蚊の場合も緯度経度によって分布地図を描くことが望ましいのだが、採集記録として利用可能な過去の報告には緯度経度の記述がなく、採集地名が記録されているのみである。そのため上村(1968)にならって、都道府県単位で分布を示すことにした。また、一般の読者にとっては、緯度経度で示すよりも都道府県で示すほうが地図上の位置を確認しやすいように思われるという理由にもよっている。

　この分布地図を見るときに注意が必要なのは、地図中で白色の地域は、採集された記録がないというだけで、このことがそのまま生息していないことを意味しているわけではないということである。白色の地域には、過去に詳しい調査が行われていないために、生息しているかどうかがはっきりしていないという地域がかなり含まれていると推測される。このような理由から不完全な分布地図であることは否めないが、過去の採集記録に基づいて国内における分布域を推測すると、以下の3つのグループが区別できるように思われる：

①北海道から九州／沖縄で採集されているが、九州、四国、本州に未採集の地域が散在している種類、
②北日本(北海道／東北地方)で採集されず、温暖な地域で採集されている種類、
③南日本(九州／沖縄)で採集されず、冷涼な地域で採集されている種類、

　①の分布を示す種類は、日本列島のほぼ全体に分布していると思われる。例えば、ヤマトヤブカの分布地図(図3-1)では1ヵ所(香川県)だけが採集記録がない白色で、他のすべての都道府県では採集された記録がある。ヤマトヤブカは岩の窪みや竹の切株、樹洞、古タイヤ、お墓の花立、手水鉢などに溜まった水に幼虫が発生する。牛や豚などの家畜や人を吸血する。特別な発生源や吸血源動物を必要とするわけではないので、図3-1に示された分布の空白地帯は、実際には生息しているのだが、たまたまこの県での採集記録がないか、あるいは採集記録が記された文献を見つけられなかった可能性がきわめて高い。以下に示す種類は同じ理由によって、九州、本州、四国に未採集の府県が点在しており、今後の調査によって生息が確認される

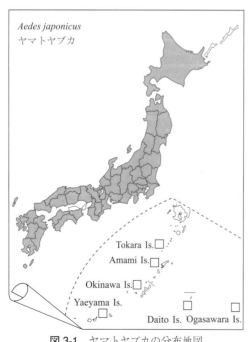

図 3-1　ヤマトヤブカの分布地図

可能性が高い。ヤマダシマカ、シロカタヤブカ、キンイロヤブカ、コガタキンイロヤブカ、ヤマトハマダラカ、チョウセンハマダラカ、エセシナハマダラカ、コガタクロウスカ、トワダオオカ、カラツイエカ、ハマダライエカ、ミナミハマダライエカ、フトシマツノフサカ、スジアシイエカ、キンパラナガハシカ、セスジヤブカ。

　ところで、Fig.23 に示したトウゴウヤブカの分布図をみると、4県（長野県、山梨県、埼玉県、茨城県）を除いて、全国で採集されている。この種の場合も過去に採集記録がない4県でも、今後の調査によって本種の生息が確認されるかというと、長野県、山梨県、埼玉県ではその可能性は低い。その理由は、幼虫が発生する水域にある。この蚊の幼虫は海岸の岩礁や岩のへこみ、海岸に放置された古タイヤや廃船に溜まった水に発生する。これらの場所には雨水だけでなく波しぶきによって海水が混じり、塩水性水域となる。トウゴウヤブカ幼虫はこの塩水性の溜まり水に発生するため、生息地は海岸線に沿って分布しているのがふつうである。過去の採集記録がない茨城県には海岸線があるので、トウゴウヤブカが生息している可能性は高い。これに対して、長野県や山梨県、埼玉県は海に面しておらず海岸線を持たない。このためトウゴウヤブカが生息している可能性はかなり低いと思われる。しかしながら、海なし県である栃木県や群馬県ではトウゴウヤブカの採集記録があるので、注意深い調査を行って生息の有無を確認する必要がある。

　②の分布を示す種類は、南方系の種類と呼ばれるが、温暖な地方（東洋区）に分布し生息範囲を北へ拡大してきた種類で、日本国内のどこかに分布北限があると思われる。この例として、2014年に代々木公園とその周辺で起きたデング熱の流行でウイルスを媒介したヒトスジシマカの分布図を図3-2に示した。この種の分布に関しては、年平均気温が11℃以上で、最寒月（1月）の平均気温が-2℃以上の地域に生息するとされており（Kobayashi et al., 2002）、本州以南の全地域で分布が確認されている。近年の温暖化が影響していると推察されているが、本種の分布北限は宮城県から徐々に北へ進み、2000年代になって秋田県、岩手県へと拡大して（佐藤ら，2012）、現在では青森県が分布の北限になっている。

　ヒトスジシマカと非常によく似た状況にあるのは、オオクロヤブカである。本種も本州以南の全地域で分布が確認されている（解説58、Fig.32参照）。ヒトスジシマカの分布北限調査の一環として2017年に函館で行われた調査で、オオクロヤブカの雌成虫が1個体採集された（前川，未発表）。しかし2018年に実施した調査では本種は採集されていない。そのため現時点では、オオクロヤブカは函館に定着しているとは断定できない。蚊の分布の境界地域では、気候条件などが好適なシーズンには繁殖できるが、条件が悪いシーズンには繁殖に失敗して絶滅するというように、蚊の移入・繁殖と絶滅が何度も繰り返されていると考えられている。そして、このような経過を通じてその地域の環境条件に順応した集団が確立されると、そこに定着することが可能になる。函館のオオクロヤブカはこのような過程にあるものと思われ、今後の調査に注目したい。

　分布の北限が本州の中部にあると思われる種類も

図 3-2　ヒトスジシマカの分布地図

る。図3-3はその一例でセシロイエカの分布図である。この蚊は中部地方よりも北の地方では採集された記録がない。本種は東南アジアの水田地帯ではふつうに採集される種類で、わが国の中部地方の付近に分布北限があるように思われる。分布北限が本州、四国あるいは九州にあると思われる種類を以下にリストする。ヤンバルギンモンカ、ハマダラナガスネカ、アシマダラヌマカ、キンイロヌマカ、アカツノフサカ、セシロイエカ、ヤマトクシヒゲカ、アカクシヒゲカ、キョウトクシヒゲカ、シロハシイエカ、ミツホシイエカ、キンイロヌマカ、オオクロヤブカ、シナハマダラカ、リバースシマカ、ヒトスジシマカ、ワタセヤブカ、ハトリヤブカ、フタクロホシチビカ。

図3-3　セシロイエカの分布地図

琉球列島では、東南アジアから石垣島に侵入定着して、その後分布を拡大している種類(ニセシロハシイエカ)が知られている。ニセシロハシイエカは1990年に石垣島で生息が確認され、その後の調査で西表島、沖縄島にも生息していることが明らかになった(Miyagi et al., 1992; 當間ら, 2015)。水田や休耕田、イグサ田などを発生源とするが、伊平屋島と奄美大島の調査では生息が確認されておらず、現在の分布北限は沖縄島とされている(宮城・當間, 2017)。

③の分布を示す種類は、上述した②の分布とは逆で冷涼な地域(旧北区)に分布し北方系の種類と呼ばれる。北方系の種は生息域の拡大にともない、その分布の南限が本州、四国あるいは九州に達していると思われる。例えば、図3-4に示したヤマトハボシカは北海道に普通の種類であるが、北海道以外には埼玉県、群馬県、長野県での採集記録がある。本種のように北日本の冷涼な地域に分布する種は、気温が高すぎる場所は生息には適さない。そのため温暖な地域の場合は、標高が高く冷涼な高原に分布し、低地には分布しない種類が多い。このような分布を示す種類は以下のとおりである。ミスジハボシカ、ヤマトハボシカ、ミスジ

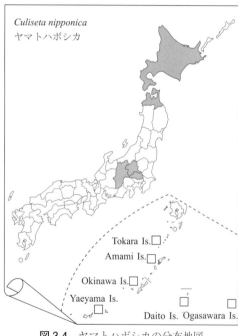

図3-4　ヤマトハボシカの分布地図

シマカ、ブナノキヤブカ、アカエゾヤブカ、エゾウスカ、エゾヤブカ、ホッコクヤブカ。これらの種の分布南限を知るためには、標高の高い高原地帯を対象にした調査が必要である。

過去に採集された地域の数が少数で、上記のいずれのグループにも分類できない種類も知られている。北海道でしか採集されていない種類、例えばエンガルハマダラカ、アカンヤブカ、トカチヤブカ、ダイセツヤブカ、カラフトヤブカ、チシマヤブカ、キタヤブカ、アッケシヤブカ、サッポロヤブカ、ヒサゴヌマヤブカ、

さらにトカラ列島・奄美大島だけに分布するニシカワヤブカ、加賀白山と飛騨山脈の高地でのみ採集されているハクサンヤブカなどである。

また、亜熱帯に属する南日本の島々、大東諸島、小笠原諸島、琉球列島にはその地域に固有の種類（固有種）が生息している。特に琉球列島は種多様性が高く、22種の固有種が報告されている（宮城・當間，2017）。

固有種のように生息域が狭い種類で、しかも生息密度も低いためめったに採集されない種類、いわゆる希少種も知られている。Tanaka et al.(1979)が希少種としている種類は、ケイジョウヤブカ、コバヤシヤブカ、エセチョウセンヤブカ、オオムラヤブカ、コガタフトオヤブカ、ムネシロヤブカ、オオモリハマダラカ、アマミムナゲカ、コガタチビカなどである。これらの種類には、広範囲で調査が行われることによって、新たな分布地が見つかる可能性もある。

3.3. 海外からの航空機による蚊の侵入事例

海外からわが国に飛来する航空機によって外来の蚊が持ち込まれていることが報告されている（Ogata et al., 1974：長谷山ら，2007）。外来の蚊として特に重要視されているのはデング熱や黄熱を媒介するネッタイシマカである。羽田空港では1972、1973年に42機の機内調査を行ったところ、卵を持った雌成虫が1個体捕獲されている（Ogata et al., 1974）。最近では2013年に成虫調査用に羽田空港内に設置されたドライアイストラップで1個体の雌成虫が捕獲されている。また成田空港で毎年実施されているベクターサーベイランスでは、2012年～2015年と2017年に空港内に設置した産卵トラップでネッタイシマカ幼虫の発生が確認されている（Sukehiro et al., 2013）。2016年と2017年には中部国際空港のベクターサーベイランスでもネッタイシマカの成虫と幼虫が捕獲されている。国際空港の場合は検疫所が蚊やねずみなどの媒介動物の海外からの侵入を監視しており、侵入が確認された場合は緊急の対策が講じられている。また、成田空港の場合、屋外の容器に発生したネッタイシマカは冬季の低温によって死滅することが実験的に確かめられている（津田ら，2013b）。現在のところネッタイシマカはわが国には生息していないが、最近の国際空港での幼虫発生や成虫の捕獲事例は、人や物資の移動に付随してネッタイシマカが持ち込まれる機会が増えていることを暗示している。沖縄県では1913年から1951年までネッタイシマカが生息していた（宮城・當間，2017）ことを考慮すれば、特に温暖な地域では本種の侵入と定着に対する注意が必要である。

3.4. 大規模な環境変化によって引き起こされた蚊の分布の変化事例

環境が大きく変化することによって、その地域に生息する蚊の分布も変化する。熱帯地方では、ダムの建設や水田開発に伴って蚊相が大きく変化する事例が知られている（茂木，2006; 和田，2000）。わが国でも畑地や水田の宅地化、休耕田の増加、家畜の飼育様式の変化などが起こり、水田発生性の蚊類の発生密度や分布が大きく影響されていると推測されているが、明確な因果関係に基づいた調査研究はほとんどない。唯一の例外といえるのは、東日本大震災の津波被災地における蚊相の変化に関する調査研究である。この事例は、低密度で局所的に分布していたと思われる種が、大規模な環境の変化によって大量に発生し、分布範囲を一時的に拡大した例として興味深い。

2011年3月11日に起きた東日本大震災では、巨大津波によって東北地方の沿岸地域が甚大な被害をこうむったことは記憶に新しい。宮城県の中部から福島県の海岸線には広範囲に水田が広がり、一大穀倉地

帯となっている。この広大な水田地帯が巨大地震の津波によって破壊され、陥没地や荒廃した水田、土砂でせき止められた水路などに、津波によって運ばれた海水と雨水が溜まり、夏になると広範囲に塩水性湿地が出現した。塩水性水域を発生源とする蚊で東北地方に分布している種類は、セスジヤブカやトウゴウヤブカなど数種類に限られるため、これらの発生状況がどのように変化するかを確認するとともに、被災地の復興によって蚊相がどのように回復するかを記録することを目的として被災地の調査が行われた。

　津波被災地の調査結果は、我々の当初の予想を大きく裏切るものだった。海水は津波によって海岸線から5kmほど離れた地点まで達したため、津波被災地は海岸線に沿って約5kmの幅で南北方向に帯状に広がっていた。そして海岸から5km以上内陸に位置していた水田はまったく被害を受けていなかった。宮城県南部の津波被災地と非被災地の両方にドライアイストラップを設置して、誘引される成虫を捕獲したところ、アカイエカ群、イナトミシオカ、コガタアカイエカが大量に捕集された(Tsuda et al., 2012; 津田ら, 2013a)。中でもイナトミシオカは過去に東北地方の太平洋岸では採集された報告がなく、これほど大発生するとは予想していなかった。トラップで捕集されたイナトミシオカの個体数は海岸に近い設置場所ほど多く、1台のトラップで1日に約100個体が捕集され、設置場所が海岸から離れると捕集数は激減して、5km以上離れた非被災地に設置したトラップではほとんど捕集されなかった。また、被災地に形成された大小さまざまな塩性湿地を対象とした幼虫調査では、調査した44の水域の48％にイナトミシオカ幼虫の発生が認められ、津波による環境の大規模破壊がイナトミシオカの大発生を促したことが明らかになった(Tsuda and Kim, 2013)。イナトミシオカの発生水域である塩性湿地は、農耕地の復旧作業の進展に伴い年々減少した。それと共に被災地域におけるイナトミシオカの生息密度も年々低下し、生息域も縮小している(津田ら, 2016)。

▶ 3.5. 日本産蚊全種の解説

1. エゾヤブカ　*Aedes* (*Aedes*) *esoensis* Yamada, 1921

全身図 Fig.1　**検索表** Plate 25

■ **分布**：〔Fig.1 参照〕北海道では普通に、本州では山地で採集される。
■ **翅長**：2.9–5.0 mm
■ **形態的特徴**：
〔頭部〕頭頂部は広扁の伏臥鱗片で覆われる。口吻はまっすぐ。
〔胸部〕中胸背に縞模様がない。小盾板側葉の鱗片は幅狭。気門前域に刺毛なし。気門後域に刺毛がある。中胸亜背板、気門後域は鱗片で覆われる。中胸亜基節の基部は後脚基節の基部より上に位置する。
〔腹部〕腹部第1節側背板は鱗片で覆われる。腹部背板の側面基部に白斑があり、その大きさは後方節でも変わらない。第3節〜7節の背板基部にしばしば完全な白帯がある。
〔翅〕翅の鱗片は細く対称形。
〔脚〕通常、前脚基節末端の後部側面に白色鱗片斑がある。
■ **発生水域**：林間の融雪水溜り、池沼、一時的な水溜り。
■ **吸血習性**(行動、吸血嗜好性)：昼間吸血性、人吸血性あり。
■ **越冬ステージ**：卵。

2. ホッコクヤブカ　*Aedes*（*Aedes*）*sasai* Tanaka, Mizusawa and Saugstad, 1979

検索表 Plate 25

- **分布**：北方系の種類で、北海道では平地、山地で、本州では山地で採集される。
- **翅長**：4.3–4.8 mm
- **形態的特徴**：

    [頭部] 口吻はまっすぐ。頭頂部は広扁の伏臥鱗片で覆われる。

    [胸部] 中胸背に縞模様がない。小盾板側葉の鱗片は幅狭。気門前域に刺毛なし。気門後域に刺毛がある。中胸亜背板、気門後域は鱗片で覆われる。中胸亜基節の基部は後脚基節の基部より上に位置する。

    [腹部] 腹部第1節側背板は鱗片で覆われる。腹部背板の側面基部にある白斑は後方節になるにしたがい小さくなる。第3節〜7節の背板基部に完全な白帯はない。

    [翅] 翅の鱗片は細く対称形。

- **発生水域**：林間の日陰の融雪水溜り。
- **吸血習性**(行動、吸血嗜好性)：昼間吸血性。
- **越冬ステージ**：卵。

3. アカエゾヤブカ　*Aedes*（*Aedes*）*yamadai* Sasa, Kano and Hayashi, 1950

全身図 Fig.2　**検索表** Plate 25

- **分布**：〔Fig.2 参照〕北海道では発生水域の周辺で多数採集される。本州では稀である。
- **翅長**：3.2–4.3 mm
- **形態的特徴**：

    [頭部] 頭頂部は広扁の伏臥鱗片で覆われる。口吻はまっすぐ。

    [胸部] 中胸背に縞模様がない。小盾板側葉の鱗片は幅狭。中胸亜背板、気門後域は鱗片で覆われる。気門前域に刺毛なし。気門後域に刺毛がある。中胸亜基節の基部は後脚基節の基部より上に位置する。

    [腹部] 腹部第1節側背板は鱗片で覆われる。腹部背板は側面が淡黄色、腹面が褐色で、側面と腹面基部に白斑がない。

    [翅] 翅の鱗片は細く対称形。

- **発生水域**：草原の日陰にできた一時的な水溜り。
- **吸血習性**(行動、吸血嗜好性)：昼間吸血性、草原で人を吸血する。
- **越冬ステージ**：成虫。

4. オオムラヤブカ　*Aedes*（*Aedimorphus*）*alboscutellatus*（Theobald, 1905）

検索表 Plate 24

■**分布**：日本では極めてまれな希少種で、過去に仙台と長崎県大村でしか採集されていない。

■**翅長**：3.4–3.6 mm

■**形態的特徴**：

【頭部】口吻はまっすぐ。口吻の腹面中央は幅広く白色。頭頂部は幅狭の伏臥鱗片で覆われる。

【胸部】正中毛がある。中胸背板に縞模様はない。小盾板は幅広の銀白色鱗片で覆われる。気門前域に刺毛なし。気門後域に刺毛がある。翅基前瘤起に鱗片がある。後脚亜基節に鱗片はない。中胸亜基節の基部は後脚基節の基部より上に位置する。

【翅】翅の鱗片は細く対称形。

【脚】跗節に白帯がない。

■**発生水域**：林、竹林内の一時的な水溜り。

5. キンイロヤブカ　*Aedes*（*Aedimorphus*）*vexans nipponii*（Theobald, 1907）

全身図 Fig.3　**検索表** Plate24

■**分布**：〔Fig.3 参照〕日本全土に分布すると思われるが、採集報告のない県が散見される。

■**翅長**：3.1–4.8 mm

■**形態的特徴**：

【頭部】口吻はまっすぐ。口吻の腹面中央は幅広く白色。頭頂部は幅狭の伏臥鱗片で覆われる。

【胸部】中胸背板に縞模様はない。小盾板は白色の狭曲鱗片で覆われる。気門前域に刺毛なし。気門後域に刺毛がある。翅基前瘤起に鱗片がある。中胸亜基節の基部は後脚基節の基部より上に位置する。後脚亜基節に鱗片はない。

【翅】翅の鱗片は細く対称形。

【脚】跗節に白斑がある。

■**発生水域**：水田、湿原、窪地などの日の当たる水たまり。

■**吸血習性**(行動、吸血嗜好性)：昼夜間、人畜を激しく吸血する。

■**越冬ステージ**：卵。

6. コバヤシヤブカ　*Aedes*（*Bruceharrisonius*）*kobayashii* Nakata, 1956

検索表 Plate 23　参考図 2-7-(1)

分布：希少種である。

翅長：2.9–3.1 mm

形態的特徴：

[頭部] 口吻はまっすぐ。

[胸部] 中胸背に金色狭曲鱗片の模様がある（右図）。小盾板は暗色の狭曲鱗片で覆われ、数個の淡黄色狭曲鱗片が混じる。気門前域に刺毛なし。気門後域に刺毛がある。中胸亜基節の基部は後脚基節の基部より上に位置する。中胸亜背板に鱗片なし。気門後域に鱗片がある。後胸亜基節には鱗片がない。

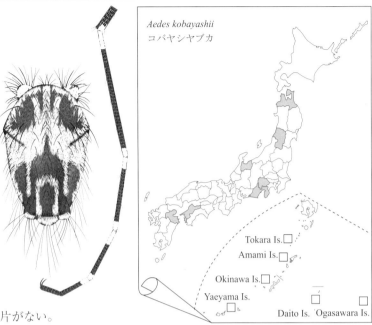

[翅] 翅の鱗片は細く対称形。　[脚] 後脚跗節の白帯は関節にまたがっている（上図）。

発生水域：樹洞に発生する。　越冬ステージ：卵。

7. エセチョウセンヤブカ　*Aedes*（*Bruceharrisonius*）*koreicoides* Sasa, Kano and Hayashi, 1950

検索表 Plate 22　参考図 2-7-(1)

分布：日本では稀な種類。

翅長：3.5–3.8 mm

形態的特徴：

[頭部] 口吻はまっすぐ。頭頂部は幅狭の伏臥鱗片で覆われる。

[胸部] 中胸背に淡黄色狭曲鱗片の模様がある（右図）。小盾板側葉の鱗片は暗色狭曲鱗で、中央は白色狭曲鱗と暗色狭曲鱗で覆われる。気門前域に刺毛なし。気門後域に刺毛がある。翅基前瘤起に鱗片がある。中胸亜基節の基部は後脚基節の基部より

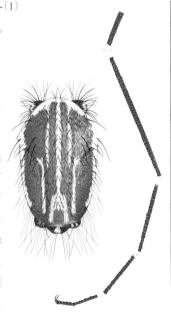
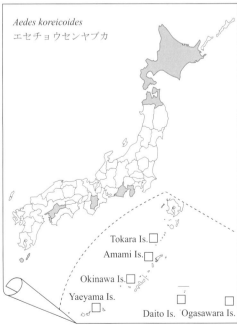

上に位置する。中胸亜背板に鱗片あり。気門下域の鱗片斑は気門後域の鱗片斑よりも大きい。

[翅] 翅の鱗片は細く対称形。　[脚] 後脚第1跗節〜第4跗節の基部に白斑がある（上図）。

発生水域：樹洞に発生する。　越冬ステージ：成虫。

8. オキナワヤブカ　*Aedes*（*Bruceharrisonius*）*okinawanus* Bohart, 1946

検索表 Plate 18・23　　**参考図** 2-7-(1)

■分布：屋久島、奄美大島、徳之島、沖縄島、久米島（奄美大島、沖縄島では普通）。

■翅長：2.7–4.1 mm

■形態的特徴：【頭部】口吻はまっすぐ。【胸部】中胸背に淡黄色狭曲鱗片の模様がある（右図）。小盾板は通常は幅狭の鱗片で覆われるが、幅広鱗片で覆われていることもある。気門前域に刺毛なし。気門後域に刺毛がある。中胸亜基節の基部は後脚基節の基部より上に位置する。通常、中胸亜背板に鱗片なし。気門後域に

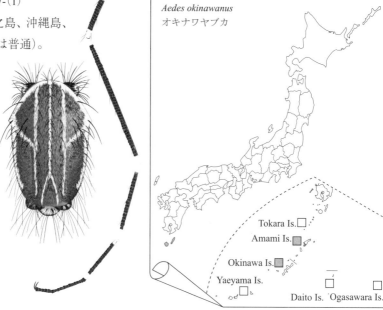

鱗片がない。後胸亜基節には鱗片がある。ヤエヤマヤブカと異なるのは、中胸上後側板の下部に3～9本の刺毛があること。【翅】翅の鱗片は細く対称形。【脚】後脚跗節の白帯は基部と先端にある。

■発生水域：樹洞、竹切株、人工容器に発生する。　　■吸血習性（行動、吸血嗜好性）：人吸血性。

■越冬ステージ：幼虫、蛹、成虫（宮城・當間, 2017）。

9. ヤエヤマヤブカ　*Aedes*（*Bruceharrisonius*）*okinawanus taiwanus* Lien, 1968

検索表 Plate 23　　**参考図** 2-7-(1)

■分布：石垣島、西表島。

■形態的特徴：

【頭部】口吻はまっすぐ。

【胸部】小盾板は幅広と幅狭の鱗片で覆われる。気門前域に刺毛なし。気門後域に刺毛がある。中胸亜基節の基部は後脚基節の基部より上に位置する。通常、中胸亜背板に鱗片なし。気門後域に鱗片がない。後胸亜基節には鱗片がある。オキナワヤブカと異なるのは、中胸上後側板の下部に刺毛が

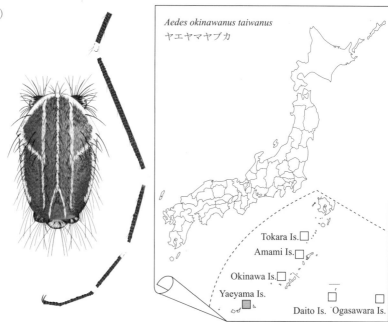

ないこと。【翅】翅の鱗片は細く対称形。【脚】跗節の白帯は少なくとも後脚の末端にある。

■発生水域：樹洞、竹切株、人工容器に発生する。

10. ハトリヤブカ　*Aedes*（*Collessius*）*hatorii* Yamada, 1921

全身図 Fig.4　**検索表** Plate 23　**参考図** 2-7-(1)

- 分布：〔Fig.4 参照〕
- 翅長：3.6–4.7 mm
- 形態的特徴：
  [頭部] 口吻はまっすぐ。
  [胸部] 小盾板側葉の鱗片は幅狭。気門前域に刺毛なし。中胸上後側板の下部に刺毛なし。中胸亜基節の基部は後脚基節の基部より上に位置する。中胸亜背板と気門後域に鱗片あり。
  [翅] 翅の鱗片は細く対称形。
  [脚] 後脚跗節の白帯は関節にまたがっている。後脚第5跗節は完全に白色。後脚跗節の爪は単状(分岐しない)。
- 発生水域：岩の窪み、稀にセメントタンクに発生する。
- 吸血習性(行動、吸血嗜好性)：人吸血性は弱い。

11. シロカタヤブカ　*Aedes*（*Downsiomyia*）*nipponicus* La Casse and Yamaguti, 1948

全身図 Fig.5　**検索表** Plate 24　**参考図** 2-7-(1)

- 分布：〔Fig.5 参照〕
- 翅長：2.8–4.1 mm
- 形態的特徴：
  [頭部] 口吻はまっすぐ。頭頂の大部分は幅広の伏臥鱗片で覆われる。触角の梗節の正中面には数個の鱗片があるのみ。
  [胸部] 正中毛がない。中胸背の白斑は大きく、翅の付け根上部まで伸びる(右図)。小盾板側葉の鱗片は幅広。気門前域に刺毛なし。中胸亜基節の基部は後脚基節の基部より上に位置する。
  [腹部] 腹部第8節背板の基部に白帯あり。
  [翅] 翅の鱗片は細く対称形。
  [脚] 脚に白斑はない(右図)。
- 発生水域：樹洞。
- 吸血習性(行動、吸血嗜好性)：昼間吸血性、激しく人を刺す。
- 越冬ステージ：卵。

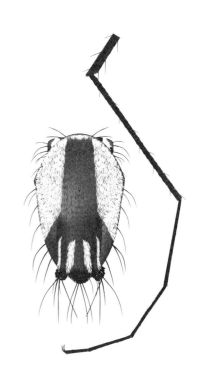

12. ニシカワヤブカ　*Aedes*(*Downsiomyia*) *nishikawai* Tanaka, Mizusawa and Saugstad, 1979

検索表 Plate 24　参考図 2-7-(1)

■分布：中之島、口之島、奄美大島。

■翅長：2.6–3.2 mm

■形態的特徴：

【頭部】口吻はまっすぐ。頭頂の大部分は幅広の伏臥鱗片で覆われる。触角の梗節の正中面には数個の鱗片があるのみ。

【胸部】正中毛がない。小盾板側葉の鱗片は幅広。シロカタヤブカに比べ中胸背の白斑は小さく、中胸背側角を超えて伸びない（右図）。気門前域に刺毛なし。

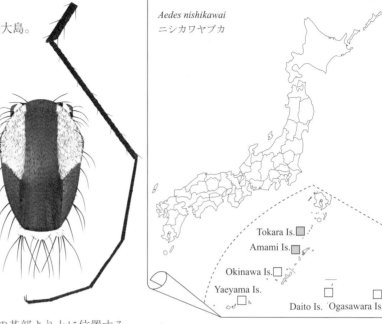

中胸亜基節の基部は後脚基節の基部より上に位置する。

【腹部】腹部第8節の背板基部に白帯はない。

【翅】翅の鱗片は細く対称形。　【脚】脚に白斑はない（上図）。

■発生水域：樹洞に発生する。

■越冬ステージ：幼虫。

13. コガタキンイロヤブカ　*Aedes*(*Edwardsaedes*) *bekkui* Mogi, 1977

全身図 Fig.6　検索表 Plate 28

■分布：〔Fig.6 参照〕日本列島に広く分布すると思われるが、2000年まで採集されるのは稀であった。2000年以降ドライアイストラップによる調査が行われるようになり、採集記録が増えている。

■翅長：3.3–4.2 mm

■形態的特徴：

【頭部】口吻はまっすぐ。頭頂は幅狭の伏臥鱗片で覆われる。

【胸部】小盾板側葉の鱗片は幅狭。気門前域に刺毛なし。気門後域に刺毛あり。翅基前瘤起に鱗片なし。中胸亜背板に鱗片なし。後胸亜基節に鱗片なし。中胸亜基節の基部は後脚基節の基部よりかなり上に位置する。

【翅】翅の鱗片は細く対称形。

【脚】跗節の基部に白帯あり。

■発生水域：林内の一時的な水溜まり。

■吸血習性(行動、吸血嗜好性)：昼間吸血性で、激しく人を吸血する。

■越冬ステージ：卵。

14. カニアナヤブカ　*Aedes*（*Geoskusea*）*baisasi* Knight and Hull, 1951

全身図 Fig.7　**検索表** Plate 19

分布：〔Fig.7 参照〕奄美大島、沖縄島、水納島、久米島、宮古島、石垣島、西表島、与那国島。

翅長：2.6–3.0 mm

形態的特徴：

[頭部] 口吻はまっすぐ。頭頂は幅広の伏臥鱗片で覆われる。

[胸部] 小盾板側葉の鱗片は幅狭。頭部の直立叉状鱗片は多数で眼の縁まで広がる。気門前域に刺毛なし。気門後域に刺毛あり。中胸下前側板、中胸後側板は多数の微毛を有する。

[腹部] 腹部第1節側背板は鱗片で覆われない。腹背板には白帯はなく、基部側面に白色鱗片斑がある。腹部第1、2腹板は白色鱗片で覆われる。

[翅] 翅の鱗片は細く対称形。

[脚] 脚の跗節はすべて黒色(黒脚)。

発生水域：カニ穴(塩水性)。

吸血習性(行動、吸血嗜好性)：魚(トビハゼの仲間)を吸血することが知られている(Okudo et al., 2004)。

越冬ステージ：幼虫、蛹。

15. ムネシロヤブカ
Aedes（*Hopkinsius*）*albocinctus*
（Barraud, 1924）

検索表 Plate 22

分布：西表島で過去2回成虫が採集されているだけである。希少種。

翅長：3.1 mm

形態的特徴：

[頭部] 口吻はまっすぐ。

[胸部] 中胸背は主として白色鱗片で覆われる。小盾板側葉の鱗片は幅狭。気門前域に刺毛なし。気門後域に刺毛あり。

[翅] 翅の鱗片は細く対称形。

[脚] 跗節の基部に白斑あり。

発生水域：樹洞。

吸血習性(行動、吸血嗜好性)：人吸血性あり。

16. ケイジョウヤブカ　*Aedes*（*Hopkinsius*）*seoulensis* Yamada, 1921

全身図 Fig.8　**検索表** Plate 23　**参考図** 2-7-(1)

■分布：〔Fig.8 参照〕福岡県沖ノ島で幼虫が 1 個体採集されている（Mogi, 1978）。対馬北部で 2010 年に雌成虫 4 個体が人囮・捕虫網採集で捕獲されている（Tanigawa et al., 2013）。希少種。

■翅長：2.3–2.7 mm

■形態的特徴：

【頭部】口吻はまっすぐ。

【胸部】中胸背は前方から翅基部上縁まで白色鱗片で覆われる。小盾板側葉の鱗片は幅狭。気門前域に刺毛なし。気門後域に刺毛あり。

【翅】翅の鱗片は細く対称形。

【脚】跗節の白斑は関節をまたぐ。後脚第 5 跗節は黒色（黒たび）。

■発生水域：樹洞。

■吸血習性（行動、吸血嗜好性）：昼間吸血性、人吸血性あり。

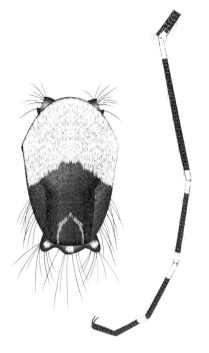

17. ヤマトヤブカ　*Aedes*（*Hulecoeteomyia*）*japonicus*（Theobald, 1901）

全身図 Fig.9　**検索表** Plate 22　**参考図** 2-7-(1)

■分布：〔Fig.9 参照〕

■翅長：3.0–5.3 mm

■形態的特徴：

【頭部】口吻はまっすぐ。頭頂部は幅狭の伏臥鱗片で覆われる。小顎肢は黒色。

【胸部】中胸背に黄色縞がある（右図）。通常、中胸亜背板に鱗片なし。小盾板側葉の鱗片は幅狭。気門前域に刺毛なし。気門後域に刺毛がある。気門下域の鱗片斑は気門後域の鱗片斑よりも小さいか、なし。翅基前瘤起に鱗片がある。中胸亜基節の基部は後脚基節の基部より上に位置する。

【翅】翅の鱗片は細く対称形。

【脚】後脚第 1 跗節〜第 3 跗節の基部に白斑がある。

■発生水域：岩の窪みの水溜り、樹洞、花立、手水鉢、竹切り株、人口容器など。

■吸血習性（行動、吸血嗜好性）：昼間吸血性で人吸血性がある。人嗜好性の強さは地域によって異なるようである。牛舎や豚舎でも採集される。実験的にはヒヨコやネズミを吸血する。

■越冬ステージ：卵、幼虫。

■病原体：日本脳炎ウイルスを媒介可能。ウエストナイルウイルスを媒介可能（Turell et al., 2005）。

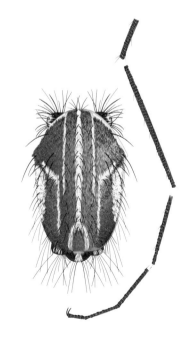

18. アマミヤブカ
Aedes（*Hulecoeteomyia*）*japonicus amamiensis*
Tanaka, Mizusawa and Saugstad, 1979

検索表 Plate 22

- メモ：ヤマトヤブカの亜種の一つで、奄美大島、徳之島に生息する。
- 形態的特徴：ヤマトヤブカを参照のこと。
- 発生水域：樹洞、岩礁、人口容器。
- 越冬ステージ：幼虫。

19. サキシマヤブカ
Aedes（*Hulecoeteomyia*）*japonicus yaeyamensis*
Tanaka, Mizusawa and Saugstad, 1979

検索表 Plate 22

- メモ：ヤマトヤブカの亜種の一つで、石垣島、西表島に生息する。
- 形態的特徴：ヤマトヤブカを参照のこと。
- 発生水域：樹洞、岩礁、人口容器。

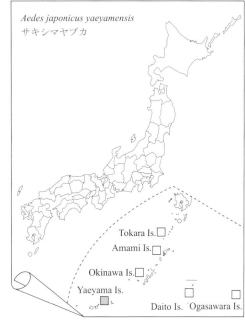

20. ナンヨウヤブカ
Aedes（*Neomelaniconion*）*lineatopennis*
Ludlow, 1905

全身図 Fig.10（北部タイで採集した標本による）

検索表 Plate 18

- 分布：〔Fig.10 参照〕石垣島と宮古島で採集されている。偶産種と思われる。
- 翅長：3.0–3.3 mm
- 形態的特徴：
  [頭部] 口吻はまっすぐ。頭頂部は幅狭の伏臥鱗片で覆われる。
  [胸部] 中胸背側面は幅広く黄色鱗片で覆われる。小盾板側葉の鱗片は幅狭。気門前域に刺毛なし。気門後域に刺毛がある。後脚亜基節に鱗片なし。中胸亜基節の基部は後脚基節の基部よりやや上に位置する。
  [翅] 翅の鱗片は細く対称形。 [脚] 跗節に白帯なし。
- 発生水域：休耕田、水田。

21. アッケシヤブカ　　*Aedes*（*Ochlerotatus*）*akkeshiensis* Tanaka, 1998

検索表 Plate 27

■分布：北海道厚岸で採集されている。

■翅長：4.0–5.2 mm

■形態的特徴：雌成虫によってチシマヤブカ、キタヤブカと区別するのは難しい。雄の交尾器と幼虫では確認できる。

［頭部］口吻はまっすぐ。頭頂の伏臥鱗片はすべて白色で狭曲。頭頂の直立叉状鱗片は通常黄色。側頭部は完全に白色。

［胸部］小盾板側葉の鱗片は幅狭。気門前域に刺毛なし。気門後域に刺毛あり。Postprocoxa に鱗片あり。後脚亜基節に鱗片あり。中胸下前側板の白斑は前方角に達する。中胸上後側板の下部に刺毛があり、白斑は下縁に届くか近くに達する。

［翅］翅の鱗片は細く対称形。C 脈基部の斑紋と肩横脈の間に白色鱗片があっても散在する。

［脚］跗節に白斑なし。

■発生水域：低地の地表の水溜り。

■吸血習性（行動、吸血嗜好性）：成虫は林内に生息し激しく人を吸血する。

■越冬ステージ：卵。

22. トカチヤブカ　　*Aedes*（*Ochlerotatus*）*communis*（De Geer, 1776）

全身図 Fig.11　　検索表 Plate 26

■分布：〔Fig.11 参照〕

■翅長：4.6–5.0 mm

■形態的特徴：

［頭部］口吻はまっすぐ。頭頂の伏臥鱗片はすべて白色で狭曲。

［胸部］小盾板側葉の鱗片は幅狭。気門前域に刺毛なし。気門後域に刺毛あり。後脚亜基節に鱗片あり。Postprocoxa に鱗片なし。

［翅］翅の鱗片は細く対称形。C 脈基部の斑紋と肩横脈の間に白色鱗片があっても散在する。

［脚］跗節に白斑なし。

■発生水域：平地の融雪水溜り。

■吸血習性（行動、吸血嗜好性）：人吸血性あり。

■越冬ステージ：卵。

23. ヒサゴヌマヤブカ　*Aedes*（*Ochlerotatus*）*diantaeus* Howard, Dyar and Knab, 1913

検索表 Plate 28

分布：北海道南部を除く山地帯に広く分布する。

翅長：4.6–5.0 mm

形態的特徴：[頭部] 口吻はまっすぐ。頭頂の伏臥鱗片はすべて白色で狭曲。頭頂の直立叉状鱗片は暗色。[胸部] 小盾板側葉の鱗片は幅狭。中胸下前側板の白斑は前方角に達しない。中胸上後側板の下部 1/4～1/3 は裸出する。気門前域に刺毛なし。気門後域に刺毛あり。後脚亜基節に鱗片あり。Postprocoxa に鱗片あり。[腹部] 腹部背板基部に完全な白帯はない。[翅] 翅の鱗片は細く対称形。C 脈基部の斑紋と肩横脈の間に白色鱗片があっても散在する。[脚] 跗節に白斑なし。

発生水域：山地の融雪水溜まり。

吸血習性（行動、吸血嗜好性）：昼間吸血性、人吸血性あり。

越冬ステージ：卵。

24. セスジヤブカ　*Aedes*（*Ochlerotatus*）*dorsalis*（Meigen, 1830）

全身図 Fig.12　検索表 Plate 26

分布：[Fig.12 参照]　翅長：4.4–5.0 mm

形態的特徴：[頭部] 口吻はまっすぐ。頭頂部は幅狭の伏臥鱗片で覆われる。[胸部] 小盾板側葉の鱗片は幅狭。気門前域に刺毛なし。気門後域に刺毛と鱗片あり。後脚亜基節に鱗片あり。気門下域と後胸亜基節に鱗片あり。中胸上後側板前縁の中ほどよりやや下に 2～5 本の刺毛がある。[腹部] 腹部背板中央に広扁白色鱗片の縦筋あり。[翅] 翅の鱗片は細く対称形。[脚] 跗節に白斑があり、第 2～4 跗節の白斑は関節にまたがっている。

発生水域：海岸部の塩水性地表水。

吸血習性（行動、吸血嗜好性）：昼間、夕方に激しく人畜を吸血する。　越冬ステージ：卵。

病原体：北米では西部ウマ脳炎などのウイルスが野外採集蚊から分離されている。デングウイルスの媒介能がある（江下ら, 1982）。ウエストナイルウイルスの媒介能がある（Turell et al., 2005）。

25. アカンヤブカ　*Aedes*（*Ochlerotatus*）*excrucians*（Walker, 1856）

全身図 Fig.13　検索表 Plate 26

分布：[Fig.13 参照]　翅長：4.3–6.8 mm

形態的特徴：[頭部] 口吻はまっすぐ。頭頂部は幅狭の伏臥鱗片で覆われる。[胸部] 小盾板側葉の鱗片は幅狭。気門前域に刺毛なし。気門後域に刺毛あり。後脚亜基節に鱗片あり。気門下域と後胸亜基節に鱗片あり。[腹部] 腹部背板中央に縦筋なし。[翅] 翅の鱗片は細く対称形。[脚] 斑脚である。跗節の白斑は基部にある。

発生水域：やや有機物の多い融雪水溜まり。

吸血習性（行動、吸血嗜好性）：北海道では 5 月に、昼間に激しく人を吸血する。　越冬ステージ：卵。

26. ハクサンヤブカ　*Aedes*（*Ochlerotatus*）*hakusanensis* Yamaguti and Tamaboko, 1954

検索表 Plate 27

■ 分布：加賀白山と飛騨山脈の高地で採集されており、氷河時代の遺存種と考えられている。
■ 翅長：5.1–5.4 mm
■ 形態的特徴：【頭部】口吻はまっすぐ。頭頂の伏臥鱗片はすべて白色で狭曲。側頭部は完全に白色。頭頂の直立叉状鱗片は暗色で、中央部にも暗色鱗片がある。【胸部】小盾板側葉の鱗片は幅狭。中胸下前側板の白斑は前方角に達する。中胸上後側板の下部に刺毛があり、白斑は下縁に届くか近くに達する。気門前域に刺毛なし。気門後域に刺毛あり。後脚亜基節に鱗片あり。Postprocoxa に鱗片あり。【翅】翅の鱗片は細く対称形。C 脈基部の斑紋と肩横脈の間に白色鱗片があっても散在する。【脚】跗節に白斑なし。
■ 発生水域：高山の一時的な融雪水溜り。
■ 吸血習性(行動、吸血嗜好性)：昼間吸血性で人吸血性あり。
■ 越冬ステージ：卵。

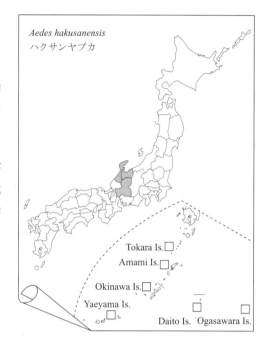

27. キタヤブカ　*Aedes*（*Ochlerotatus*）*hokkaidensis* Tanaka, Mizusawa and Saugstad, 1979

検索表 Plate 27

■ 分布：北海道、道南で報告されている。
■ 翅長：4.3–4.7 mm
■ 形態的特徴：雌成虫によってチシマヤブカ、アッケシヤブカと区別するのは難しい。雄の交尾器と幼虫では確認できる。
【頭部】口吻はまっすぐ。頭頂の伏臥鱗片はすべて白色で狭曲。頭頂の直立叉状鱗片は通常黄色。側頭部は完全に白色。
【胸部】小盾板側葉の鱗片は幅狭。気門前域に刺毛なし。気門後域に刺毛あり。後脚亜基節に鱗片あり。Postprocoxa に鱗片あり。中胸下前側板の白斑は前方角に達する。中胸上後側板の下部に刺毛があり、白斑は下縁に届くか近くに達する。
【翅】翅の鱗片は細く対称形。C 脈基部の斑紋と肩横脈の間に白色鱗片があっても散在する。
【脚】跗節に白斑なし。
■ 発生水域：平地の融雪水溜り。　■ 吸血習性(行動、吸血嗜好性)：昼間吸血性で人吸血性あり。
■ 越冬ステージ：卵。

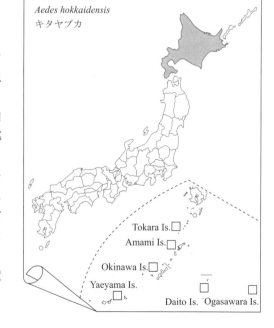

28. ダイセツヤブカ　*Aedes*（*Ochlerotatus*）*impiger daisetsuzanus* Tanaka, Mizusawa and Saugstad, 1979

検索表 Plate 26

- 分布：北海道大雪山中で採集されている。
- 翅長：3.3–3.8 mm
- 形態的特徴：

［頭部］口吻はまっすぐ。頭頂部は幅狭の伏臥鱗片で覆われる。通常頭頂の中間部に数個の暗色広扁伏臥鱗片がある。

［胸部］小盾板側葉の鱗片は幅狭。気門前域に刺毛なし。気門後域に刺毛あり。後脚亜基節に鱗片あり。中胸下前側板の白斑は前方の角に達しない。中胸上後側板の 1/4〜1/3 は裸出する。

［翅］翅の鱗片は細く対称形。C 脈基部に肩横脈まで達する長い白色斑がある。

［脚］蹠節に白斑なし。

- 発生水域：大雪山の融雪水溜りで採集されている。

29. サッポロヤブカ　*Aedes*（*Ochlerotatus*）*intrudens* Dyar, 1919

検索表 Plate 28

- 分布：北海道に広く分布する。
- 翅長：4.4–5.2 mm
- 形態的特徴：

［頭部］口吻はまっすぐ。頭頂の伏臥鱗片はすべて白色で狭曲。頭頂の直立叉状鱗片は黄色。

［胸部］小盾板側葉の鱗片は幅狭。気門前域に刺毛なし。気門後域に刺毛あり。後脚亜基節に鱗片あり。Postprocoxa に鱗片あり。中胸下前側板の白斑は前方角に達しない。中胸上後側板の下部 1/4〜1/3 は裸出する。

［腹部］腹部背板基部に完全な白帯あり。

［翅］翅の鱗片は細く対称形。C 脈基部の斑紋と肩横脈の間に白色鱗片があっても散在する。

［脚］蹠節に白斑なし。

- 発生水域：融雪水たまり。
- 吸血習性（行動、吸血嗜好性）：昼間吸血性で激しく人を吸血する。

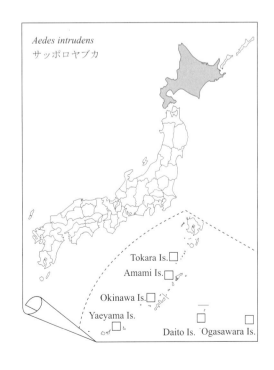

30. チシマヤブカ　*Aedes*（*Ochlerotatus*）*punctor*（Kirby, 1837）

検索表 Plate 27

■ 分布：北海道の道南以外ではふつう。本州の採集記録は成虫に基づくもので、今後の調査による確認が必要である。

■ 翅長：4.3–5.4 mm

■ 形態的特徴：雌成虫によってキタヤブカ、アッケシヤブカと区別するのは難しい。雄の交尾器と幼虫では確認できる。
【頭部】口吻はまっすぐ。頭頂の伏臥鱗片はすべて白色で狭曲。側頭部は完全に白色。頭頂の直立叉状鱗片は通常黄色。
【胸部】小盾板側葉の鱗片は幅狭。気門前域に刺毛なし。気門後域に刺毛あり。後脚亜基節に鱗片あり。Postprocoxa に鱗片あり。中胸下前側板の白斑は前方角に達する。中胸上後側板の下部に刺毛があり、白斑は下縁に届くか近くに達する。
【翅】翅の鱗片は細く対称形。C 脈基部の斑紋と肩横脈の間に白色鱗片があっても散在する。
【脚】跗節に白斑なし。

■ 発生水域：融雪水たまり。　■ 吸血習性（行動、吸血嗜好性）：昼間、夕方に激しく人を吸血する。

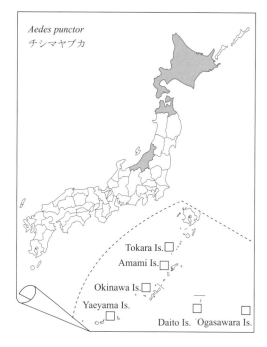

31. カラフトヤブカ　*Aedes*（*Ochlerotatus*）*sticticus*（Meigen, 1837）

検索表 Plate 27

■ 分布：1910 年代に報告されて以降、採集報告がない（田中，2006）。そのため、生態の詳細は不明で今後の研究が必要である。

■ 翅長：3.4–4.7 mm

■ 形態的特徴：【頭部】口吻はまっすぐ。頭頂の伏臥鱗片はすべて白色で狭曲。側頭部には暗色班がある。
【胸部】小盾板側葉の鱗片は幅狭。気門前域に刺毛なし。気門後域に刺毛あり。後脚亜基節に鱗片あり。Postprocoxa に鱗片あり。中胸下前側板の白斑は前方角に達する。中胸上後側板の下部に刺毛がなく、1/4〜1/3 は裸出する。
【翅】翅の鱗片は細く対称形。C 脈基部の斑紋と肩横脈の間に白色鱗片があっても散在する。
【脚】跗節に白斑なし。

■ 発生水域：地表の水溜まり。

32. ハマベヤブカ　*Aedes*（*Ochlerotatus*）*vigilax*（Skuse, 1889）

検索表 Plate 26

- 分布：八重山諸島黒島で1972年に幼虫が採集されたのみで、偶産種と思われる。
- 翅長：3.5 mm
- 形態的特徴：

［頭部］口吻はまっすぐ。頭頂は幅狭の伏臥鱗片で覆われる。

［胸部］小盾板側葉の鱗片は幅狭。気門前域に刺毛なし。気門後域に刺毛あり。中胸亜背板に鱗片あり。翅基前瘤起に鱗片なし。気門下域、後胸亜節に鱗片なし。中胸亜基節の基部は後脚基節の基部よりかなり上に位置する。中胸上後側板の下部に刺毛なし。

［翅］翅の鱗片は細く対称形。

［脚］跗節に白帯あり。

- 発生水域：林内の一時的な水溜まり。
- 吸血習性（行動、吸血嗜好性）：激しく人畜を吸血する。
- 病原体：バンクロフト糸状虫の媒介蚊。

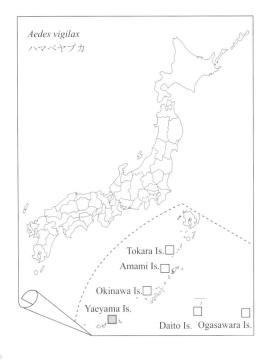

33. ブナノキヤブカ　*Aedes*（*Phagomyia*）*oreophilus* Edwards, 1961

全身図 Fig.14　**検索表** Plate 23　**参考図** 2-7-(1)

- 分布：〔Fig.14参照〕
- 翅長：3.0–4.7 mm
- 形態的特徴：

［頭部］口吻はまっすぐ。頭頂部は幅狭の伏臥鱗片で覆われる。

［胸部］中胸背に淡黄色狭曲鱗片の筋がある（右図）。小盾板側葉の鱗片は幅狭。気門前域に刺毛なし。気門後域に刺毛がある。気門後域に鱗片がない。翅基前瘤起に鱗片がある。中胸亜基節の基部は後脚基節の基部より上に位置する。中胸亜背板は白色鱗片で覆われる。

［翅］翅の鱗片は細く対称形。

［脚］後脚跗節に白斑がない（黒脚、右図）。後脚爪は単状（分岐しない）。

- 発生水域：ブナ林の樹洞。
- 吸血習性（行動、吸血嗜好性）：昼間吸血性、人吸血性あり。
- 越冬ステージ：卵。

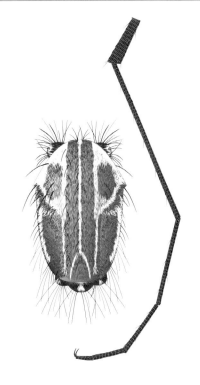

34. ワタセヤブカ　*Aedes*（*Phagomyia*）*watasei* Yamada, 1921

全身図 Fig.15　**検索表** Plate 24　**参考図** 2-7-(1)

■分布：〔Fig.15 参照〕
■翅長：2.3–3.6 mm
■形態的特徴：
【頭部】口吻はまっすぐ。頭頂部は幅広の伏臥鱗片で覆われる。
【胸部】中胸背の前方と翅基部のやや前方に白色斑がある（右図）。小盾板側葉の鱗片は幅広。気門前域に刺毛なし。気門後域に刺毛がある。中胸亜基節の基部は後脚基節の基部より上に位置する。中胸亜背板は白色鱗片で覆われる。翅基前瘤起に鱗片がある。中胸上後側板の下部に刺毛はない。
【腹部】腹部の腹面 5～7 節に顕著な鱗片の叢がある。
【翅】翅の鱗片は細く対称形。
【脚】後脚第 1 跗節の基部と先端に白斑がある（右図）。
■発生水域：樹洞、竹切り株、人口容器。
■吸血習性（行動、吸血嗜好性）：昼間吸血性、人吸血性あり。
■越冬ステージ：幼虫。

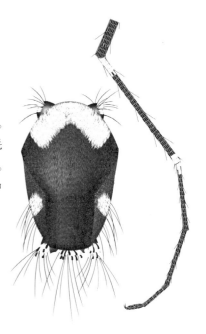

35. ネッタイシマカ　*Aedes*（*Stegomyia*）*aegypti*（Linnaeus, 1762）

全身図 Fig.16　**検索表** Plate 21　**参考図** 2-7-(2)

■分布：〔Fig.16 参照〕かつて、琉球列島や熊本県天草で生息が確認されたが、現在、日本には生息していない。検疫所が実施しているベクターサーベイランスによって、2012 年以降成田空港、羽田空港、中部空港で空港内に設置された人口容器で幼虫の発生が確認されている（Sukehiro et al., 2013; 津田, 2016）。航空機に便乗して侵入した成虫が産卵したと推測されており、今後も侵入に対する注意が必要である。
■翅長：2.5–3.5 mm
■形態的特徴：
【頭部】口吻はまっすぐ。頭頂部は幅広の伏臥鱗片で覆われる。
【胸部】中胸背前方の中央には長い白筋はないが、2 本の細い白筋がある。また、中胸背前側面に縁に沿った白筋がある（右図）。小盾板側葉の鱗片は幅広。中胸亜背板は白色鱗片で覆われる。気門前域に刺毛なし。気門後域に刺毛がある。翅基前瘤起に鱗片がある。中胸亜基節の基部は後脚基節の基部より上に位置する。
【腹部】腹部背板の基部に白帯がある。　【翅】翅の鱗片は細く対称形。
【脚】前脚と中脚の爪に小さい歯がある。
■発生水域：水瓶、人口容器、古タイヤなど。　■吸血習性（行動、吸血嗜好性）：昼間吸血性、人吸血性。
■越冬ステージ：卵。　■病原体：黄熱病、チクングニヤ熱、デング熱、ジカ熱、フィラリア症などを媒介する。

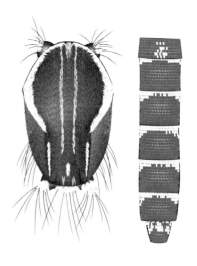

36. ヒトスジシマカ　*Aedes* (*Stegomyia*) *albopictus* (Skuse, 1895)

全身図 Fig.17　**検索表** Plate 21　**参考図** 2-7-(2)

- 分布：〔Fig.17 参照〕わが国における分布北限は近年北進しており、2017 年の時点では青森県が北限である。
- 翅長：2.5–3.8 mm
- 形態的特徴：
  [頭部] 口吻はまっすぐ。頭頂部は幅広の伏臥鱗片で覆われる。
  [胸部] 中胸背前方の中央に 1 本の顕著な白筋がある（右図）。小盾板側葉の鱗片は幅広。気門前域に刺毛なし。気門後域に刺毛がある。気門後域に白斑なし。気門下域に白色鱗片がある。中胸亜基節の基部は後脚基節の基部より上に位置する。中胸亜背板は白色鱗片で覆われる。翅基前瘤起に鱗片がある。中胸背の翅の基部（翅基）前上方に幅広の白色鱗片斑がある。
  [腹部] 腹部背板の基部に白帯がある（右図）。
  [翅] 翅の鱗片は細く対称形。　[脚] 後脚第 4 跗節の基部 3/5～2/3 は白色。第 5 跗節は白色（白足袋）。
- 発生水域：樹洞、竹切り株、お墓の花立、手水鉢、雨水桝、水瓶、人口容器、古タイヤなど。
- 吸血習性（行動、吸血嗜好性）：昼間吸血性、人吸血性が強い。
- 越冬ステージ：卵。
- 病原体：2014 年に代々木公園とその周辺で起きたデング熱流行時の媒介蚊であった（Kobayashi et al., 2018）。チクングニヤ熱、ジカ熱、犬フィラリアを媒介する。ウエストナイルウイルスの媒介能がある（Turell et al., 2005）。南大東島で採取された成虫から鳥マラリア原虫が検出されている（Ejiri et al., 2008）。

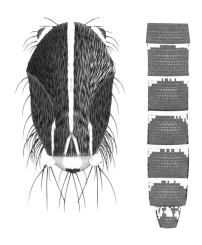

37. ダイトウシマカ　*Aedes* (*Stegomyia*) *daitensis* Miyaga and Toma, 1981

全身図 Fig.18　**検索表** Plate 20　**参考図** 2-7-(2)

- 分布：〔Fig.18 参照〕北大東島、南大東島に分布する固有種である。
- 形態的特徴：
  [頭部] 口吻はまっすぐ。頭頂部は幅広の伏臥鱗片で覆われる。
  [胸部] 中胸背前方の中央に 1 本の顕著な白筋がある。胸部側面の白斑は 2 本の明瞭な平行横縞を形成する。小盾板側葉の鱗片は幅広で、暗色鱗片のみか白色鱗片を混じる。気門前域に刺毛なし。気門後域に刺毛がある。気門後域に白斑なし。気門下域に白色鱗片がある。中胸亜基節の基部は後脚基節の基部より上に位置する。中胸亜背板は白色鱗片で覆われる。翅基前瘤起に鱗片がある。中胸背の翅の基部（翅基）前上方に三日月形の黄褐色鱗片の斑がある。
  [腹部] 腹部背板側面の白斑は帯状となり基部から離れ中央に位置する。
  [翅] 翅の鱗片は細く対称形。
- 発生水域：樹洞、お墓の花立、手水鉢、水瓶、人口容器、古タイヤなど。
- 吸血習性（行動、吸血嗜好性）：昼間吸血性、人吸血性が強い。
- 越冬ステージ：卵。

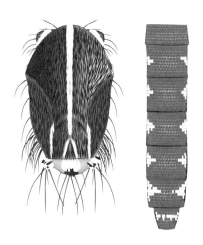

38. ヤマダシマカ　*Aedes*（*Stegomyia*）*flavopictus* Yamada, 1921

全身図 Fig.19　**検索表** Plate 21　**参考図** 2-7-(2)

- 分布：〔Fig.19参照〕北海道から九州まで広範囲に分布するが、過去の採集記録がない県が散見される。今後の調査による確認が必要である。南日本には後述する2亜種が分布している。
- 翅長：2.6–4.0 mm
- 形態的特徴（ヒトスジシマカと酷似する）：

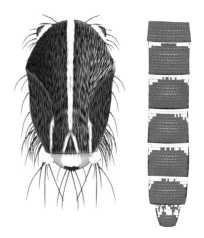

【頭部】口吻はまっすぐ。頭頂部は幅広の伏臥鱗片で覆われる。

【胸部】中胸背前方の中央に1本の顕著な白筋がある（右図）。小盾板側葉の鱗片は幅広。気門前域に刺毛なし。気門後域に刺毛がある。気門後域に白斑なし。中胸亜基節の基部は後脚基節の基部より上に位置する。中胸亜背板は白色鱗片で覆われる。翅基前瘤起に鱗片がある。ヒトスジシマカとは異なり、中胸背の翅の基部（翅基）前上方に淡黄色の狭曲鱗片の斑がある（北方の集団では狭曲鱗片の色は薄く白色に近い）。

【腹部】腹部背板の基部に白帯がある（右図）。

【翅】翅の鱗片は細く対称形。

【脚】後脚第4跗節の基部2/3～5/6は白色。第5跗節は白色（白足袋）。
- 発生水域：樹洞、竹切り株、お墓の花立、手水鉢、水瓶、人口容器など。
- 吸血習性（行動、吸血嗜好性）：昼間吸血性、人吸血性。
- 越冬ステージ：卵。
- 病原体：デングウイルスの媒介能がある（江下ら，1982）。

39. ダウンスシマカ　*Aedes*（*Stegomyia*）*flavopictus downsi* Bohart and Ingram, 1946

検索表 Plate 21

- 分布：ヤマダシマカの亜種で、トカラ列島（中之島）、奄美大島、徳之島、沖縄島、久米島に分布する。
- 翅長：2.3–3.6 mm
- メモ：全身図、形態的特徴についてはヤマダシマカを参照のこと。

40. ミヤラシマカ　*Aedes*（*Stegomyia*）*flavopictus miyarai* Tanaka, Mizusawa and Saugstad, 1979

検索表 Plate 21

- 分布：ヤマダシマカの亜種で、石垣島、西表島に分布する。
- メモ：全身図、形態的特徴についてはヤマダシマカを参照のこと。

41. ミスジシマカ　*Aedes*(*Stegomyia*) *galloisi* Yamada, 1921

全身図 Fig.20　**検索表** Plate 20　**参考図** 2-7-(2)

- 分布：〔Fig.20 参照〕
- 翅長：3.0–4.6 mm
- 形態的特徴：

　[頭部] 口吻はまっすぐ。頭頂部は幅広の伏臥鱗片で覆われる。

　[胸部] 中胸背前方の中央に1本の顕著な白筋がある(右図)。中胸背の前側面に沿って白色の筋がある(右図)。小盾板側葉の鱗片は幅広。中胸亜基節の基部は後脚基節の基部より上に位置する。気門前域に刺毛なし。気門後域に刺毛と白斑がある。気門下域に白色鱗片がある。中胸亜背板は白色鱗片で覆われる。翅基前瘤起に鱗片がある。

　[腹部] 腹部背板の基部に白帯がある。

　[翅] 翅の鱗片は細く対称形。　[脚] 前脚と中脚の爪に小さい歯がある。

- 発生水域：樹洞、竹切り株、お墓の花立、手水鉢など。
- 吸血習性(行動、吸血嗜好性)：昼間吸血性、人吸血性。
- 越冬ステージ：卵。

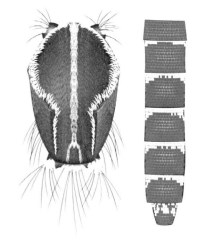

42. リバースシマカ　*Aedes*(*Stegomyia*) *riversi* Bohart and Ingram, 1946

全身図 Fig.21　**検索表** Plate 20　**参考図** 2-7-(2)

- 分布：〔Fig.21 参照〕
- 翅長：2.5–3.8 mm
- 形態的特徴：

　[頭部] 口吻はまっすぐ。頭頂部は幅広の伏臥鱗片で覆われる。

　[胸部] 中胸背前方の中央に1本の顕著な白筋がある(右図)。胸部側面の白斑は2本の明瞭な平行横縞を形成する。小盾板側葉は幅広で白色の鱗片で覆われる。気門前域に刺毛なし。気門後域に刺毛がある。気門後域に白斑の無い個体とある個体が知られる。中胸亜基節の基部は後脚基節の基部より上に位置する。中胸亜背板は白色鱗片で覆われる。翅基前瘤起に鱗片がある。中胸背の翅の基部(翅基)前上方には、幅広の白色鱗片からなる帯状の班がある。

　[腹部] 腹部背板側面の白斑は帯状となり基部から離れ中央に位置する(右図)。

　[翅] 翅の鱗片は細く対称形。

- 発生水域：樹洞、お墓の花立、手水鉢、水瓶、人口容器、古タイヤなど。
- 吸血習性(行動、吸血嗜好性)：昼間吸血性、人吸血性。
- 越冬ステージ：卵。
- 病原体：デングウイルスの媒介能がある(江下ら, 1982)。

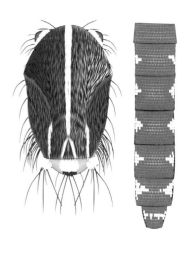

43. タカハシシマカ　*Aedes*（*Stegomyia*）*wadai* Tanaka, Mizusawa and Saugstad, 1979

全身図 Fig.22　**検索表** Plate 21　**参考図** 2-7-(2)

■分布：〔Fig.22 参照〕小笠原諸島のみに分布する固有種である。

■翅長：3.5–4.2 mm

■形態的特徴：

【頭部】口吻はまっすぐ。頭頂部は幅広の伏臥鱗片で覆われる。頭盾に鱗片なし。

【胸部】中胸背に肩から中胸縫合線にそって、白色斑紋がある（右図）。中胸背の中間部に縦筋なし。小盾板側葉の鱗片は幅広。中胸亜基節の基部は後脚基節の基部より上に位置する。気門前域に刺毛なし。気門後域に刺毛がある。翅基前瘤起に鱗片がある。前胸背後側片と中胸亜背板に白色鱗片がない。

【腹部】腹部背板の基部に白帯がある（右図）。　【翅】翅の鱗片は細く対称形。

【脚】前脚と中脚の爪は単状。

■発生水域：樹洞。　■吸血習性（行動、吸血嗜好性）：昼間吸血性、人吸血性。

44. セボリヤブカ　*Aedes*（*Tanakaius*）*savoryi* Bohart, 1957

検索表 Plate 23　**参考図** 2-7-(1)

■分布：小笠原諸島のみに分布する固有種である。

■翅長：2.7–3.8 mm

■形態的特徴：

【頭部】口吻はまっすぐ。頭頂部は幅狭の伏臥鱗片で覆われる。

【胸部】中胸背に淡黄色狭曲鱗片の筋がある（右図）。小盾板側葉の鱗片は幅狭。中胸亜基節の基部は後脚基節の基部より上に位置する。気門前域に刺毛なし。気門後域に刺毛がある。気門後域に鱗片がある。中胸亜背板は白色鱗片で覆われる。翅基前瘤起に鱗片がある。

【翅】翅の鱗片は細く対称形。　【脚】後脚跗節に白斑なし。後脚の爪は歯状（小さい歯がある）。

■発生水域：海岸の塩水性ロックプール。

■吸血習性（行動、吸血嗜好性）：昼間〜夕方吸血性、人吸血性あり。

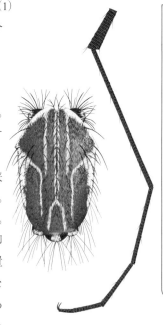

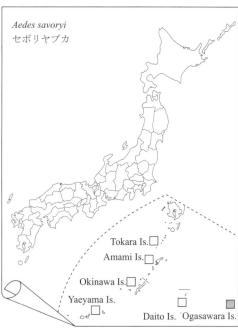

45. トウゴウヤブカ　*Aedes*（*Tanakaius*）*togoi*（Theobald, 1907）

全身図 Fig.23　**検索表** Plate 23　**参考図** 2-7-（1）
- 分布：〔Fig.23 参照〕
- 翅長：3.1–4.3 mm
- 形態的特徴：
  - ［頭部］口吻はまっすぐ。小顎肢の先端に白色鱗片が混じる。
  - ［胸部］中胸背に淡黄色狭曲鱗片の筋がある（右図）。小盾板側葉の鱗片は幅狭。気門前域に刺毛なし。気門下域に白色鱗片がある。中胸亜基節の基部は後脚基節の基部より上に位置する。中胸亜背板と気門後域に鱗片あり。通常、中胸上後側板の下部に刺毛が 1〜2 本ある。
  - ［翅］翅の鱗片は細く対称形。
  - ［脚］後脚跗節の白帯は関節にまたがる（右図）。後脚第 5 跗節は基部に白帯があるか、完全に暗色。後脚の爪は歯状（小さい歯がある）。
- 発生水域：海岸の岩の窪みに溜まった塩水性水溜まり、古タイヤ、人口容器に溜まった真水にも発生する。
- 吸血習性（行動、吸血嗜好性）：夜間吸血性。昼夜を通じて人を吸血する。実験的には爬虫類や両生類も吸血する。
- 病原体：八丈小島のマレー糸状虫の媒介蚊であった。実験的にはバンクロフト糸状虫、イヌ糸状虫の中間宿主となりうることが知られる。日本脳炎ウイルスを媒介可能。

46. モンナシハマダラカ　*Anopheles*（*Anopheles*）*bengalensis* Puri, 1930

検索表 Plate 10
- 分布：奄美大島、徳之島。
- 翅長：3.0–3.3 mm
- メモ：翅に斑紋がないハマダラカである。
- 形態的特徴：
  - ［頭部］雌の小顎肢は口吻とほぼ同じ長さ。頭頂の直立叉状鱗片は褐色。
  - ［胸部］小盾板の後縁はくびれず、半月状。中胸背板は一様に褐色。
  - ［腹部］腹部背板の大部分に鱗片がない。
  - ［翅］翅に斑がない。
- 発生水域：山裾の小川、ロックプール、用水路、川床にできた水溜まり。
- 吸血習性（行動、吸血嗜好性）：夜間吸血性。

47. エンガルハマダラカ　*Anopheles*（*Anopheles*）*engarensis* Kanda and Oguma, 1978

検索表 Plate 11　　**参考図** シナハマダラカ Fig.28

■分布：北海道（遠軽、釧路、紋別、帯広）における優占種とされているが、生態の詳細はよくわからない。
■翅長：4.2–6.1 mm
■形態的特徴：シナハマダラカに酷似し、成虫の形態による識別は難しく、蛹での識別は可能（田中, 2006）。Tanaka et al.（1979）、栗原（2002）は以下の鑑別点を示している。
肩横脈には鱗片がない（シナハマダラカでは60％の個体に鱗片がある）。／1A脈の基部には2、3の暗色鱗片がある（雌の60％）（シナハマダラカでは5％）。／小顎肢の先端の2つの白帯がはっきり区別できる（シナハマダラカではしばしば2つの白帯がつながる）。
■発生水域：シナハマダラカ（解説53）を参照のこと。

48. チョウセンハマダラカ　*Anopheles*（*Anopheles*）*koreicus* Yamada and Watanabe, 1918

全身図 Fig.24　　**検索表** Plate 10

■分布：〔Fig.24 参照〕　■翅長：3.6–5.3 mm
■形態的特徴：【頭部】雌の小顎肢は口吻とほぼ同じ長さ。頭盾に鱗片がない。小顎肢に白帯がない。
【胸部】小盾板の後縁はくびれず、半月状。気門前域に刺毛がある。　【腹部】腹部背板に鱗片がない。
【翅】亜前縁脈紋は長く、Sc脈やR$_1$脈にかかる。R脈基部は白色鱗片で覆われる。R$_1$脈基部に白斑あり。Cu$_2$脈末端に縁鱗紋あり。
■発生水域：山すそのやや低温の水域（地表水や川床の溜まり水）。
■吸血習性（行動、吸血嗜好性）：夜間吸血性。
■越冬ステージ：成虫。　■病原体：実験的には三日熱マラリアの媒介能がある。

49. オオツルハマダラカ　*Anopheles*（*Anopheles*）*lesteri* Baisas and Hu, 1936

全身図 Fig.25　　**検索表** Plate 11

■分布：〔Fig.25 参照〕北海道から八重山諸島まで広範に分布していると思われる。
■翅長：3.3–5.4 mm
■形態的特徴：シナハマダラカと類似し、以下のような特徴があるが、雌成虫の形態によって100％確実に識別することはできない。蛹での識別は可能。
【頭部】雌の小顎肢は口吻とほぼ同じ長さ。頭盾に鱗片塊がある。小顎肢に白帯がある。
触角の付け根（梗節）に鱗片がある。
【胸部】小盾板の後縁はくびれず、半月状。気門前域に刺毛がある。
【腹部】腹部背板の大部分に鱗片がない。
【翅】Cu$_2$脈の末端に縁鱗紋がない（DNAの分析結果では、オオツルハマダラカでありながらCu$_2$脈末端に縁鱗紋がある個体がいることがわかっている）。
【脚】中脚基節の上部に白色鱗片塊を欠く（稀に数枚の鱗片がある）。
■発生水域：湿原、池、水田、休耕田。
■吸血習性（行動、吸血嗜好性）：夜間吸血性。牛など大型哺乳動物を吸血する。人吸血性あり。
■越冬ステージ：卵。
■病原体：三日熱マラリア、熱帯熱マラリア、サルマラリア、フィラリア症の媒介能がある。
■メモ：蛹の翅鞘に通常暗色の格子状紋がある。これに対して、シナハマダラカの蛹は翅鞘に暗色の点状紋列がある（田中, 2006）。

50. ヤマトハマダラカ　*Anopheles* (*Anopheles*) *lindesayi japonicus* Yamada, 1918

全身図 Fig.26　**検索表** Plate 10

- 分布：〔Fig.26 参照〕
- 翅長：4.1–5.4 mm
- メモ：最近の分子生物学的研究によって、わが国のヤマトハマダラカが遺伝的に異なるいくつかの分類群に分けられることが示唆されている（前川ら，2016a; Imanishi et al., 2018）。この遺伝的違いの程度が亜種のレベルなのか、種のレベルなのかはまだ明らかになっていない。本書では、1 種類として扱う。
- 形態的特徴：
- ［頭部］雌の小顎肢は口吻とほぼ同じ長さ。小顎肢に白帯がない。頭盾に鱗片がない。
- ［胸部］小盾板の後縁はくびれず、半月状。気門前域に刺毛がない。
- ［腹部］腹部背板に鱗片がない。
- ［脚］後脚腿節の中間部に幅広い白帯がある。
- 発生水域：山すそや山間の渓流のよどみ、湧水の溜まりなどの木陰にある水域。
- 吸血習性（行動、吸血嗜好性）：夜間吸血性。
- 越冬ステージ：幼虫。

51. オオモリハマダラカ　*Anopheles* (*Anopheles*) *omorii* Sakakibara, 1959

検索表 Plate 10

- 分布：翅に斑紋がないハマダラカ。希少種である。
- 翅長：3.3 mm
- 形態的特徴：
- ［頭部］雌の小顎肢は口吻とほぼ同じ長さ。頭頂の直立叉状鱗片は白色。
- ［胸部］中胸背板に不明瞭な灰白色の縦斑がある。小盾板の後縁はくびれず、半月状。
- ［腹部］腹部背板に鱗片がない。
- ［翅］翅に斑がない。
- 発生水域：山地森林の樹洞。
- 越冬ステージ：1 齢、2 齢幼虫。
- 病原体：実験的にはネズミマラリアを媒介可能。

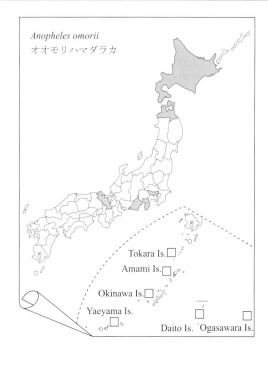

52. オオハマハマダラカ　*Anopheles*（*Anopheles*）*saperoi*　Bohart and Ingram, 1946

全身図 Fig.27　**検索表** Plate 10

- ■分布：〔Fig.27 参照〕沖縄島、西表島、石垣島。石垣島では最近の採集記録がない。
- ■翅長：3.7–4.5 mm
- ■形態的特徴：
  - 【頭部】雌の小顎肢は口吻とほぼ同じ長さ。頭盾に鱗片がない。小顎肢に白帯がない。
  - 【胸部】小盾板の後縁はくびれず、半月状。気門前域に刺毛がある。
  - 【腹部】腹部背板の大部分に鱗片がない。第 7 腹節腹板の先端に黒色鱗片の塊がある。
  - 【翅】亜前縁脈紋は短く、Sc 脈や R_1 脈にはほとんどかからない。R 脈基部は暗色鱗片で覆われる。R_1 脈基部に白斑なし。Cu_2 脈末端に縁鱗紋あり。
- ■発生水域：渓流。
- ■吸血習性(行動、吸血嗜好性)：ハマダラカとしては珍しい、昼間吸血性の種類である。人吸血性あり。野外で採集された吸血蚊では、人、イノシシを吸血した個体が報告されている（Tamashiro et al., 2011）。
- ■病原体：熱帯熱マラリア、ネズミマラリアの媒介能がある。

53. シナハマダラカ　*Anopheles*（*Anopheles*）*sinensis*　Wiedemann, 1828

全身図 Fig.28　**検索表** Plate 11

- ■分布：〔Fig.28 参照〕わが国に広く分布する。近縁種とは成虫の形態によって区別することが難しいため、酷似種が生息している北海道に本種が分布しているかどうかはよくわかっていない。今後の分子分類学的な調査研究が必要である。
- ■翅長：3.7–4.8 mm
- ■形態的特徴：
  - 【頭部】雌の小顎肢は口吻とほぼ同じ長さ。頭盾に鱗片塊がある。小顎肢に白帯がある。小顎肢第 3 節基部の白帯は他節の白帯とほぼ同幅。
  - 【胸部】小盾板の後縁はくびれず、半月状。気門前域に刺毛がある。
  - 【腹部】腹部背板に鱗片がない。第 7 腹節腹板の先端に黒色鱗片の塊がある。
  - 【翅】Cu_2 脈末端に縁紋あり。C 脈には通常肩斑がない。分脈前斑は明白でない。翅先端の縁鱗に白斑あり。M 脈中央前方に暗色斑なし。Cu 脈基部の暗色斑は短い。
  - 【脚】中脚基部上部に白色鱗片の塊がある。後脚第 4 跗節基部に通常白帯なし。
- ■発生水域：水田、休耕田、地表水、渓流。
- ■吸血習性(行動、吸血嗜好性)：牛、豚など大型の家畜、人吸血性あり。
- ■越冬ステージ：成虫。
- ■病原体：三日熱マラリア、熱帯熱マラリア、実験的には日本脳炎ウイルスも媒介可能。バンクロフト糸状虫幼虫の発育も可能。

54. エセシナハマダラカ *Anopheles*（*Anopheles*）*sineroides* Yamada, 1924

全身図 Fig.29　**検索表** Plate 11

- 分布：〔Fig.29 参照〕
- 翅長：3.3–6.5 mm
- 形態的特徴：
  【頭部】雌の小顎肢は口吻とほぼ同じ長さで、白斑がある。頭盾に鱗片塊がある。
  【胸部】小盾板の後縁はくびれず、半月状。気門前域に刺毛がある。
  【腹部】腹部背板に鱗片がない。第7腹節腹板の先端に黒色鱗片の塊がある。
  【翅】Cu_2 脈末端に縁紋あり。C 脈に肩斑がある。分脈前斑は明白。
  【脚】後脚第4跗節基部に白帯がある。
- 発生水域：湿原、水田、休耕田、側溝、地表水、池沼。
- 吸血習性（行動、吸血嗜好性）：夜間吸血性。

55. ヤツシロハマダラカ *Anopheles*（*Anopheles*）*yatsushiroensis* Miyazaki, 1951

検索表 Plate 11

- メモ：シナハマダラカに酷似する。わが国では過去30年以上採集されていない。
- 分布：右図は過去の採集データに基づく。
- 翅長：4.1–5.5 mm
- 形態的特徴：
  【頭部】雌の小顎肢は口吻とほぼ同じ長さ。頭盾に鱗片塊がある。小顎肢に白帯がある。小顎肢第3節基部の白帯は他節の白帯よりも幅が広い。
  【胸部】小盾板の後縁はくびれず、半月状。
  【腹部】腹部背板の大部分に鱗片がない。
  【翅】Cu_2 脈末端に縁紋あり。C 脈には通常肩斑がない。分脈前斑は明白でない。翅先端の縁鱗に白斑あり。M 脈中央前方に暗色斑なし。Cu 脈基部の暗色斑は短い。
  【脚】中脚基部上部に白色鱗片の塊がある。後脚第4跗節基部に通常白帯なし。
- 発生水域：水田、排水溝。

56. タテンハマダラカ　*Anopheles*（*Cellia*）*tessellatus* Theobald, 1901

全身図 Fig.30　**検索表** Plate 9

- メモ：北部タイで採集された標本より描いた。
- 分布：〔Fig.30 参照〕沖縄島、石垣島、西表島、与那国島で採集されたことがあるが稀である。
- 翅長：2.8–2.9 mm
- 形態的特徴：【頭部】雌の小顎肢は口吻とほぼ同じ長さ。口吻の前半分は白色鱗片で覆われる。【胸部】気門前域に刺毛はない。小盾板の後縁はくびれず、半月状。【腹部】腹部背板の大部分に鱗片がない。【翅】翅の前縁に、肩紋を除き少なくとも4個の白斑がある。【脚】後脚の腿節と脛節に白斑がある(斑脚)。
- 発生水域：水田、渓流よどみ。

57. ヤエヤマコガタハマダラカ　*Anopheles*（*Cellia*）*yaeyamaensis* Somboon and Harbach, 2010

全身図 Fig.31　**検索表** Plate 9

- メモ：2001年に東南アジアのコガタハマダラカ *Anopheles minimus* とは別種とされ、2010年に *Anopheles yaeyamaensis* と命名された(Somboon et al., 2010)。
- 分布：〔Fig.31 参照〕宮古島、石垣島、西表島、小浜島。　　■翅長：3.1–3.4 mm
- 形態的特徴：【頭部】口吻は黒色。雌の小顎肢は口吻とほぼ同じ長さ。小顎肢に白斑あり。頭盾に鱗片はない。【胸部】小盾板の後縁はくびれず、半月状。気門前域に刺毛がある。【腹部】腹部背板に鱗片がない。【翅】翅の前縁に、肩紋を除き少なくとも4個の白斑がある。【脚】脚はすべて黒色(黒脚)。
- 発生水域：流れの緩い渓流。
- 吸血習性(行動、吸血嗜好性)：夜間吸血性。牛や馬など大型哺乳類を吸血する。人吸血性あり。
- 病原体：熱帯熱マラリア、三日熱マラリア、四日熱マラリアの媒介能がある。

58. オオクロヤブカ　*Armigeres*（*Armigeres*）*subalbatus*（Coquillett, 1898）

全身図 Fig.32　**検索表** Plate 4

- 分布：〔Fig.32 参照〕過去に北海道からの採集報告はなかったが、2017年に北海道(函館)で成虫が採集された(前川, 未発表)。温暖化によって分布限界が北進している可能性があり、今後の調査が望まれる。
- 翅長：3.2–5.4 mm
- 形態的特徴：黒くて大型の蚊。
【頭部】口吻は太く、下方にやや湾曲する。【胸部】気門前域に刺毛なし。小盾板の後縁はくびれて3葉に分かれる。気門後域に刺毛がある。中胸亜背板は幅が広く、白色鱗片で覆われている。中胸亜基節の基部と後脚基節の基部は同じ位置である。中胸背の周縁は白色鱗片で縁取られる。【腹部】腹部背板に白帯はないが、側面に白斑がある。【脚】脚には白斑はなく黒脚。
- 発生水域：樹洞、竹切り株、人口容器、雨水桝などで、有機物を多く含む汚水に発生する。
- 吸血習性(行動、吸血嗜好性)：昼間〜夕方吸血性、激しく人を吸血する。
- 越冬ステージ：幼虫。
- 病原体：日本脳炎ウイルス。野外捕集蚊から鳥マラリア原虫が検出されている(Kim and Tsuda, 2010)。

59. ムラサキヌマカ *Coquillettidia* (*Coquillettidia*) *crassipes* (Van der Wulp, 1881)

全身図 Fig.33　**検索表** Plate 6

- 分布：〔Fig.33 参照〕奄美大島、徳之島、沖縄島、伊平屋島、宮古島、石垣島、西表島、与那国島、南大東島。
- 翅長：3.7–4.3 mm
- 形態的特徴：胸部がオレンジ色、腹部は暗紫色。　［頭部］口吻の先は膨らまない。
  ［胸部］小盾板の後縁はくびれて3葉に分かれる。気門前域に刺毛なし。気門後域に刺毛なし。中胸上後側板の下部1/3の位置に刺毛が1本ある。　［翅］翅の鱗片は翅の鱗片は細く対称形。
  ［脚］脚に白斑はなく、暗紫色。
- 発生水域：水草が茂り日当たりのよい湿地。水草の根に呼吸管を差し込んで呼吸している。
- 吸血習性（行動、吸血嗜好性）：夜間吸血性。ドライアイストラップで捕獲される。人を吸血することはほとんどない。

60. キンイロヌマカ *Coquillettidia* (*Coquillettidia*) *ochracea* (Theobald, 1903)

全身図 Fig.34　**検索表** Plate 6

- 分布：〔Fig.34 参照〕　翅長：4.8–5.6 mm
- 形態的特徴：全身が黄色、やや大型の種類。翅、脚、腹節の鱗片は大部分が黄色。
  ［頭部］口吻の先は膨らまない。　［胸部］気門後域に刺毛なし。中胸上後側板の下部1/3の位置に刺毛なし。小盾板の後縁はくびれて3葉に分かれる。気門前域に刺毛なし。
  ［翅］翅の鱗片は細く対称形。
- 発生水域：水草が茂り日当たりのよい湿地、池。水草の根に呼吸管を刺し込んで呼吸している。
- 吸血習性（行動、吸血嗜好性）：夜間吸血性。人を吸血する。

61. イナトミシオカ *Culex* (*Barraudius*) *inatomii* Kamimura and Wada, 1974

全身図 Fig.35　**検索表** Plate 12

- 分布：〔Fig.35 参照〕　翅長：3.2–4.0 mm
- 形態的特徴：［頭部］口吻はまっすぐで白帯なし。　［胸部］中胸背に正中毛あり。小盾板は3葉に分かれる。中胸上後側板の下部に刺毛あり。気門前域、気門後域に刺毛がない。　［腹部］腹部背板に白帯がなく、暗褐色。腹部背板側縁に黄白条斑があり、各節の条斑がつながって1本の黄白条斑となる。
  ［脚］後脚第1跗節が短く、長さは脛節の80％以下。
- 発生水域：ヨシが茂る湿地。1％以下の塩分が含まれる水域でも発育可能。2011年の東日本大震災の津波によってできた塩性湿地に大発生した（Tsuda and Kim, 2013）。
- 吸血習性（行動、吸血嗜好性）：昼間および薄明薄暮吸血性。鳥類（オオヨシキリ）、哺乳類（カヤネズミ、ドブネズミ）、爬虫類（カメ）などを吸血する。人も吸血する。無吸血産卵性（最初の卵を吸血することなしに産む性質）である。
- 越冬ステージ：成虫。
- 病原体：実験的にはウエストナイルウイルスに感受性がある。野鳥類の鳥マラリア原虫の媒介蚊として知られる（Kim and Tsuda, 2012; 2015）。

62. オビナシイエカ　*Culex*（*Culex*）*fuscocephala* Theobald, 1907

全身図 Fig.36　**検索表** Plate 13

■メモ：北部タイで採集した標本に基づいて描いた。
■分布：〔Fig.36 参照〕石垣島、西表島、小浜島、与那国島。
■翅長：2.7–3.5 mm
■形態的特徴：
［頭部］口吻に白帯なし。
［胸部］胸側板の皮膚に顕著な2本の暗色横縞がある。中胸上後側板の下部に刺毛あり。胸側板に明瞭な鱗片斑あり。中胸背に正中毛あり。気門前域、気門後域に刺毛がない。小盾板は3葉に分かれる。
［腹部］腹部背板の中央部に発達の悪い白斑あり。
［脚］後脚第1跗節の長さは脛節の85%以上。脚跗節に白帯なし。
■発生水域：水田、休耕田、地表水、岩礁、人口容器。
■吸血習性（行動、吸血嗜好性）：夜間吸血性。人、牛、豚などを吸血する。
■病原体：スリランカやフィリピンではバンクロフト糸状虫やマレー糸状虫に感染した成虫が採集されている。タイの野外採集蚊から日本脳炎ウイルスが分離されている（Sirivanakarn, 1976）。

63. ジャクソンイエカ　*Culex*（*Culex*）*jacksoni* Edwards, 1907

検索表 Plate 15　**参考図** 2-7-(3)

■分布：わが国では稀な種類で、長崎（幼虫1個体のみ：Mogi, 1978）と沖縄島（Toma and Miyagi, 1986）で採集されている。
■翅長：3.5–4.3 mm
■形態的特徴：
［頭部］口吻に白帯がある。
［胸部］小盾板は3葉に分かれる。気門前域、気門後域に刺毛がない。中胸背に正中毛あり。中胸上後側板の下部に刺毛なし。胸側板に明瞭な鱗片斑あり。
［腹部］腹部第3〜6節に明瞭な白斑点がある。腹部第7背板の先端に幅広の白帯がある。
［翅］翅に斑紋がある。翅の基部に白斑なし。分脈斑はR-R₁脈まで伸びない。
［脚］前脚第1跗節は第2〜5跗節より長い。
■発生水域：地表水。

64. ミナミハマダライエカ　*Culex*（*Culex*）*mimeticus* Noé, 1899

全身図 Fig.37　　**検索表** Plate 15　　**参考図** 2-7-(3)

- 分布：〔Fig.37 参照〕　　翅長：4.4–5.0 mm
- 形態的特徴：［頭部］口吻に白帯がある。　［胸部］小盾板は 3 葉に分かれる。気門前域、気門後域に刺毛がない。中胸背に正中毛あり。胸側板に明瞭な鱗片斑あり。中胸上後側板の下部に刺毛なし。
  ［腹部］腹部第 3～6 節に白斑点なし。腹部第 7 背板先端の白帯は幅狭いか薄い。
  ［翅］翅に斑紋がある。翅の基部に白斑なし。分脈斑は R-R$_1$ 脈まで伸びない。
  ［脚］前脚第 1 跗節は第 2～5 跗節より長い。
- 発生水域：水田、休耕田、側溝、池。
- 吸血習性（行動、吸血嗜好性）：夜間吸血性。
- 越冬ステージ：成虫。

65. ハマダライエカ　*Culex*（*Culex*）*orientalis* Edwards, 1921

全身図 Fig.38　　**検索表** Plate 15　　**参考図** 2-7-(3)

- 分布：〔Fig.38 参照〕　　翅長：3.7–4.9 mm
- 形態的特徴：［頭部］口吻に白帯がある。
  ［胸部］中胸背に正中毛あり。小盾板は 3 葉に分かれる。気門前域、気門後域に刺毛がない。中胸上後側板の下部に刺毛なし。胸側板に明瞭な鱗片斑あり。
  ［翅］翅に斑紋がある。翅の C 脈と R 脈の基部に白斑あり。分脈斑は C 脈、Sc 脈、R-R$_1$ 脈にまたがる。
  ［脚］前脚第 1 跗節は第 2～5 跗節とほぼ同長。
- 発生水域：水田、休耕田、池などで、水草や藻が発生した水域。
- 吸血習性（行動、吸血嗜好性）：夜間吸血性。人吸血性なし。
- 越冬ステージ：成虫。

66. アカイエカ　*Culex*（*Culex*）*pipiens pallens* Coquillett, 1898

全身図 Fig.39　　**検索表** Plate 13

- 分布：〔Fig.39 参照〕　　翅長：3.0–5.3 mm
- 形態的特徴：［頭部］口吻に白帯なし。
  ［胸部］中胸背に正中毛あり。中胸上後側板の下部に刺毛あり。胸側板に明瞭な鱗片斑あり。気門前域、気門後域に刺毛がない。小盾板は 3 葉に分かれる。
  ［腹部］腹部背板の基部に白帯あり。　［脚］跗節に白帯なし。後脚第 1 跗節の長さは脛節の 85％以上。
- 発生水域：池、地表水、人口容器、雨水マス、お墓の花立、手水鉢、水瓶。
- 吸血習性（行動、吸血嗜好性）：夜間吸血性。鳥類を好むが、哺乳類も吸血する。人吸血性あり。
- 越冬ステージ：成虫。
- 病原体：バンクロフト糸状虫症の媒介蚊（和田，2000）、犬フィラリアの媒介蚊。野外捕集蚊から日本脳炎ウイルスが検出されたことがある。野外捕集蚊から鳥マラリア原虫が検出されている（Ejiri et al., 2009; 2011a; 城谷ら，2009; Kim and Tsuda, 2010; 2012）。北米やヨーロッパに生息する近縁種のトビイロイエカ *Culex pipiens pipiens* はウエストナイルウイルスの媒介蚊である（Turell et al., 2005）。
- メモ：雄交尾器の挿入器の背側突起先端の間隔（D）と腹側突起先端の間隔（V）の大小関係（D/V 比）に次のような相異がある（Tanaka et al., 1979）。D/V 比：ネッタイイエカ 0.22～0.35、アカイエカ 0.48～0.75、チカイエカ 0.79～1.0。また、DNA を用いたわが国のアカイエカ群の分子分類法としては Kasai et al.（2008）がある。

67. チカイエカ *Culex* (*Culex*) *pipiens* form *molestus* Forskål, 1775

■参考図 アカイエカ Fig.39　■検索表 Plate 13

■メモ：アカイエカの生態型あるいは品種と考えられており、雌成虫を形態によって区別することはできない。雄の場合は交尾器の形態的違いによって区別できる(Vinogradova, 2000; Harbach, 2012)。チカイエカは無吸血産卵性(最初の卵を吸血することなしに産む性質)を持つことが大きな生態的ちがいのひとつである。発生源にも違いがある。

■分布：わが国における分布はアカイエカ Fig.39 とほぼ重なる。　■翅長：2.9–3.7 mm

■発生水域：ビルの地下の貯水槽や浄化槽、雨水マス。

■吸血習性(行動、吸血嗜好性)：夜間吸血性だが、ビル街や地下街では昼間でも人を吸血する。

■越冬ステージ：幼虫、成虫。

■病原体：野外捕集蚊から鳥マラリア原虫が検出されている(Kim et al., 2009b)。

68. シロハシイエカ *Culex* (*Culex*) *pseudovishnui* Colless, 1957

■全身図 Fig.40　■検索表 Plate 15

■分布：[Fig.40 参照]　■翅長：2.8–3.9 mm

■形態的特徴：【頭部】口吻に白帯があるが、付け根付近には白色鱗片はない。頭頂に白色〜クリーム色の直立叉状鱗片があり、その周辺には黒色の直立叉状鱗片がある。【胸部】中胸背に正中毛あり。気門前域、気門後域に刺毛がない。小盾板は 3 葉に分かれる。中胸背は褐色鱗片で覆われる。胸側板に明瞭な鱗片斑あり。中胸上後側板の下部に刺毛なし。【腹部】腹部背板の基部に白帯がある。【脚】中脚腿節に白色鱗片の斑紋はない。後脚腿節前面の先端暗色部と白色部の境界が明瞭。

■発生水域：水田、休耕田、地表水、側溝、池。

■吸血習性(行動、吸血嗜好性)：夜間吸血性。　■越冬ステージ：成虫。

■病原体：東南アジアでは日本脳炎ウイルスの媒介蚊の一種とされている(Sirivanakarn, 1976)。

69. ネッタイイエカ *Culex* (*Culex*) *quinquefasciatus* Say, 1823

■参考図 アカイエカ Fig.39　■検索表 Plate 13

■分布：奄美大島以南に分布する。過去には長崎、熊本、鹿児島で採集されたことがあるが、生息しているかどうかはよくわかっていない。最近の DNA を用いた分子分類学的研究では大阪府堺市でも報告されており(吉田ら，2011)、定着している可能性は否定できない。成田空港や羽田空港、関西空港など国際空港では貨物機で頻繁に見つかっており、侵入・定着に対する注意が必要である。

■翅長：3.0–4.3 mm

■形態的特徴：アカイエカの近縁種で、雌成虫を形態によって区別することはできない。雄の場合は交尾器の形態的な違いによって、アカイエカ、チカイエカと区別することができる(Vinogradova, 2000; Harbach, 2012)。

■発生水域：地表水、水瓶、人工容器。

■吸血習性(行動、吸血嗜好性)：夜間吸血性。鳥嗜好性だが、人からも激しく吸血する。

■病原体：バンクロフト糸状虫症の重要な媒介蚊である(Sirivanakarn, 1976)。ベトナムの野外捕集蚊から日本脳炎ウイルスが検出されたことがある(Sirivanakarn, 1976)。ウエストナイルウイルスの媒介能がある(Turell et al., 2005)。南大東島で捕集された成虫から鳥マラリア原虫が検出されている(Ejiri et al., 2008)。

70. ヨツボシイエカ　*Culex*（*Culex*）*sitiens* Wiedemann, 1828

全身図 Fig.41　**検索表** Plate 15
- 分布：〔Fig.41 参照〕沖縄島、宮古島、石垣島、西表島。　　翅長：3.0–3.6 mm
- 形態的特徴：[頭部] 口吻に白帯があるが、付け根付近には白色鱗片はない。頭頂の直立叉状鱗片は白色。
  [胸部] 中胸背に正中毛あり。中胸背は褐色鱗片で覆われる。小盾板は3葉に分かれる。気門前域、気門後域に刺毛がない。胸側板に明瞭な鱗片斑あり。中胸上後側板の下部に刺毛なし。
  [腹部] 腹部背板の基部に白帯がある。
  [脚] 中脚腿節に白色鱗片の斑紋がある（斑脚）。
- 発生水域：海岸線の塩水性地表水。岩礁、休耕田。
- 吸血習性（行動、吸血嗜好性）：夜間吸血性。鳥嗜好性だが、豚や牛、犬なども吸血する。人吸血性あり。
- 病原体：実験的には日本脳炎ウイルスを媒介可能とされている。マレー糸状虫に感染した個体が報告されている。鳥マラリア *Plasmodium juxtanucleare* の媒介蚊と考えられている（Sirivanakarn, 1976）。

71. コガタアカイエカ　*Culex*（*Culex*）*tritaeniorhynchus* Giles, 1901

全身図 Fig.42　**検索表** Plate 15
- 分布：〔Fig.42 参照〕　　翅長：2.2–4.0 mm
- 形態的特徴：[頭部] 口吻に白帯があり、付け根付近にも白色鱗片が散在する。頭頂の直立叉状鱗片は黒色。
  [胸部] 中胸背に正中毛あり。中胸背は褐色鱗片で覆われる。小盾板は3葉に分かれる。気門前域、気門後域に刺毛がない。胸側板に明瞭な鱗片斑あり。中胸上後側板の下部に刺毛なし。
  [腹部] 腹部背板の基部に白帯がある。
- 発生水域：水田、休耕田、地表水、人工容器。
- 吸血習性（行動、吸血嗜好性）：夜間吸血性。鳥類、大型哺乳類（牛、豚、イヌなど）を吸血する。人吸血性あり。
- 越冬ステージ：成虫。
- 病原体：日本脳炎ウイルスの主要媒介蚊である（Sirivanakarn, 1976）。2006〜2008年に西日本の調査地で採集されたサンプルから日本脳炎ウイルスが検出されている（津田, 2013）。また、野外捕集蚊から鳥マラリア原虫が検出されている（Kim and Tsuda, 2012）。

72. スジアシイエカ　*Culex*（*Culex*）*vagans* Wiedemann, 1828

全身図 Fig.43　**検索表** Plate 13
- 分布：〔Fig.43 参照〕　　翅長：3.9–4.6 mm
- 形態的特徴：[頭部] 口吻に白帯なし。
  [胸部] 中胸背に正中毛あり。小盾板は3葉に分かれる。気門前域、気門後域に刺毛がない。胸側板に明瞭な鱗片斑あり。中胸上後側板の下部に刺毛あり。
  [腹部] 腹部背板の基部に白帯あり。
  [脚] 中脚腿節の前面に明確な白色筋がある。脚の跗節に白帯なし。
- 発生水域：地表水。　　吸血習性（行動、吸血嗜好性）：夜間吸血性。
- 越冬ステージ：成虫。　　病原体：バンクロフト糸状虫の好適な中間宿主である（Sirivanakarn, 1976）。

73. ニセシロハシイエカ　*Culex*(*Culex*) *vishnui* Theobald, 1901

全身図 Fig.44　　**検索表** Plate 15

■分布：〔Fig.44 参照〕

■翅長：2.7–3.6 mm

■形態的特徴：

〔頭部〕頭頂の直立叉状鱗片は白色。口吻に白帯があるが、付け根付近には白色鱗片はない。

〔胸部〕中胸背は褐色鱗片で覆われる。小盾板は 3 葉に分かれる。中胸背に正中毛あり。胸側板に明瞭な鱗片斑あり。気門前域、気門後域に刺毛がない。中胸上後側板の下部に刺毛なし。

〔腹部〕腹部背板の基部に白帯がある。

〔脚〕後脚腿節前面の先端暗色部と白色部の境界は不明瞭。

■発生水域：水田、休耕田、地表水。

■吸血習性(行動、吸血嗜好性)：夜間吸血性。人吸血性あり。

■越冬ステージ：成虫。

■病原体：東南アジアでは日本脳炎ウイルスの重要な媒介蚊の一種である(Sirivanakarn, 1976)。

74. セシロイエカ　*Culex*(*Culex*) *whitmorei* (Giles, 1904)

全身図 Fig.45　　**検索表** Plate 14

■分布：〔Fig.45 参照〕

■翅長：3.1–3.5 mm

■形態的特徴：

〔頭部〕口吻に白帯があるが、付け根付近には白色鱗片はない。

〔胸部〕中胸背の大部分が白色鱗片で覆われる。中胸背に正中毛あり。小盾板は 3 葉に分かれる。気門前域、気門後域に刺毛がない。胸側板に明瞭な鱗片斑あり。中胸上後側板の下部に刺毛なし。

〔腹部〕腹部背板の中央基部に三角形の白斑がある。

■発生水域：水田、地表水。

■吸血習性(行動、吸血嗜好性)：夜間吸血性。大型動物を吸血する。人吸血性あり。

■越冬ステージ：成虫。

■病原体：バンクロフト糸状虫の好適な中間宿主、蚊から日本脳炎ウイルスが分離されている(Sirivanakarn, 1976)。

75. キョウトクシヒゲカ　*Culex*（*Culiciomyia*）*kyotoensis* Yamaguti and La Casse, 1952

参考図 ヤマトクシヒゲカ Fig.48　検索表 Plate 16

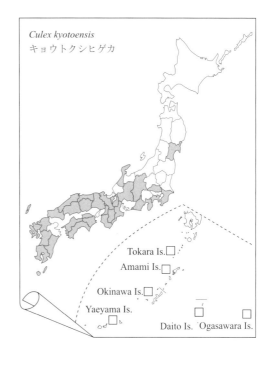

- 分布：右図のとおり。
- 翅長：2.8–4.6 mm
- 形態的特徴：雌成虫ではヤマトクシヒゲカ、アカクシヒゲカと区別できない。
  [頭部] 口吻に白帯はない。頭頂の少なくとも複眼縁に広扁鱗片がある。
  [胸部] 小盾板は3葉に分かれる。中胸背に正中毛なし。胸側板に明瞭な鱗片斑なし。気門前域、気門後域に刺毛がない。前胸背前側片から中胸上後側板の上部にかけて褐色斑がある。中胸上後側板の上部の斑は不明瞭。
  [翅] R2室の長さはR_{2+3}脈の2倍以上。1A脈は横脈m-cuとr-mの間の位置に達する。
- 発生水域：自然の器、人工容器などに発生する。樹洞には発生しない。
- 吸血習性(行動、吸血嗜好性)：夜間吸血性。
- 越冬ステージ：成虫。
- メモ：クシヒゲカ3種の幼虫の形態には次のような違いがある(田中，2006)。
  幼虫の呼吸管は中央部が膨らむ。＝アカクシヒゲカ
  呼吸管は中央部が膨らまない。幼虫の鞍板の腹側に陥入がある。＝ヤマトクシヒゲカ
  呼吸管は中央部が膨らまない。幼虫の鞍板の腹側に陥入がない。＝キョウトクシヒゲカ

76. クロフクシヒゲカ　*Culex*（*Culiciomyia*）*nigropunctatus* Edward, 1926

全身図 Fig.46　検索表 Plate 16

- 分布：〔Fig.46参照〕石垣島、西表島、与那国島。
- 翅長：2.8–3.7 mm
- 形態的特徴：
  [頭部] 口吻に白帯はない。頭頂の少なくとも複眼縁に広扁鱗片がある。
  [胸部] 中胸背に正中毛なし。小盾板は3葉に分かれる。胸側板に明瞭な鱗片斑なし。気門前域、気門後域に刺毛がない。前胸背前側片から中胸上後側板の上部にかけて褐色斑がある。中胸上後側板の上部の斑は黒褐色で明瞭。
  [翅] R2室の長さはR_{2+3}脈の2倍以上。1A脈は横脈m-cuとr-mの間の位置に達する。
- 発生水域：地表水、休耕田、水田、人工容器。
- 吸血習性(行動、吸血嗜好性)：夜間吸血性。
- 病原体：石垣島で捕集された成虫から鳥マラリア原虫が検出されている(Ejiri et al., 2011b)。

77. アカクシヒゲカ
Culex*（*Culiciomyia*）*pallidothorax Theobald, 1905

参考図 ヤマトクシヒゲカ Fig.48　検索表 Plate 16
- 分布：右図のとおり。　■翅長：3.6–3.8 mm
- 形態的特徴：雌成虫ではキョウトクシヒゲカ、ヤマトクシヒゲカと区別できない。
  [頭部] 口吻に白帯はない。頭頂の少なくとも複眼縁に広扁鱗片がある。　[胸部] 中胸背に正中毛なし。小盾板は 3 葉に分かれる。胸側板に明瞭な鱗片斑なし。気門前域、気門後域に刺毛がない。前胸背前側片から中胸上後側板の上部にかけて褐色斑がある。中胸上後側板の上部の斑は不明瞭。　[翅] R_2 室の長さは R_{2+3} 脈の 2 倍以上。1A 脈は横脈 m-cu と r-m の間の位置に達する。
- 発生水域：人工容器、樹洞、地表水。

78. リュウキュウクシヒゲカ　***Culex*（*Culiciomyia*）*ryukyensis*** Bohart, 1946

全身図 Fig.47　検索表 Plate 16
- 分布：〔Fig.47 参照〕中之島、奄美大島、徳之島、沖縄島、伊平屋島、水納島、石垣島、西表島、与那国島。
- 翅長：3.0–3.9 mm
- 形態的特徴：[頭部] 口吻に白帯はない。頭頂の少なくとも複眼縁に広扁鱗片がある。
  [胸部] 中胸背に正中毛なし。小盾板は 3 葉に分かれる。胸側板に明瞭な鱗片斑なし。気門前域、気門後域に刺毛がない。前胸背前側片から中胸上後側板の上部にかけて褐色斑がある。
  [翅] 1A 脈は横脈 m-cu と r-m の間の位置に達する。R_2 室の長さは R_{2+3} 脈の 2 倍未満。
- 発生水域：樹洞、地表水、岩礁、人工容器、竹切株、カニ穴（淡水）。

79. ヤマトクシヒゲカ　***Culex*（*Culiciomyia*）*sasai*** Kano, Nitahara and Awaya, 1954

全身図 Fig.48　検索表 Plate 16
- 分布：〔Fig.48 参照〕　■翅長：3.2–3.9 mm
- 形態的特徴：雌成虫ではキョウトクシヒゲカ、アカクシヒゲカと区別できない。
  [頭部] 口吻に白帯はない。頭頂の少なくとも複眼縁に広扁鱗片がある。
  [胸部] 中胸背に正中毛なし。胸側板に明瞭な鱗片斑なし。気門前域、気門後域に刺毛がない。小盾板は 3 葉に分かれる。前胸背前側片から中胸上後側板の上部にかけて褐色斑がある。中胸上後側板の上部の斑は不明瞭。
  [翅] 1A 脈は横脈 m-cu と r-m の間の位置に達する。R_2 室の長さは R_{2+3} 脈の 2 倍以上。
- 発生水域：樹洞、岩の窪み、地表水、水瓶、花立、雨水マス、古タイヤなど。
- 吸血習性(行動、吸血嗜好性)：夜間吸血性。鳥類嗜好性、人は吸血しない。
- 越冬ステージ：成虫。
- 病原体：野外捕集蚊から鳥マラリア原虫が検出されている (Kim et al., 2009a)。

80. カギヒゲクロウスカ　*Culex*（*Eumelanomyia*）*brevipalpis*（Giles, 1902）

全身図 Fig.49　**検索表** Plate 16

- 分布：〔Fig.49 参照〕沖縄島、石垣島、西表島。　翅長：2.7–3.0 mm
- 形態的特徴：〔頭部〕口吻に白帯はない。
  〔胸部〕中胸背に正中毛なし。小盾板は 3 葉に分かれる。胸側板に明瞭な鱗片斑なし。気門前域、気門後域に刺毛がない。中胸上後側板の下部に刺毛なし。
  〔腹部〕腹部背板は完全に暗色。
- 発生水域：樹洞、竹切株、人工容器。

81. コガタクロウスカ　*Culex*（*Eumelanomyia*）*hayashii* Yamada, 1946

全身図 Fig.50　**検索表** Plate 16

- 分布：〔Fig.50 参照〕　翅長：2.9–3.7 mm
- 形態的特徴：成虫の形態によって、リュウキュウクロウスカ、オキナワクロウスカと正確に区別することはできない。
  〔頭部〕口吻に白帯はない。
  〔胸部〕中胸背に正中毛あり。胸側板に明瞭な鱗片斑なし。小盾板は 3 葉に分かれる。気門前域、気門後域に刺毛がない。中胸上後側板の下部に刺毛あり。
  〔腹部〕腹部背板は完全に暗色。
- 発生水域：岩の窪み、淀んだ水溜り。
- メモ：値に若干の重なりがあるので 100%確実ではないが、翅脈の R_2 / R_{2+3} 比に次のような違いがある（Tanaka et al., 1979）。コガタクロウスカ（3.5～6.57）、リュウキュウクロウスカ（1.9～3.16）、オキナワクロウスカ（3.20～3.52）。

82. リュウキュウクロウスカ
Culex（*Eumelanomyia*）*hayashii ryukyuanus*
　　　　　　Tanaka, Mizusawa and Saugstad, 1979

参考図 コガタクロウスカ Fig.50　**検索表** Plate 16

- 分布：奄美大島、徳之島、沖縄島、宮古島、石垣島、西表島、黒島。
- 翅長：2.6–3.2 mm
- 形態的特徴：成虫の形態によって、コガタクロウスカ、オキナワクロウスカと正確に区別することはできない。
  〔頭部〕口吻に白帯はない。
  〔胸部〕小盾板は 3 葉に分かれる。中胸背に正中毛あり。胸側板に明瞭な鱗片斑なし。気門前域、気門後域に刺毛がない。中胸上後側板の下部に刺毛あり。
  〔腹部〕腹部背板は完全に暗色。
- 発生水域：渓流。

83. オキナワクロウスカ
Culex（***Eumelanomyia***）***okinawae*** Bohart, 1953

参考図 コガタクロウスカ Fig.50　検索表 Plate 16

■分布：奄美大島、沖縄島、石垣島、西表島。

■翅長：3.0–3.5 mm

■形態的特徴：成虫の形態によって、リュウキュウクロウスカ、コガタクロウスカと正確に区別することはできない。

［頭部］口吻に白帯はない。

［胸部］中胸背に正中毛あり。胸側板に明瞭な鱗片斑なし。小盾板は3葉に分かれる。気門前域、気門後域に刺毛がない。中胸上後側板の下部に刺毛あり。

［腹部］腹部背板は完全に暗色。

■発生水域：地表水、岩礁、人工容器、渓流。

84. クロツノフサカ　***Culex***（***Lophoceraomyia***）***bicornutus***（Theobald, 1910）

全身図 Fig.51　検索表 Plate 17

■分布：〔Fig.51 参照〕石垣島、西表島、与那国島。　■翅長：3.2–3.6 mm

■形態的特徴：

［頭部］口吻に白帯はない。触角の梗節に突起あり。頭頂の前方側面に複眼まで達する広扁鱗片あり。

［胸部］中胸背に正中毛なし。小盾板は3葉に分かれる。胸側板に明瞭な鱗片斑なし。気門前域、気門後域に刺毛がない。中胸背の外皮は暗褐色。中胸上後側板下部の刺毛は通常あり。前胸背後側片の刺毛は後縁に沿って生ずる。

［腹部］腹部背板の基部に白帯なし。　［翅］1A脈はCu脈の分岐点とm-cuの間に達する。

■発生水域：樹洞、人工容器、地表水、岩礁、カニ穴（淡水）。

85. ハラオビツノフサカ　***Culex***（***Lophoceraomyia***）***cinctellus*** Edward, 1922

全身図 Fig.52　検索表 Plate 17

■分布：〔Fig.52 参照〕石垣島、西表島、与那国島。　■翅長：3.1–3.5 mm

■形態的特徴：

［頭部］口吻に白帯はない。口吻の腹面基部に2本の刺毛あり。頭頂の前方側面に複眼まで達する広扁鱗片あり。

［胸部］中胸背に正中毛なし。中胸背の外皮は赤褐色。小盾板は3葉に分かれる。胸側板に明瞭な鱗片斑なし。気門前域、気門後域に刺毛がない。前胸背後側片に毛状鱗片あり。翅基前瘤起の刺毛は6～9本。前胸背後側片の刺毛は後縁に沿って生ずる。

［腹部］腹部背板の基部に白帯あり。　［翅］1A脈はCu脈の分岐点とm-cuの間に達する。

■発生水域：人工容器、休耕田。

86. フトシマツノフサカ　*Culex*（*Lophoceraomyia*）*infantulus* Edward, 1922

全身図 Fig.53　　**検索表** Plate 17

- 分布：〔Fig.53 参照〕　　翅長：2.8–3.5 mm
- 形態的特徴：【頭部】口吻に白帯はない。口吻の腹面基部に 4 本の刺毛あり。頭頂の前方側面に複眼まで達する広扁鱗片あり。【胸部】中胸背に正中毛なし。小盾板は 3 葉に分かれる。胸側板に明瞭な鱗片斑なし。気門前域、気門後域に刺毛がない。中胸背の外皮は黄褐色。前胸背後側片には鱗片なし。翅基前瘤起の刺毛は 3〜5 本。前胸背後側片の刺毛は後縁に沿って生ずる。中胸上後側板の下部に刺毛が 1 本ある。【腹部】腹部背板の基部に白帯あり。【翅】1A 脈は Cu 脈の分岐点と m-cu の間に達する。
- 発生水域：人工容器、湿地、地表水、渓流、カニ穴（淡水）、休耕田。
- 吸血習性（行動、吸血嗜好性）：実験的にはヒヨコやマウスと同様に爬虫類や両生類から吸血する（宮城，1972）。野外採集蚊では、カエルを吸血した個体が報告されている（Tamashiro et al., 2011）。

87. アカツノフサカ　*Culex*（*Lophoceraomyia*）*rubithoracis*（Leicester, 1908）

全身図 Fig.54　　**検索表** Plate 17

- 分布：〔Fig.54 参照〕　　翅長：2.2–2.8 mm
- 形態的特徴：【頭部】口吻に白帯はない。触角の梗節に突起なし。頭頂の前方側面に複眼まで達する広扁鱗片あり。【胸部】中胸背に正中毛なし。小盾板は 3 葉に分かれる。胸側板に明瞭な鱗片斑なし。気門前域、気門後域に刺毛がない。中胸後側板下部に刺毛なし。前胸背後側片の刺毛は後縁に沿って生ずる。【腹部】腹部背板の基部に白帯なし。【翅】1A 脈は Cu 脈の分岐点と m-cu の間に達する。
- 発生水域：水田、地表水、側溝、緩やかな流れの縁。
- 吸血習性（行動、吸血嗜好性）：実験的にはヒキガエルを吸血する（Tanaka et al., 1979）。野外採集蚊では、カエルを吸血した個体が報告されている（Tamashiro et al., 2011）。人吸血性はない。

88. カニアナツノフサカ
Culex（*Lophoceraomyia*）*tuberis* Bohart, 1946

検索表 Plate 17

- 分布：徳之島、沖縄島、久米島、石垣島、西表島。
- 翅長：3.1–3.7 mm
- 形態的特徴：【頭部】口吻に白帯はない。触角の梗節に突起あり。頭頂の前方側面に複眼まで達する広扁鱗片あり。【胸部】小盾板は 3 葉に分かれる。中胸背に正中毛なし。中胸背の外皮は明褐色。胸側板に明瞭な鱗片斑なし。前胸背後側片の刺毛は後縁に沿って生ずる。気門前域、気門後域に刺毛がない。中胸上後側板下部の刺毛はない。【腹部】腹部背板の基部に白帯なし。【翅】1A 脈は Cu 脈の分岐点と m-cu の間に達する。
- 発生水域：樹洞、人工容器、カニ穴（淡水、塩水）。

89. エゾウスカ　*Culex*（*Neoculex*）*rubensis* Sasa and Takahashi, 1948

■検索表 Plate 13

■分布：右図のとおり。　■翅長：3.3–4.3 mm

■形態的特徴：【頭部】口吻に白帯はない。頭頂に湾曲した白色狭鱗片と暗色直立叉状鱗片を生じる。
【胸部】小盾板は3葉に分かれる。中胸背に正中毛あり。中胸背は黒褐色で湾曲した金褐色狭鱗片で覆われる。胸側板に明瞭な鱗片斑が4つある。気門前域、気門後域に刺毛がない。　【腹部】腹部背板の末端に白帯あり。

■発生水域：地表水、水田、池、側溝。

■吸血習性（行動、吸血嗜好性）：人吸血性はない。

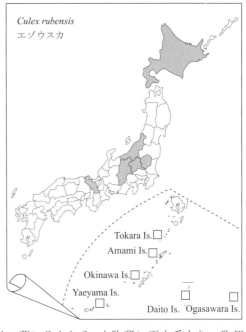

90. カラツイエカ
Culex（*Oculeomyia*）*bitaeniorhynchus* Giles, 1901

■全身図 Fig.55　■検索表 Plate 14　■参考図 2-7-(4)

■分布：〔Fig.55 参照〕　■翅長：4.3–4.8 mm

■形態的特徴：【頭部】口吻に白帯あり。　【胸部】小盾板は3葉に分かれる。中胸背に正中毛あり。胸側板に明瞭な鱗片斑あり。気門前域、気門後域に刺毛がない。中胸上後側板の下部に刺毛がない。
【腹部】腹部背板の末端に白帯あり。　【翅】翅に白色と暗色の鱗片が混在する。
【脚】腿節と脛節に斑がある。跗節に白帯あり。

■発生水域：地表水、休耕田、水田、岩礁、人工容器。

■吸血習性（行動、吸血嗜好性）：野外で採集された吸血蚊で、牛、家禽を吸血した個体が報告されている（Tamashiro et al., 2011）。

■病原体：野外捕集蚊から日本脳炎ウイルス（Kim et al., 2011）、鳥マラリア原虫が検出されている（Kim and Tsuda, 2012）。

91. ミツホシイエカ
Culex（*Oculeomyia*）*sinensis* Theobald, 1903

■検索表 Plate 14

■分布：右図のとおり。　■翅長：3.8–5.9 mm

■形態的特徴：【頭部】口吻に白帯あり。
【胸部】小盾板は3葉に分かれる。中胸背に正中毛あり。胸側板に明瞭な鱗片斑あり。気門前域、気門後域に刺毛がない。中胸上後側板の下部に刺毛がない。
【腹部】腹部背板の末端と基部の両方に白帯あり。
【翅】翅は暗色鱗片のみで覆われる。
【脚】腿節と脛節に斑がある。跗節に白帯あり。

■発生水域：休耕田、水田、側溝。

■吸血習性（行動、吸血嗜好性）：人吸血性あり。

■病原体：バンクロフト糸状虫の中間宿主になりうる。

92. オガサワライエカ　*Culex*（*Sirivanakarnius*）*boninensis* Bohart, 1957

全身図 Fig.56　　**検索表** Plate 14

- 分布：〔Fig.56 参照〕小笠原諸島のみに分布する。
- 翅長：3.1–3.8 mm
- 形態的特徴：［頭部］口吻に白帯なし。
- ［胸部］小盾板は 3 葉に分かれる。中胸背に正中毛あり。胸側板に明瞭な鱗片斑あり。気門前域、気門後域に刺毛がない。中胸上後側板の下部に刺毛がない。
- ［脚］跗節に白斑なし（黒脚）。
- 発生水域：地表水、岩の窪み、緩い流れの小川、人工容器。
- 吸血習性（行動、吸血嗜好性）：夜間吸血性。人吸血性あり。

93. ヤマトハボシカ　*Culiseta*（*Culicella*）*nipponica* La Casse and Yamaguti, 1950

全身図 Fig.57　　**検索表** Plate 4

- 分布：〔Fig.57 参照〕
- 翅長：5.1–5.7 mm
- 形態的特徴：黄色種。
- ［胸部］小盾板は 3 葉に分かれる。気門前域に刺毛がある。
- ［腹部］腹部背板の大部分は広扁鱗片で覆われる。腹節は一様に黄色鱗片で覆われる。
- ［翅］Sc 脈の腹面基部に多数の刺毛がある。覆片の縁に鱗片あり。
- ［脚］跗節に白帯あり。
- 発生水域：地表水。
- 吸血習性（行動、吸血嗜好性）：夜間吸血性。野外で採集された吸血蚊で、牛、オシドリ、オジロワシ、オオワシを吸血した個体が報告されている（Ejiri et al., 2011）。
- 越冬ステージ：成虫。

94. ミスジハボシカ　*Culiseta*（*Culiseta*）*kanayamensis*（Yamada, 1932）

全身図 Fig.58　　**検索表** Plate 4

- 分布：〔Fig.58 参照〕
- 翅長：6.3–6.8 mm
- 形態的特徴：暗色種。
- ［胸部］小盾板は 3 葉に分かれる。気門前域に刺毛がある。中胸亜背板に白鱗がある。
- ［腹部］腹節は暗色鱗片で覆われ、基部に白帯あり。
- ［翅］Sc 脈の腹面基部に多数の刺毛がある。覆片の縁に鱗片あり。
- ［脚］跗節には白帯なし。
- 発生水域：地表水、側溝。
- 吸血習性（行動、吸血嗜好性）：夜間吸血性。人吸血性あり。野外で採集された吸血蚊で、人、牛、オオワシを吸血した個体が報告されている（Ejiri et al., 2011）。
- 越冬ステージ：成虫。

95. オキナワエセコブハシカ　*Ficalbia ichiromiyagii* Toma and Higa, 2004

全身図 Fig.59　　**検索表** Plate 3
■分布：〔Fig.59 参照〕西表島の固有種。　　■翅長：1.58–1.60 mm
■形態的特徴：【頭部】口吻の先端は膨らむ。触角の第 1 鞭節の長さは第 2 節の 5〜6 倍長い。
　【胸部】小盾板は 3 葉に分かれる。気門前域、気門後域に刺毛がない。
　【翅】翅基片の縁鱗は細くて直角につく。翅に幅広の鱗片を欠く。
■発生水域：湿地。

96. アマミムナゲカ
　　Heizmannia（*Heizmannia*）*kana*
　　　　　　　　　　Tanaka, Mizusawa and Saugstad, 1979

Heizmannia kana
アマミムナゲカ

検索表 Plate 5
■分布：奄美大島、徳之島。　　■翅長：3.0–3.5 mm
■形態的特徴：【頭部】口吻の先端は膨らまない。（雄の口吻の先端は膨らむ。）触角の第 1 鞭節の長さは第 2 節とほぼ同じ。
　【胸部】左右の前胸背前側片は接近している。後背板に刺毛を有す。小盾板は 3 葉に分かれる。気門前域、気門後域に刺毛がない。
　【翅】翅基片の縁鱗は細くて直角につく。
　【脚】跗節先端の肉質板は発達しない。
■発生水域：近縁種の発生水域が樹洞や竹切株なので、本種も同じような水域を利用していると思われるが、不明である。
■吸血習性(行動、吸血嗜好性)：人吸血性あり。

97. シノナガカクイカ　*Lutzia*（*Insulalutzia*）*shinonagai*（Tanaka, Mizusawa and Saugstad, 1979）

全身図 Fig.60　　**検索表** Plate 6
■分布：〔Fig.60 参照〕小笠原諸島の固有種である。　　■翅長：3.5–4.3 mm
■形態的特徴：【頭部】口吻の先端は膨らまない。小顎肢、口吻は暗色。
　【胸部】小盾板は 3 葉に分かれる。気門前域、気門後域に刺毛がない。中胸上後側板の下部に 4 本以上の刺毛が前縁に沿って縦に一列に並ぶ。翅基前瘤起には鱗片なし。
　【翅】翅基片の縁鱗は細くて直角につく。翅に幅広の鱗片を欠く。
　【脚】腿節の基部を除き完全に暗色(黒脚)。跗節先端の肉質板は発達し、爪の付け根を覆っているため、爪の形がはっきり見えない。
■発生水域：樹洞、人工容器。幼虫は肉食性で同じ水域に発生したボウフラを捕食する。
■吸血習性(行動、吸血嗜好性)：夜間吸血性、人吸血性なし。

98. サキジロカクイカ　*Lutzia*（*Metalutzia*）*fuscana*（Wiedemann, 1820）

検索表 Plate 6

- 分布：沖縄島、水納島、宮古島、石垣島、西表島、北大東島、南大東島。
- 翅長：4.8–5.8 mm
- 形態的特徴：

 【頭部】口吻の先端は膨らまない。小顎肢、口吻、腿節に白色鱗片が混じる（斑脚）。

 【胸部】小盾板は3葉に分かれる。気門前域、気門後域に刺毛がない。翅基前瘤起の下方に鱗片斑がある。中胸上後側板の下部に4本以上の刺毛が前縁に沿って縦に一列に並ぶ。

 【腹部】腹部第7、8節背板と、しばしば第6背板は全体が白色鱗片で覆われる。

 【脚】跗節先端の肉質板は発達し、爪の付け根を覆っているため、爪の形がはっきり見えない。腿節に白色鱗片が混じる。

- 発生水域：人工容器、樹洞、地表水、岩礁、休耕田。
- 吸血習性（行動、吸血嗜好性）：夜間吸血性、人吸血性なし。
- 病原体：南大東島で採集された成虫から鳥マラリア原虫が検出されている（Ejiri et al., 2008）。

99. トラフカクイカ　*Lutzia*（*Metalutzia*）*vorax* Edward, 1921

全身図 Fig.61　**検索表** Plate 6

- 分布：〔Fig.61 参照〕
- 翅長：4.4–5.8 mm
- 形態的特徴：

 【頭部】口吻の先端は膨らまない。小顎肢、口吻に白色鱗片が混じる。

 【胸部】小盾板は3葉に分かれる。気門前域、気門後域に刺毛がない。翅基前瘤起の下方に鱗片斑がある。中胸上後側板の下部に4本以上の刺毛が前縁に沿って縦に一列に並ぶ。

 【腹部】腹部第6、7節背板には必ず、第8節背板には通常暗色鱗片がある。

 【翅】翅基片の縁鱗は細くて直角につく。

 【脚】腿節に白色鱗片が混じる（斑脚）。跗節先端の肉質板は発達し、爪の付け根を覆っているため、爪の形がはっきり見えない。

- 発生水域：人工容器、樹洞、竹切株、地表水、岩礁、休耕田、水田。
- 越冬ステージ：成虫越冬。
- 病原体：野外採集蚊から鳥マラリア原虫が検出されている（Ejiri et al., 2009）。

100. オキナワカギカ　*Malaya genurostris* Leicester, 1908

全身図 Fig.62　**検索表** Plate 2

- 分布：〔Fig.62 参照〕中之島、奄美大島、徳之島、沖縄島、石垣島、西表島、黒島、与那国島、南大東島。
- 翅長：2.0–2.6 mm
- 形態的特徴：【頭部】口吻の先端 1/3 は顕著に膨れ毛深い。頭頂に直立叉状鱗片はない。
  【胸部】小盾板は 3 葉に分かれる。前胸背前側片は接近する。中胸背中央に銀白色の広扁鱗片の筋がある。気門前域に刺毛あり。
  【翅】Sc 脈の腹面基部に刺毛なし。覆片は裸出。翅膜に明確な微毛あり。R2 室は R_{2+3} 脈より長い。
- 吸血習性(行動、吸血嗜好性)：吸血性はなく、食物をシリアゲアリ類 *Crematogaster* sp. の口から直接摂取する(宮城・當間, 2017)。
- 越冬ステージ：幼虫。

101. アシマダラヌマカ　*Mansonia*（*Mansonioides*）*uniformis*（Theobald, 1901）

全身図 Fig.63　**検索表** Plate 4　**参考図** 2-7-(4)

- 分布：〔Fig.63 参照〕
- 翅長：3.5–4.6 mm
- 形態的特徴：【頭部】口吻に幅広い淡黄色～白色の帯がある。
  【胸部】小盾板は 3 葉に分かれる。気門後域に刺毛あり。気門前域に刺毛がない。
  【翅】翅の鱗片の大部分は幅広く左右非対称形。
  【脚】腿節や脛節に淡黄色～白色の鱗片の斑がある(斑脚)。跗節に白斑あり。
- 発生水域：池、休耕田に生育する水生植物の根に呼吸管を刺して呼吸をする。
- 吸血習性(行動、吸血嗜好性)：夜間吸血性。人吸血性あり。野外で採集された吸血蚊で、牛、ヤギを吸血した個体が報告されている(Tamashiro et al., 2011)。
- 病原体：熱帯地域の野外採集蚊からバンクロフト糸状虫、マレー糸状虫の幼虫が見つかっている。

102. マダラコブハシカ
Mimomyia（*Etorleptiomyia*）*elegans*（Taylor, 1914）

全身図 Fig.64　**検索表** Plate 3　**参考図** 2-7-(4)

- 分布：〔Fig.64 参照〕沖縄島、伊平屋島、石垣島、西表島、与那国島。
- 翅長：3.0–3.3 mm
- 形態的特徴：【頭部】口吻の先端は膨らむ。
  【胸部】正中毛なし。小盾板は 3 葉に分かれる。気門前域、気門後域に刺毛がない。
  【腹部】腹部第 2～8 節背板の中央基部、側面、側面基部に白斑あり。
  【翅】翅の鱗片は幅広で、暗色と明色の鱗片が混在する。翅基片に暗色の広扁鱗片が斜めにつく。
  【脚】後脚第 2 跗節に暗斑が 1 つある。
- 発生水域：休耕田。
- 吸血習性(行動、吸血嗜好性)：野外で採集された吸血蚊で、カエルを吸血した個体が報告されている(Tamashiro et al., 2011)。

103. ルソンコブハシカ　*Mimomyia*（*Etorleptiomyia*）*luzonensis*（Ludlow, 1905）

検索表 Plate 3　**参考図** 2-7-(4)

- 分布：奄美大島、沖縄島、伊平屋島、久米島、宮古島、石垣島、西表島、小浜島、与那国島。
- 翅長：2.2–2.9 mm
- 形態的特徴：

［頭部］口吻の先端は膨らむ。

［胸部］小盾板は3葉に分かれる。正中毛あり。気門前域、気門後域に刺毛がない。

［腹部］腹部第2〜8節背板の中央に、暗色縦帯あり。

［翅］翅基片に暗色の広扁鱗片が斜めにつく。翅の鱗片は幅広で、暗色と明色の鱗片が混在する。

［脚］後脚第2跗節に暗斑が2つある。

- 発生水域：休耕田、水田。
- 吸血習性（行動、吸血嗜好性）：野外で採集された吸血蚊で、牛、カエルを吸血した個体が報告されている（Tamashiro et al., 2011）。

104. ハマダラナガスネカ　*Orthopodomyia anopheloides* Giles, 1903

全身図 Fig.65　**検索表** Plate 6　**参考図** 2-7-(3)

- 分布：〔Fig.65 参照〕
- 翅長：2.9–4.3 mm
- 形態的特徴：

［頭部］口吻は細長く、中央に白帯がある。

［胸部］小盾板は3葉に分かれる。気門前域、気門後域に刺毛がない。

［翅］翅に斑紋がある。幅広い鱗片はない。翅基片の鱗片(縁鱗)は細くて、直角につく。

［脚］後脚第1跗節は残りの2〜5節を合わせた長さより長い。爪の付け根がはっきりと見える。

- 発生水域：樹洞、人工容器、竹切株。
- 吸血習性（行動、吸血嗜好性）：夜間吸血性。人吸血性はない。
- 越冬ステージ：幼虫。

105. ヤンバルギンモンカ　*Topomyia*（*Suaymyia*）*yanbarensis* Miyagi, 1976

全身図 Fig.66　**検索表** Plate 2

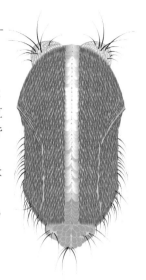

■分布：〔Fig.66 参照〕　■翅長：3.3–3.5 mm
■形態的特徴：胸部側面、腹部側面・腹面は淡い金色の鱗片で覆われ、頭部と胸部側面に銀白色鱗片の斑紋がある。【頭部】口吻は細長く単純。頭頂に直立叉状鱗片はない。【胸部】前胸背前側片は大きく離れる。【腹部】胸部背面の中央に1本の顕著な銀色縦縞がある（右図）。小盾板は3葉に分かれる。気門前域に刺毛あり。【翅】覆片は裸出。翅膜に明確な微毛あり。R2室はR2+3脈より長い。
■発生水域：生きた竹にあけられた穴から入って節間に溜まった水に発生する（宮城・當間，2017; Mogi and Suzuki, 1983; 岡沢，2002）。
■吸血習性(行動、吸血嗜好性)：吸血しない。　■越冬ステージ：幼虫。

106. ヤエヤマオオカ　*Toxorhynchites*（*Toxorhynchites*）*manicatus yaeyamae* Bohart, 1956

全身図 Fig.67　**検索表** Plate 8

■分布：〔Fig.67 参照〕石垣島、西表島。　■翅長：5.4–6.7 mm
■形態的特徴：大型の蚊である。【頭部】口吻は中央付近で腹面後方へ強く曲がり、先端半分は細まる。触角の梗節は鱗片で覆われない。【胸部】小盾板は半月状。気門前域に刺毛あり。前胸背後側片は、上部から20％以下が金属的暗紫色〜藍青色の鱗片で覆われる。【腹部】側背板は鱗片で覆われない。腹部第4〜8節背板側面の刺毛叢は顕著でない。【翅】R2室はR2+3脈より短い。
【脚】後脚の第5跗節、中脚の第3、4跗節、後脚の第4跗節は白色。
■発生水域：樹洞、竹切株、人工容器、古タイヤ。
■吸血習性(行動、吸血嗜好性)：吸血しない。　■越冬ステージ：幼虫。

107. ヤマダオオカ　*Toxorhynchites*（*Toxorhynchites*）*manicatus yamadai*（Ouchi, 1939）

検索表 Plate 8

■分布：奄美大島、徳之島。　■翅長：6.1–6.6 mm
■形態的特徴：大型の蚊である。
【頭部】口吻は中央付近で腹面後方へ強く曲がり、先端半分は細まる。触角の梗節は鱗片で覆われない。
【胸部】小盾板は半月状。気門前域に刺毛あり。前胸背後側片は、上部から50〜60％が金属的暗紫色〜藍青色の鱗片で覆われる。
【腹部】側背板は鱗片で覆われない。腹部第4〜8節背板側面の刺毛叢は顕著でない。
【翅】R2室はR2+3脈より短い。
■発生水域：樹洞、竹切株、人工容器、古タイヤ。
■吸血習性(行動、吸血嗜好性)：吸血しない。
■越冬ステージ：幼虫。

108. オキナワオオカ
Toxorhynchites (***Toxorhynchites***) ***okinawensis*** Toma, Miyagi and Tanaka, 1990

検索表 Plate 8

分布：沖縄島。

翅長：5.1–6.4 mm

形態的特徴：大型の蚊である。

[頭部] 口吻は中央付近で腹面後方へ強く曲がり、先端半分は細まる。触角の梗節は鱗片で覆われる。

[胸部] 小盾板は半月状。気門前域に刺毛あり。

[腹部] 側背板は鱗片で覆われる。腹部第4～8節背板側面の刺毛叢は顕著。腹部第7節の背板側面の刺毛叢は黒色。

[翅] R2室は R_{2+3} 脈より短い。

[脚] 中脚の第2跗節は白色、第3跗節は先端が黒色、第4、5跗節は黒色。

発生水域：樹洞、竹切株、人工容器、古タイヤ。

吸血習性(行動、吸血嗜好性)：吸血しない。

越冬ステージ：幼虫。

109. トワダオオカ
Toxorhynchites (***Toxorhynchites***) ***towadensis*** (Matsumura, 1916)

全身図 Fig.68　検索表 Plate 8

分布：[Fig.68 参照]

翅長：7.5–8.5 mm

形態的特徴：大型の蚊である。

[頭部] 口吻は中央付近で腹面後方へ強く曲がり、先端半分は細まる。触角の梗節は鱗片で覆われる。

[胸部] 小盾板は半月状。気門前域に刺毛あり。

[腹部] 側背板は鱗片で覆われる。腹部第4～8節背板側面の刺毛叢は顕著(右図)。腹部第7節の背板側面の刺毛叢は橙色(右図)。

[翅] R2室は R_{2+3} 脈より短い。

[脚] 前脚の第2跗節、中脚の第2～5跗節、後脚の第4跗節は白色。

発生水域：樹洞、竹切株、人工容器、古タイヤ。

吸血習性(行動、吸血嗜好性)：吸血しない。

越冬ステージ：幼虫。

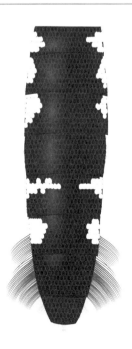

110. キンパラナガハシカ　*Tripteroides*（*Tripteroides*）*bambusa*（Yamada, 1917）

全身図 Fig.69　　**検索表** Plate 2

■分布：〔Fig.69 参照〕北海道以南に広く分布するが、不思議なことに沖縄島では採集されていない。八重山諸島には亜種のヤエヤマナガハシカが生息している。

■翅長：2.8–4.2 mm

■形態的特徴：【頭部】頭頂に青色鱗片、直立叉状鱗片がある。口吻は非常に長い。
　【胸部】小盾板は 3 葉に分かれる。気門前域に刺毛あり。
　【翅】覆片は毛状の鱗片で縁取られる。翅膜に明確な微毛あり。R2 室は R_{2+3} 脈より長い。
　【脚】中脚腿節に 2 個の銀白色の斑点がある。

■発生水域：樹洞、竹切株、人工容器、花立、古タイヤ。

■吸血習性（行動、吸血嗜好性）：昼間吸血性。実験的にはマウス、ヒヨコ、爬虫類を吸血することが知られている。人を吸血することもあるが、稀。

■越冬ステージ：幼虫。

111. ヤエヤマナガハシカ
Tripteroides（*Tripteroides*）*bambusa yaeyamensis* Tanaka, Mizusawa and Saugstad, 1979

参考図 キンパラナガハシカ Fig.69　　**検索表** Plate 2

■分布：中之島、石垣島、西表島、与那国島。　　■翅長：2.3–3.3 mm

■形態的特徴、吸血習性：キンパラナガハシカを参照のこと。

112. カニアナチビカ　*Uranotaenia*（*Pseudoficalbia*）*jacksoni* Edwards, 1935

検索表 Plate 7

■分布：奄美大島、徳之島、沖縄島、久米島。　　■翅長：2.7–3.4 mm

■形態的特徴：【頭部】口吻はほぼまっすぐで、太さは一様。頭頂の直立叉状鱗片は多く、頭頂のほとんどを覆う。
【胸部】小盾板は 3 葉に分かれる。気門前域に刺毛あり。翅基前瘤起は中胸下前側板と区分されない。翅基片は広扁鱗片で縁取られる。中胸下前側板の中央に微細な刺毛がある。中胸上後側板の上方には鱗片斑がない。中胸上後側板の中央に半透明の鱗片がある。
【腹部】腹部背板に白帯あり。
【翅】1A 脈は Cu 脈の分岐点かそれに近い位置に達する。R2 室は R_{2+3} 脈より短い。覆片は裸出する。

■発生水域：人工容器、カニ穴（淡水）。

■吸血習性（行動、吸血嗜好性）：野外で採集された吸血蚊で、トカゲモドキ、カエルを吸血した個体が報告されている（Tamashiro et al., 2011）。

■越冬ステージ：幼虫。

113. ムネシロチビカ　*Uranotaenia*（*Pseudoficalbia*）*nivipleura* Leicester, 1908

検索表 Plate 7

- 分布：奄美大島、徳之島、沖縄島、石垣島、西表島。
- 翅長：2.0–2.4 mm
- 形態的特徴：［頭部］口吻はほぼまっすぐで、太さは一様。頭頂の直立叉状鱗片は多く、頭頂のほとんどを覆う。
［胸部］小盾板は3葉に分かれる。気門前域に刺毛あり。翅基前瘤起は中胸下前側板と区分されない。中胸背の両側の皮膚に黒紋がない。中胸背の翅基部上部から前方に向かって、側縁に沿った白色鱗片の縞がある。
［腹部］腹部背板に白帯がない。
［翅］1A脈はCu脈の分岐点かそれに近い位置に達する。R2室はR$_{2+3}$脈より短い。覆片は裸出する。翅基片は広扁鱗片で縁取られる。
- 発生水域：竹切株。
- 吸血習性（行動、吸血嗜好性）：野外で採集された吸血蚊で、カエルを吸血した個体が報告されている（Tamashiro et al., 2011）。
- 越冬ステージ：幼虫。

114. フタクロホシチビカ　*Uranotaenia*（*Pseudoficalbia*）*novobscura* Barraud, 1934

全身図 Fig.70　**検索表** Plate 7

- 分布：〔Fig.70参照〕
- 翅長：2.0–2.8 mm
- 形態的特徴：［頭部］口吻はほぼまっすぐで、太さは一様。頭頂の直立叉状鱗片は多く、頭頂のほとんどを覆う。
［胸部］中胸背の両側の皮膚に大きな黒紋がある。小盾板は3葉に分かれる。気門前域に刺毛あり。翅基前瘤起は中胸下前側板と区分されない。
［腹部］腹部背板に白帯がない。
［翅］1A脈はCu脈の分岐点かそれに近い位置に達する。R2室はR$_{2+3}$脈より短い。覆片は裸出する。翅基片は広扁鱗片で縁取られる。
- 発生水域：樹洞、竹切株、人工容器。
- 吸血習性（行動、吸血嗜好性）：実験的にはカエルを吸血するが、ヒヨコやマウスは吸血しない（宮城，1972）。
- 越冬ステージ：幼虫。
- メモ：フタクロホシチビカは前胸背後側片、気門後域、中胸下前側板の上部および中胸上後側板に暗色斑がある。これに対して、亜種のリュウキュウクロホシチビカの胸側板にはまったく暗色斑がない（Tanaka et al., 1979）。

115. リュウキュウクロホシチビカ
Uranotaenia*（*Pseudoficalbia*）*novobscura ryukyuana
Tanaka, Mizusawa and Saugstad, 1979

■ 参考図 フタクロホシチビカ Fig.70　検索表 Plate 7
■ メモ：フタクロホシチビカの亜種。
■ 分布：奄美大島、徳之島、沖縄島、伊平屋島、久米島、石垣島、西表島。
■ 形態的特徴、発生水域、吸血習性：フタクロホシチビカを参照。

116. シロオビカニアナチビカ
Uranotaenia*（*Pseudoficalbia*）*ohamai
Tanaka, Mizusawa and Saugstad, 1975

■ 全身図 Fig.71　検索表 Plate 7
■ 分布：〔Fig.71 参照〕石垣島、西表島、与那国島。
■ 翅長：2.4–2.7 mm
■ 形態的特徴：【頭部】口吻はほぼまっすぐで、太さは一様。頭頂の直立叉状鱗片は多く、頭頂のほとんどを覆う。　【胸部】小盾板は 3 葉に分かれる。気門前域に刺毛あり。中胸下前側板の中央に微細な刺毛はない。中胸上後側板の上方には鱗片斑があるが、中央にはない。翅基前瘤起は中胸下前側板と区分されない。　【腹部】腹部背板に白帯あり。　【翅】1A 脈は Cu 脈の分岐点かそれに近い位置に達する。R2 室は R_{2+3} 脈より短い。覆片は裸出する。翅基片は広扁鱗片で縁取られる。
■ 発生水域：カニ穴（淡水、塩水）、岩礁、地表水。
■ 吸血習性（行動、吸血嗜好性）：野外で採集された吸血蚊で、魚、カエルを吸血した個体が報告されている（Tamashiro et al., 2011）。

117. イリオモテチビカ　***Uranotaenia*（*Pseudoficalbia*） *tanakai*** Miyagi and Toma, 2013

■ 検索表 Plate 7
■ 分布：石垣島、西表島。　■ 翅長：2.5 mm
■ 形態的特徴：暗褐色の種。【頭部】口吻はほぼまっすぐで、太さは一様。頭頂は多数の暗色直立叉状鱗片で覆われる。　【胸部】小盾板は 3 葉に分かれる。気門前域に刺毛あり。中胸背の両側の皮膚に黒紋がない。中胸背、胸側板はすべて濃褐色。中胸背の側縁に沿った白色鱗片の縞はない。翅基前瘤起は中胸下前側板と区分されない。　【腹部】腹部背板に白帯がない。　【翅】1A 脈は Cu 脈の分岐点かそれに近い位置に達する。R2 室は R_{2+3} 脈より短い。覆片は裸出する。翅基片は広扁鱗片で縁取られる。
■ 発生水域：湿地。

118. ハラグロカニアナチビカ
Uranotaenia（*Pseudoficalbia*）*yaeyamana* Tanaka, Mizusawa and Saugstad, 1975

検索表 Plate 7

- 分布：西表島。
- 翅長：2.7–3.1 mm
- 形態的特徴：褐色～淡褐色の種。
 [頭部] 口吻はほぼまっすぐで、太さは一様。頭頂は多数の淡褐色の直立叉状鱗片で覆われる。
 [胸部] 小盾板は3葉に分かれる。気門前域に刺毛あり。中胸背の両側の皮膚に黒紋がない。中胸背の側縁に沿った白色鱗片の縞はない。中胸背、胸側板は全体的に淡褐色だが、気門後域、中胸下前側板、中胸上後側板は暗褐色。翅基前瘤起は中胸下前側板と区分されない。
 [腹部] 腹部背板に白帯がない。
 [翅] 1A脈はCu脈の分岐点かそれに近い位置に達する。R2室はR$_{2+3}$脈より短い。覆片は裸出する。翅基片は広扁鱗片で縁取られる。
- 発生水域：湿地。
- 吸血習性（行動、吸血嗜好性）：野外で採集された吸血蚊で、カエルを吸血した個体が報告されている（Tamashiro et al., 2011）。

119. オキナワチビカ *Uranotaenia*（*Uranotaenia*）*annandalei* Barraud, 1926

全身図 Fig.72　検索表 Plate 8

- 分布：[Fig.72参照] 沖縄島、石垣島、西表島、与那国島。
- 翅長：2.0–2.4 mm
- 形態的特徴：
 [頭部] 頭頂の直立叉状鱗片はまばらに生じる。口吻はほぼまっすぐで、太さは一様。
 [胸部] 小盾板は3葉に分かれる。気門前域に刺毛あり。翅基前瘤起は縫合線によって中胸下前側板と区分される。翅の基部前上方に幅広で青みがかった白色鱗片の短い筋がある。胸部側面の中央に白色鱗片からなる1本の横筋がある。
 [腹部] 腹部背板は完全に暗色。
 [翅] 1A脈はCu脈の分岐点かそれに近い位置に達する。R2室はR$_{2+3}$脈より短い。覆片は裸出する。翅基片は裸出する。
- 発生水域：地表水、岩礁、渓流、人工容器。

120. コガタチビカ　*Uranotaenia*（*Uranotaenia*）*lateralis*　Ludlow, 1905

検索表 Plate 8
- 分布：西表島。
- 翅長：1.7 mm
- 形態的特徴：

  [頭部] 口吻はほぼまっすぐで、太さは一様。頭頂の直立叉状鱗片はまばらに生じる。

  [胸部] 小盾板は 3 葉に分かれる。気門前域に刺毛あり。翅の基部前上方に幅広で青みがかった白色鱗片の筋がない。翅基前瘤起は縫合線によって中胸下前側板と区分される。

  [腹部] 腹部背板は完全に暗色。

  [翅] 1A 脈は Cu 脈の分岐点かそれに近い位置に達する。R2 室は R_{2+3} 脈より短い。覆片は裸出する。翅基片は裸出する。
- 発生水域：地表水、休耕田。

121. マクファレンチビカ　*Uranotaenia*（*Uranotaenia*）*macfarlanei* Edwards, 1914

全身図 Fig.73　**検索表** Plate 8
- 分布：〔Fig.73 参照〕徳之島、沖縄島、石垣島、西表島。
- 翅長：1.8–2.4 mm
- 形態的特徴：

  [頭部] 口吻はほぼまっすぐで、太さは一様。頭頂の直立叉状鱗片はないか、非常に少ない。

  [胸部] 小盾板は 3 葉に分かれる。気門前域に刺毛あり。胸部側面に 2 本の白色横筋がある（ひとつは中胸背の縁に沿って、もうひとつは胸部側面の中央）。翅基前瘤起は縫合線によって中胸下前側板と区分される。

  [腹部] 腹部背板に白斑か白帯がある。腹部背板第 2～4 節は先端の中央部に大きな白斑、側方に小白斑を持つ。第 5 節は先端に完全な白帯を持つ。

  [翅] 1A 脈は Cu 脈の分岐点かそれに近い位置に達する。R2 室は R_{2+3} 脈より短い。覆片は裸出する。翅基片は裸出する。
- 発生水域：地表水、岩礁、渓流、カニ穴（淡水）。
- 吸血習性（行動、吸血嗜好性）：野外で採集された吸血蚊で、ヤモリ、カエルを吸血した個体が報告されている（Tamashiro et al., 2011）。

122. コガタフトオヤブカ　*Verrallina*（*Harbachius*）*nobukonis* Yamada, 1932

全身図 Fig.74　**検索表** Plate 25

分布：〔Fig.74 参照〕希少種である。大阪、香川、長崎、沖縄島、石垣島、西表島から採集報告がある。

翅長：2.8–3.2 mm

形態的特徴：[頭部]口吻はまっすぐ。複眼周辺の白色鱗片は幅広。頭頂の中間部に1対の広扁白色鱗片条があるかなし。頭頂には幅広の伏臥鱗片がある。

[胸部]小盾板は3葉に分かれる。小盾板の側葉の鱗片は幅狭。気門後域に刺毛がある。気門前域に刺毛がない。中胸亜背板は鱗片で覆われない。中胸背に縞模様や斑紋がない。胸側板に微毛はない。中胸亜基節の基部は後脚基節の基部よりやや上に位置する。

[腹部]腹部第1節側背板は鱗片で覆われる。　[翅]翅の鱗片は細く左右対称形である。

発生水域：地表水。　吸血習性(行動、吸血嗜好性)：人吸血性あり。

123. アカフトオヤブカ　*Verrallina*（*Neomacleaya*）*atriisimilis*（Tanaka and Mizusawa, 1973）

全身図 Fig.75　**検索表** Plate 25

分布：〔Fig.75 参照〕西表島。　翅長：3.4–4.4 mm

形態的特徴：[頭部]口吻はまっすぐ。複眼周辺の白色鱗片は幅狭。頭頂中央に狭曲鱗片条がある。頭頂には幅広の伏臥鱗片がある。

[胸部]小盾板は3葉に分かれる。小盾板の側葉の鱗片は幅狭。中胸背に縞模様や斑紋がない。気門前域に刺毛がない。気門後域に刺毛がある。中胸亜基節の基部は後脚基節の基部よりやや上に位置する。中胸亜背板は鱗片で覆われない。胸側板に微毛はない。

[腹部]腹部第1節側背板は鱗片で覆われる。　[翅]翅の鱗片は細く左右対称形である。

発生水域：地表水。

吸血習性(行動、吸血嗜好性)：人吸血性あり。野外で採集された吸血蚊で、人を吸血した個体が報告されている(Tamashiro et al., 2011)。

124. クロフトオヤブカ　*Verrallina*（*Verrallina*）*iriomotensis*（Tanaka and Mizusawa, 1973）

全身図 Fig.76　**検索表** Plate 25

分布：〔Fig.76 参照〕西表島。　翅長：2.6–3.3 mm

形態的特徴：[頭部]口吻はまっすぐ。複眼周辺に白色鱗片がない。頭頂の後方中央に広扁鱗片斑がある。

[胸部]小盾板は3葉に分かれる。小盾板の側葉の鱗片は幅狭。中胸背に縞模様や斑紋がない。気門前域に刺毛がない。気門後域に刺毛がある。中胸亜基節の基部は後脚基節の基部よりやや上に位置する。中胸亜背板は鱗片で覆われない。胸側板に微毛はない。

[腹部]腹部第1節側背板は鱗片で覆われる。　[翅]翅の鱗片は細く左右対称形である。

発生水域：地表水。

吸血習性(行動、吸血嗜好性)：人吸血性あり。野外で採集された吸血蚊で、人を吸血した個体が報告されている(Tamashiro et al., 2011)。

日本の蚊と病気の媒介能力

　蚊の中には病気(例えばマラリア、日本脳炎、デング熱など)をうつす種類が知られている。蚊と蚊がうつす病気には特定の組み合わせがあるので、どの種類の蚊がどの病気をうつすかを知ることは、医学や獣医学の立場からとても重要で、蚊と蚊がうつす病気の一覧表があれば有益であるのはいうまでもない。しかしながら、Aという種類の蚊がBという病気を実際にうつす能力があることを証明するのは難しく、様々な実験的な研究が必要になる。そのため、マラリアやデング熱、黄熱、日本脳炎など人に対して深刻な健康被害をもたらすいくつかの病気をとりあげて、ごく一部の種類の蚊の媒介能力が評価されているに過ぎない。また人以外の動物の病気の中にも蚊が媒介するものがあるが、よく研究されているのは重要な家畜の病気に限られており、特に蚊が媒介する野生動物の病気に関する媒介蚊研究は非常に少ない。

　蚊と病原体の関係を研究する方法として、近年、野外で採集された蚊が体内になんらかの病原体を持っているかどうかを、蚊から分離されたDNAを分析することによって調べる研究が急増している(例えば、鳥マラリアの研究：津田, 2017)。ある種類の蚊の体内からある病原体のDNAが検出されたからといって、その蚊が媒介蚊であると結論するには十分ではないが、媒介蚊を特定する上で有力な証拠の一つであることは間違いない。また、分子生物学的手法による最近の研究によれば、日本産の蚊の体内からは様々なウイルスが検出されている。その中には動物の病原体(JEVやGetah Virus)だけでなく、動物への病原性が疑われるウイルス(OMRV、KHV)や、蚊の親から子へと伝播し他の動物とは一切関係していないと思われるウイルス(CxFV、AeFV、AGFV、Rhabdovirus)など、蚊とウイルスと動物の生態的関係の起源や多様性を研究する上で興味深い知見が得られている(Hoshino et al., 2007; 2009; 2012; Isawa et al., 2011; Kuwata et al., 2011; Obara-Nagoya et al., 2013; Ejiri et al., 2014; Kobayashi et al., 2016)。

　日本産蚊の中には病気の媒介能力があるとされている種類がいるが、現在わが国で実際になんらかの病気を媒介している種類はほとんどいない。このような現状を示すために、日本産蚊について、過去に行われた感染実験や海外の事例から媒介が可能とされている病原体と、最近わが国の蚊から検出されたウイルスと原虫を区別して、一覧表を作成し付表に示した。この表には35種類の蚊がリストされているにすぎないが、今後の調査研究が進めば、このリストに追加される種類が出てくると予想される。

付表 日本産蚊が感受性を持つとされる病原体と2000年以降にわが国の野外捕集蚊から検出されたウイルスおよび原虫

属	種　名	感染実験や海外の事例から感受性があるとされている病原体	2000年以降の研究でわが国の蚊から検出されたウイルスと原虫	種／図番号
ヤブカ属	ヤマトヤブカ *Aedes japonicus*	日本脳炎ウイルス(JEV)、ウエストナイルウイルス(WNV)		17／Fig.9
	セスジヤブカ *Aedes dorsalis*	西部馬脳炎ウイルス(WEE)、WNV、デングウイルス(DENV)		24／Fig.12
	ハマベヤブカ *Aedes vigilax*	バンクロフト糸状虫		32
	ネッタイシマカ *Aedes aegypti*	チクングニヤウイルス(CHIKV)、DENV、黄熱、マレー糸状虫、ジカウイルス		35／Fig.16
	ヒトスジシマカ *Aedes albopictus*	DENV、CHIKV、WNV、犬糸状虫	DENV、AeFV、鳥マラリア	36／Fig.17
	ヤマダシマカ *Aedes flavopictus*	DENV	AeFV	38／Fig.19
	ダウンスシマカ *Aedes flavopictus downsi*	DENV		39

付　表

属	種　名	感染実験や海外の事例から感受性があるとされている病原体	2000年以降の研究でわが国の蚊から検出されたウイルスと原虫	種 / 図番号
ヤブカ属 （続き）	ミスジシマカ *Aedes galloisi*		AGFV	41 / Fig.20
	リバースシマカ *Aedes riversi*	DENV		42 / Fig.21
	トウゴウヤブカ *Aedes togoi*	JEV、マレー糸状虫、 バンクロフト糸状虫、犬糸状虫		45 / Fig.23
ハマダラカ属	チョウセンハマダラカ *Anopheles koreicus*	三日熱マラリア		48 / Fig.24
	オオツルハマダラカ *Anopheles lesteri*	三日熱マラリア、熱帯熱マラリア、 サルマラリア、マレー糸状虫		49 / Fig.25
	オオモリハマダラカ *Anopheles omorii*	ネズミマラリア		51
	オオハマハマダラカ *Anopheles saperoi*	熱帯熱マラリア、ネズミマラリア		52 / Fig.27
	シナハマダラカ *Anopheles sinensis*	JEV、三日熱マラリア、熱帯熱マラリア、バンクロフト糸状虫		53 / Fig.28
	ヤエヤマコガタハマダラカ *Anopheles yaeyamaensis*	熱帯熱マラリア、三日熱マラリア、 四日熱マラリア		57 / Fig.31
クロヤブカ属	オオクロヤブカ *Armigeres subalbatus*	JEV	鳥マラリア	58 / Fig.32
イエカ属	イナトミシオカ *Culex inatomii*	WNV	OMRV、鳥マラリア	61 / Fig.35
	オビナシイエカ *Culex fuscocephala*	JEV、バンクロフト糸状虫、 マレー糸状虫		62 / Fig.36
	アカイエカ *Culex pipiens pallens*	JEV、WNV、バンクロフト糸状虫、 犬糸状虫	CxFV、OMRV、鳥マラリア	66 / Fig.39
	チカイエカ *Culex pipiens* form *molestus*	WNV	鳥マラリア	67
	シロハシイエカ *Culex pseudovishnui*	JEV		68 / Fig.40
	ネッタイイエカ *Culex quinquefasciatus*	JEV、WNV、バンクロフト糸状虫	鳥マラリア	69
	ヨツボシイエカ *Culex sitiens*	JEV、WNV、マレー糸状虫、 鳥マラリア		70 / Fig.41
	コガタアカイエカ *Culex tritaeniorhynchus*	JEV	JEV、Getah virus、CxFV、 Rhabdovirus、鳥マラリア	71 / Fig.42
	スジアシイエカ *Culex vagans*	バンクロフト糸状虫		72 / Fig.43
	ニセシロハシイエカ *Culex vishnui*	JEV		73 / Fig.44
	セシロイエカ *Culex whitmorei*	JEV、バンクロフト糸状虫		74 / Fig.45
	クロフクシヒゲカ *Culex nigropunctatus*		鳥マラリア	76 / Fig.46
	ヤマトクシヒゲカ *Culex sasai*		KHV、鳥マラリア	79 / Fig.48
	カラツイエカ *Culex bitaeniorhynchus*	JEV		90 / Fig.55
	ミツホシイエカ *Culex sinensis*	バンクロフト糸状虫		91
カクイカ属	サキジロカクイカ *Lutzia fuscana*		鳥マラリア	98
	トラフカクイカ *Lutzia vorax*		鳥マラリア	99 / Fig.61
ヌマカ属	アシマダラヌマカ *Mansonia uniformis*	バンクロフト糸状虫、マレー糸状虫		101 / Fig.63

引用文献

Becker, N., Petrić, D., Zgomba, M., Boase, C., Madon, M., Dahl, C. and Kaiset, A. 2010. *Mosquitoes and their control, 2nd edition*. Springer.

Christophers, S.R. 1960. *Aedes aegypti* (L.) The yellow fever mosquito, its life history, bionomics and structure. Cambridge University Press.

Clements, A.N. 1992. *The biology of mosquitoes Volume 1, Development, nutrition and reproduction.* Chapman & Hall.

Clements, A.N. 1999. *The biology of mosquitoes Volume 2, Sensory reception and behavior.* CABI Publishing.

Darsie, R.E.Jr. and Ward, R.A. 2005. *Identification and geographic distribution of the mosquitoes of North America, north of Mexico.* University Press of Florida.

Edman, J.D. 2005. Journal policy on names of aedine mosquito genera and subgenera. *Journal of Medical Entomology*, 52: 511.

Ejiri, H., Kuwata, R., Tsuda, Y., Sasaki, T., Kobayashi, M., Sato, Y., Sawabe, K. and Isawa, H. 2014. First isolation and characterization of a mosquito-borne orbivirus belonging to the species Umatilla virus in East Asia. *Archives of Virology*, 159: 2675–2685.

Ejiri, H., Sato, Y., Kim, K.S., Hara, T., Tsuda, Y., Imura, T., Murata, K. and Yukawa, M. 2011a. Entomological study on transmission of the avian malaria parasite in a zoological garden in Japan: Blood-meal identification and detection of avian malaria parasite DNA from blood-fed mosquitoes. *Journal of Medical Entomology*, 48: 600–607.

Ejiri, H., Sato, Y., Kim, K.S., Tamashiro, M., Tsuda, Y., Toma, T., Miyagi, I., Murata, K. and Yukawa, M. 2011b. First record of avian *Plasmodium* DNA detection from mosquitoes collected in Yaeyama Archipelago, southwestern border of Japan. *Journal of Veterinary Medical Science*, 73: 1521–1525.

Ejiri, H., Sato Y., Kim, K.S., Tsuda, Y., Murata, K., Saito, K., Watanabe, Y., Shimura, Y. and Yukawa, M. 2011c. Blood-meal identification and prevalence of avian malaria parasite in mosquitoes collected at Kushiro Wetland, a subarctic zone of Japan. *Journal of Medical Entomology*, 49: 904–908.

Ejiri, H., Sato, Y., Sasaki, E., Sumiyama, D., Tsuda, Y., Sawabe, K., Matsui, S., Horie, S., Akatani, K., Takagi, M., Omori, S., Murata, K. and Yukawa, M. 2008. Detection of avian *Plasmodium* spp. DNA sequences from mosquitoes captured in Minami Daito Island of Japan. *Journal of Veterinary Medical Science*, 70: 1205–1210.

Ejiri, H., Sato, Y., Sawai, R., Sasaki, E., Matsumoto, R., Ueda, M., Higa, Y., Tsuda, Y., Omori, S., Murata, K. and Yukawa, M. 2009. Prevalence of avian malaria parasite in mosquitoes collected at a zoological garden in Japan. *Parasitology Research*, 105: 629–633.

江下優樹・栗原　毅・緒方隆幸・大谷　明. 1982. 蚊類のデングウイルス感受性に関する研究　I. 本邦産蚊類のウイルス感受性. 衛生動物, 33: 61–64.

Harbach, R.E. 2012. *Culex pipiens*: species versus species complex – taxonomic history and perspective. *Journal of the American Mosquito Control Association*, 28 Suppl. 4: 10–23.

Harbach, R.E. 2018. Mosquito Taxonomic Inventory（www.mosquito-taxonomic-inventory.info/）.〔2018年2月22日更新〕

Harbach, R.E and Knight, K.L. 1980. *Taxonomists' glossary of mosquito anatomy.* Plexus Publishing Inc.

長谷山路夫・飯塚信二・大前比呂思・津田良夫. 2007. 成田国際空港に到着する国際線航空機内ならびに空港区域における蚊の採集結果. 衛生動物, 58: 191–197.

Higa, Y., Hoshino, K., Tsuda, Y. and Kobayashi, M. 2006. Dry ice-trap and human bait collection of mosquitoes in the eastern part of Hokkaido, Japan. *Medical Entomology and Zoology*, 57: 93–98.

Higa, Y., Toma, T., Tsuda, Y. and Miyagi, I. 2010. A multiplex PCR-based molecular identification of five morphologically related, medically important subgenus *Stegomyia* mosquitoes from the Genus *Aedes* (Diptera: Culicidae) found in the Ryukyu Archipelago, Japan. *Japanese Journal of Infectious Diseases*, 63: 312–316.

Hoshino, K., Isawa, H., Tsuda, Y., Sawabe, K. and Kobayashi, M. 2009. Isolation and characterization of a new insect flavivirus from *Aedes albopictus* and *Aedes flavopictus* mosquitoes in Japan. *Virology*, 391: 119–129.

Hoshino, K., Isawa, H., Tsuda, Y., Yano, K., Sasaki, T., Yuda, M., Takasaki, T., Kobayashi, M. and Sawabe, K. 2007. Genetic characterization of a new insect flavivirus isolated from *Culex pipiens* mosquito in Japan. *Virology*, 359: 405–414.

Hoshino, K., Takahashi-Nakaguchi, A., Isawa, H., Sasaki, T., Higa, Y., Kasai, S., Tsuda, Y. and Kobayashi, M. 2012. Entomological surveillance for flaviviruses at migratory bird stopover sites in Hokkaido, Japan, and a new insect flavivirus detected in *Aedes galloisi* mosquito. *Journal of Medical Entomology*, 49: 175–182.

Imanishi, N., Higa, Y., Teng, H-J., Sunahara, T. and Minakawa, N. 2018. Implication of three distinct groups of *Anopheles lindesayi* in Japan by morphological and genetic analyses. *Japanese Journal of Infectious Diseases*, 71: 427–435.

Isawa, H., Kuwata, R., Hoshino, K., Tsuda, Y., Sakai, K., Watanabe, S., Nishimura, M., Satho, T., Kataoka, M., Nagata, N., Hasegawa, H., Bando, H., Yano, K., Sasaki, T., Kobayashi, M., Mizutani. T. and Sawabe, K. 2011. Identification and molecular characterization of a new nonsegmented double-stranded RNA virus isolated from *Culex* mosquitoes in Japan. *Virus Research*, 155: 147–155.

上村　清．1968．日本における衛生上重要な蚊の分布と生態．衛生動物, 19: 15–34.

上村　清．2016．日本における蚊の分布と発生源．「衛生動物学の進歩　第2集」（松岡裕之編）．三重大学出版会.

上村　清・白井良和．1999．東北地方の蚊の分布調査．環動昆, 10: 169–179.

上村　清・渡辺　護．1977．立山の蚊，とくに雪どけ水と樹洞から発生するヤブカについて．衛生動物, 28(1): 83.

Kasai, S., Komagata, O., Tomita, T., Sawabe, K., Tsuda, Y., Kurahashi, H., Ishikawa, T., Motoki, M., Takahashi, T., Tanikawa, T., Yoshida, M., Shinjo, G., Hashimoto, T., Higa, Y. and Kobayashi, M. 2008. PCR-based identification of *Culex pipiens* complex collected in Japan. *Japanese Journal of Infectious Diseases*, 61: 184–191.

Kim, H.C., Kleine, T.A., Takhampunya, A.R., Evans, B.P., Mingmongkolchai, S., Kengluecha, A., Grieco, J., Masuoka, P., Kim, M-S., Chong, S-T., Lee, J-K. and Lee, W-J. 2011. Japanese encephalitis virus in culicine mosquitoes (Diptera: Culicidae) collected at Daeseongdong, a village in the demilitarized zone of the Republic of Korea. *Journal of Medical Entomology*, 48: 1250–1256.

Kim, K.S. and Tsuda, Y. 2010. Seasonal changes in feeding pattern of *Culex pipiens pallens* govern transmission dynamics of multiple lineages of avian malaria parasite in Japanese wild bird community. *Molecular Ecology*, 19: 5545–5554.

Kim, K.S. and Tsuda, Y. 2012. Avian *Plasmodium* lineages found in spot surveys of mosquitoes from 2007 to 2010 at Sakata wetland, Japan: do dominant lineages persist for multiple years? *Molecular Ecology*, 21: 5374–5385.

Kim, K.S., Tsuda, Y., Sasaki, T., Kobayashi, M. and Hirota, Y. 2009a. Mosquito blood meal analysis for avian malaria study in wild bird communities: laboratory verification and application to *Culex sasai* (Diptera: Culicidae) collected in Tokyo, Japan. *Parasitology Research*, 105; 1351–1357.

Kim, K.S., Tsuda, Y. and Yamada, A. 2009b. Blood-meal identification and detection of avian malaria parasite from mosquitoes (Diptera: Culicidae) inhabiting coastal areas of Tokyo Bay, Japan. *Journal of Medical Entomology*, 46: 1230–1234.

Kobayashi, D., Isawa, H., Ejiri, H., Sasaki, T., Sunahara, T., Futami, K., Tsuda, Y., Katayama, Y., Mizutani, T., Minakawa, N., Ohta, N. and Sawabe, K. 2016. Complete genome sequencing and phylogenetic analysis of a Getah virus strain (genus *Alphavirus*, family Togaviridae) isolated from *Culex tritaeniorhynchus* mosquitoes in Nagasaki, Japan in 2012. *Vector-Borne Zoonotic Diseases*, 16: 769–776.

Kobayashi, D., Murota, K., Fujita, R., Itokawa, K., Kotaki, A., Moi, M.L., Ejiri, H., Maekawa, Y., Ogawa, K., Tsuda, Y., Sasaki, T., Kobayashi, M., Takasaki, T., Isawa, H. and Sawabe, K. 2018. Dengue virus infection in *Aedes albopictus* during the 2014 autochthonous dengue outbreak in Tokyo Metropolis, Japan. *American Journal of Tropical Medicine and Hygiene*, 98: 1460–1468.

Kobayashi, M., Nihei, N. and Kurihara, T. 2002. Analysis of northern distribution of *Aedes albopictus* (Diptera: Culicidae) in Japan by geographical information system. *Journal of Medical Entomology*, 39: 4–11.

栗原　毅．2002．日本列島のマラリア媒介蚊（南西諸島を除く）．衛生動物 53, Suppl., 2: 1–28.

Kuwata, R., Isawa, H., Hoshino, K., Tsuda, Y., Yanase, T., Sasaki, T., Kobayashi, M., and Sawabe, K. 2011. RNA splicing in a new rhabdovirus from *Culex* mosquitoes. *Journal of Virology*, 85: 6185–6196.

La Casse, W.J. and Yamaguti, S. 1950. Mosquitoes of Japan and Korea, 268p., App.I. The female terminalia of the Japanese mosquitoes, 7p., App.II. Organization and function of malaria detachments, 213p. Off. Surg., HQ. 8th Army APO 343 Japan.

連　日清(Lien, J-C.). 2004. 台湾蚊種検索(Pictorial keys to the mosquitoes of Taiwan). 藝軒図書出版社.

前川芳秀・小川浩平・駒形　修・津田良夫・沢辺京子. 2016a. 日本産蚊の分子生物学的種同定のためのDNAバーコードの整備. 衛生動物, 67: 183–198.

前川芳秀・津田良夫・沢辺京子. 2016b. 日本産蚊の国内分布に関する全国調査. 衛生動物, 67: 1–12.

水田英生. 2011. 大阪府の南部で採取された希少種コガタキンイロヤブカ Aedes bekkui とコガタフトオヤブカ Verrallina nobukonis の発生源と成虫および幼虫調査の結果. 衛生動物, 62: 195–198.

水田英生・上田泰史・涌元美彰・長谷山路夫・森　英人・白石祥吾・後藤郁夫. 2012. イナトミシオカ Culex inatomii の分布について：検疫所の蚊族調査結果. 衛生動物, 63: 11–17.

宮城一郎. 1972. 実験室内での日本産蚊族の冷血動物吸血性について. 熱帯医学, 14: 203–217.

Miyagi, I. and Toma, T. 2013. Uranotaenia (Pseudoficalbia) tanakai (Diptera, Culicidae), a new species from forest swamps, Iriomote Is., the Ryukyu Archipelago, Japan. Medical Entomology and Zoology, 64: 167–174.

宮城一郎・當間孝子. 2017. 琉球列島の蚊の自然史. 東海大学出版部.

Miyagi, I., Toma, T., Hasegawa, H., Tadano, M. and Fukunaga, T. 1992. Occurrence of Culex (Culex) vishnui Theobald on Ishigakijima, Ryukyu Archipelago, Japan. Japanese Journal of Sanitary Zoology, 43: 259–262.

Mogi, M. 1978. Two species of mosquitoes (Diptera: Culicidae) new to Japan. Japanese Journal of Sanitary Zoology, 29: 367–368.

Mogi, M. 1996. Overwintering strategies of mosquitoes (Diptera: Culicidae) on warmer islands may predict impact of global warming on Kyushu, Japan. Journal of Medical Entomology, 33: 438–444.

茂木幹義. 2006. マラリア・蚊・水田，病気を減らし，生物多様性を守る開発を考える. 海游舎.

Mogi, M. and Suzuki, H. 1983. The biotic community in water-filled internodes of bamboos in Nagasaki, Japan, with special reference of mosquito ecology. Japanese Journal of Ecology, 33: 271–279.

森本　桂. 2003. 4. 昆虫の形態．p131–169.「昆虫学大事典」(三橋淳編集)朝倉書店.

Obara-Nagoya, M., Yamauchi, T., Watanabe, M., Hasegawa, S., Iwai-Itamochi, M., Horimoto, E., Takizawa, T., Takashima, I. and Kariwa, H. 2013. Ecological and genetic analyses of the complete genomes of Culex flavivirus strains isolated from Culex tritaeniorhynchus and Culex pipiens (Diptera: Culicidae) group mosquitoes. Journal of Medical Entomology, 50: 300–309.

Ogata, K., Tanaka, I., Ito, Y. and Morii, S. 1974. Survey of the medically important insects carried by the international aircrafts to Tokyo International Airport. Japanese Journal of Sanitary Zoology, 25: 177–184.

岡沢孝雄. 2002. 3章竹林にすむ蚊—ヤンバルギンモンカの生態.「蚊の不思議」宮城一郎編. 東海大学出版会.

Okudo, H., Toma, T., Sasaki, H., Higa, Y., Fujikawa, M., Miyagi, I. and Okazawa, T. 2004. A crab-hole mosquito, Ochlerotatus baisasi, feeding on mudskipper (Gobiidae : Oxudercinae) in the Ryukyu Islands, Japan. Journal of the American Mosquito Control Association, 20: 134–137.

Rattanarithikul, R., Harbach, R.E., Harrison, B.A., Panthusiri, P. and Coleman, R.E. 2007. Illustrated keys of the mosquitoes of Thailand. V. Genera Orthopodomyia, Kimia, Malaya, Topomyia, Tripteroides, and Toxorhynchites. Southeast Asian Journal of Tropical Medicine and Public Health, 38 (Suppl.2): 1–65.

Rattanarithikul, R., Harbach, R.E., Harrison, B.A., Panthusiri, P., Coleman, R.E. and Richardson, J.H. 2010. Illustrated keys of the mosquitoes of Thailand. VI. Tribe Aedini. Southeast Asian Journal of Tropical Medicine and Public Health, 41 (Suppl.1): 1–225.

Rattanarithikul, R., Harbach, R.E., Harrison, B.A., Panthusiri, P., Jones, J.W. and Coleman, R.E. 2005a. Illustrated keys of the mosquitoes of Thailand. II. Genera Culex and Lutzia. Southeast Asian Journal of Tropical Medicine and Public Health, 36 (Suppl.2): 1–97.

Rattanarithikul, R., Harrison, B.A., Harbach, R.E., Panthusiri, P. and Coleman, R.E. 2006a. Illustrated keys of the mosquitoes of Thailand. IV. Anopheles. Southeast Asian Journal of Tropical Medicine and Public Health, 37 (Suppl.2):

1–128.

Rattanarithikul, R., Harrison, B.A., Panthusiri, P. and Coleman, R.E. 2005b. Illustrated keys of the mosquitoes of Thailand. I. Background; geographic distribution; list of genera, subgenera, and species; a key to the genera. *Southeast Asian Journal of Tropical Medicine and Public Health*, 36 (Suppl.1): 1–80.

Rattanarithikul, R., Harrison, B.A., Panthusiri, P., Peyton, E.L. and Coleman, R.E. 2006b. Illustrated keys of the mosquitoes of Thailand. III. Genera *Aedeomyia*, *Ficalbia*, *Mimomyia*, *Hodgesia*, *Coquillettidia*, *Mansonia*, and *Uranotaenia*. *Southeast Asian Journal of Tropical Medicine and Public Health*, 37 (Suppl.1): 1–85.

Reisen, W.K. 2016. Update on journal policy of aedine mosquito genera and subgenera. *Journal of Medical Entomology*, 53: 249.

Reinert, J.F., Harbach, R.E. and Kitching, I.J. 2009. Phylogeny and classification of tribe Aedini (Diptera: Culicidae). *Zoological Journal of the Linnean Society*, 157: 700–794.

佐々　学・栗原　毅・上村　清. 1976. 蚊の科学. 北隆館.

佐藤秀美・坂田　脩・三宅定明. 2016. 埼玉県内の自然公園における蚊の発生状況（平成27年度）. 埼玉県衛生研究所報, 50: 110–112.

佐藤　卓・松本文雄・安部隆司・二瓶直子・小林睦生. 2012. 岩手県におけるヒトスジシマカの分布とGISを用いた生息条件の解析. 衛生動物, 63: 195–204.

白石祥吾. 2011. 愛媛県における蚊幼虫調査（2009年および2010年の調査結果）. 衛生動物, 62: 109–116.

Sirivanakarn, S. 1976. Medical entomology studies III. A revision of the subgenus *Culex* in the oriental region (Diptera: Culicidae). *Contributions of American Entomological Institute*, 12(2): 1–272.

城谷歩惟・柴田明弘・江尻寛子・佐藤雪太・畠山吉則・岩野英俊・津田良夫・村田浩一・湯川眞嘉. 2009. 神奈川県内の大学農場における蚊の分布および鳥マラリア原虫保有状況. 日本獣医師会雑誌, 62: 73–79.

Somboon, P., Rory, A., Tsuda, Y., Takagi, M. and Harbach, R.E. 2010. Systematics of *Anopheles* (*Cellia*) *yaeyamaensis* sp. n., alias species E of the *An. minimus* complex in southeastern Asia (Diptera: Culicidae). *Zootaxa*, 2651: 43–51.

Sukehiro, N., Kida, N., Umezawa, M., Murakami, T., Arai, N., Jinnai, T., Inagaki, S., Tsuchiya, H., Maruyama, H. and Tsuda, Y. 2013. First report on invasion of yellow fever mosquito, *Aedes aegypti*, at Narita International Airport, Japan in August 2012. *Japanese Journal of Infectious Diseases*, 66: 189–194.

Taira, K., Toma, T., Tamashiro, M. and Miyagi, I. 2012. DNA barcoding for identification of mosquitoes (Diptera: Culicidae) from the Ryukyu Archipelago, Japan. *Medical Entomology and Zoology*, 63: 289–306.

Tamashiro, M., Toma, T., Mannen, K., Higa, Y. and Miyagi, I. 2011. Bloodmeal identification and feeding habits of mosquitoes (Diptera: Culicidae) collected at five islands in the Ryukyu Archipelago, Japan. *Medical Entomology and Zoology*, 62: 53–70.

田中和夫. 2006. カ科. p757–1005.「日本産水生昆虫：科・属・種への検索」（河合禎次・谷田一三編）. 東海大学出版会.

Tanaka, K., Mizusawa, K. and Saugstad, E.S. 1979. A revision of the adult and larval mosquitoes of Japan (including the Ryukyu Archipelago and the Ogasawara Islands) and Korea (Diptera: Culicidae). *Contributions of American Entomological Institute*, 16: 1–987.

Tanigawa, M., Sato, Y., Ejiri, H., Imura, T., Chiba, R., Yamamoto, H., Kawaguchi, M., Tsuda, Y., Murata, K. and Yukawa, M. 2013. Molecular identification of avian haemosporidia in wild birds and mosquitoes on Tsushima Island, Japan. *Journal of Veterinary Medical Science*, 75: 319–326.

Toma, T. and Higa, Y. 2004. A new species of *Ficalbia* (Diptera: Culicidae) from Iriomote Island, Okinawa, Ryukyu Archipelago, Japan. *Medical Entomology and Zoology*, 55: 195–199.

當間孝子・比嘉由紀子・宮城一郎. 2015. 琉球列島における日本脳炎媒介蚊ニセシロハシイエカ亜群, 特にニセシロハシイエカ *Culex vishui* の生息分布と発生状況. 衛生動物, 66: 127–133.

Toma, T. and Miyagi, I. 1986. The mosquito fauna of the Ryukyu Archipelago with identification keys, pupal descriptions and notes on biology, medical importance and distribution. *Mosquito Systematics*, 18: 1–109.

Toma, T., Miyagi, I. and Tanaka, K. 1990. A new species of *Toxorhynchites* mosquito (Diptera: Culicidae) from the Ryukyu

Archipelago, Japan. *Journal of Medical Entomology*, 27: 344–355.

津田良夫. 2013. 蚊の観察と生態調査. 北隆館.

津田良夫. 2016. デング熱をはじめとする蚊媒介性感染症の現状. 学術の動向, 21(3): 62–66.

津田良夫. 2017. 鳥マラリアと媒介蚊に関する最近の研究. 衛生動物, 68: 1–10.

Tsuda, Y., Haseyama, M., Ishida, K., Niizuma, J., Kim, K.S., Yanagi, D., Watanabe, N. and Kobayashi, M. 2012. After-effects of Tsunami on distribution and abundance of mosquitoes in rice-field areas in Miyagi Prefecture, Japan in 2011. *Medical Entomology and Zoology*, 63: 21–30.

津田良夫・比嘉由紀子・葛西真治・伊澤晴彦・星野啓太・林　利彦・駒形　修・澤邉京子・佐々木年則・冨田隆史・二瓶直子・倉橋　弘・小林睦生. 2006a. 成田国際空港近接地と周辺地域の媒介蚊調査（2003，2004 年）. 衛生動物, 57: 211–218.

津田良夫・比嘉由紀子・倉橋　弘・林　利彦・星野啓太・駒形　修・伊澤晴彦・葛西真治・佐々木利則・冨田隆史・澤邉京子・二瓶直子・小林睦生. 2006b. 都市域における疾病媒介蚊の発生状況調査―ドライアイストラップを用いた 2 年間の調査結果―. 衛生動物, 57: 75–82.

津田良夫・石田恵一・山内　繁・新妻　淳・助廣那由・梅澤昌弘・柳　大樹・岡本徳子・沢辺京子. 2013a. 東日本大震災の津波が蚊の分布と発生数に与えた影響：宮城県南部水田地帯と福島県沿岸部における 2012 年の調査結果. 衛生動物, 64: 175–181.

津田良夫・石田恵一・山内　繁・打田憲一・新妻　淳・助廣那由・沢辺京子. 2016. 宮城県南部および福島県南相馬市の東日本大震災津波被災地における蚊の分布と生息密度に見られた年次変化に関する研究. 衛生動物, 67: 51–60.

Tsuda, Y. and Kim, K.S. 2013. Outbreak of *Culex* (*Barraudius*) *inatomii* (Diptera: Culicidae) in disaster areas of the Great East Japan Earthquake and Tsunami in 2011, with ecological notes on their larval habitats, biting behavior and reproduction. *Journal of the American Mosquito Control Association*, 29: 19–26.

Tsuda, Y., Matsui, S., Saito, A., Akatani, K., Sato, Y., Takagi, M. and Murata, K. 2009a. Ecological study on avian malaria vectors on an oceanic island of Minami-Daito, Japan. *Journal of the American Mosquito Control Association*, 25: 279–284.

Tsuda, Y., Sasaki, E., Sato, Y., Katano, R., Komagata, O., Isawa, H., Kasai, S. and Murata, K. 2009b. Results of mosquito collection from coastal areas of Tokyo Bay receiving migratory birds. *Medical Entomology and Zoology*, 60: 119–124.

津田良夫・助廣那由・梅澤昌弘・稲垣俊一・村上隆行・木田　中・土屋英俊・丸山　浩・沢辺京子. 2013b. 成田国際空港におけるネッタイシマカの越冬可能性に関する実験的研究. 衛生動物, 64: 209–214.

Turell, M.J., Dohm, D.J., Sardelis, M.R., O'guinn, M.L., Andreadis, T.G., and Blow, J.A. 2005. An update on the potential of North American mosquitoes (Diptera: Culicidae) to tansmit West Nile Virus. *Journal of Medical Entomology*, 42: 57–62.

Vinogradova, E.B. 2000. *Culex pipies pipiens* mosquitoes: taxonomy, distribution, ecology, physiology, genetics, applied importance and control. Pensoft.

和田義人. 2000. 環境開発の置き土産. 蚊がもたらした疾病との闘争の歴史. 日本環境衛生センター.

Wada, Y., Mogi, M., Oda, T., Mori, A., Suzuki, H., Hayashi, K. and Miyagi, I. 1976. Notes on mosquitoes of Amami-Oshima island and the overwintering of Japanese encephalitis virus. *Tropical Medicine*, 17: 187–199.

Wilkerson, R.C., Linton, Y.M., Fonseca, D.M., Schultz, T.R., Price, D.C. and Strickman, D.A. 2015. Making mosquito taxonomy useful: a stable classification of tribe Aedini that balances utility with current knowledge of evolutionary relationships. *PLos ONE*, 10: e0133602.

渡辺　護・小原真弓・松浦涼子・廣瀬　修・長谷川澄代・西尾恵美里・小林睦生. 2006. 富山県における感染症媒介蚊の発生実態調査，2006 年の成績. 富山県衛生研究所年報, 30: 53–61.

山内健生. 2010. 愛媛県宇和島市の有人島と本土で採集された蚊類. 衛生動物, 61: 121–124.

山内健生. 2013. 富山県の海岸地域で発生する蚊類. ペストロジー, 28: 17–20.

吉田永祥・松尾光子・内野清子・三好龍也・西口智子・田中智之. 2011. 分子生物学的分類による堺市におけるアカイエカ群の調査. 衛生動物, 62: 117–124.

和名索引

1. 本索引は本書に出てくる蚊の和名の五十音順索引である。
2. 索引中に Fig.1、Fig.2 などと記されたものは冒頭の1頁大の全身図の図番号である。
3. 和名の後の〔〕内の番号は「3.5. 日本産蚊全種の解説」で各種に付された種番号を、太字はその掲載ページを指す。

ア

アカイエカ〔66〕　Fig.39, 16, **89**, 90, 113
アカイエカ群　16, 60, 89
アカエゾヤブカ〔3〕　Fig.2, 28, 58, **61**
アカクシヒゲカ〔77〕　19, 58, 93, **94**
アカツノフサカ〔87〕　Fig.54, 20, 58, **97**
アカフトオヤブカ〔123〕　Fig.75, 28, **111**
アカフトオヤブカ亜属　3
アカンヤブカ〔25〕　Fig.13, 29, 58, **71**
アシマダラヌマカ〔101〕　Fig.63, 7, 53, 54, 58, **102**, 113
アシマダラヌマカ亜属　3
アッケシヤブカ〔21〕　30, 58, **70**, 72, 74
アマミムナゲカ〔96〕　8, 59, **100**
アマミヤブカ〔18〕　25, **69**

イ

イエカ亜属　3, 16
イエカ属　3, 8, 15, 48, 49, 113
イエカ類　42, 46
イナトミシオカ〔61〕　Fig.35, 15, 60, **87**, 113
イリオモテチビカ〔117〕　10, **108**

エ

エセコブハシカ亜族　3
エセコブハシカ属　3, 6
エセシナハマダラカ〔54〕　Fig.29, 14, 57, **85**
エセチョウセンヤブカ〔7〕　25, 50, 51, 59, **63**
エゾウスカ〔89〕　16, 58, **98**
エゾウスカ亜属　3, 16
エゾヤブカ〔1〕　Fig.1, 28, 58, **60**
エゾヤブカ亜属　3, 22, 28
エドウオーズヤブカ亜属　3, 21, 31
エンガルハマダラカ〔47〕　14, 58, **82**

オ

オオカ亜属　3
オオカ族　3, 4
オオカ属　3, 4, 11
オオカ類　37, 45
オオクロヤブカ〔58〕　Fig.32, 7, 47, 57, 58, **86**, 113
オオツルハマダラカ〔49〕　Fig.25, 14, **82**, 113
オオハマハマダラカ〔52〕　Fig.27, 13, **84**, 113
オオムラヤブカ〔4〕　27, 59, **62**
オオモリハマダラカ〔51〕　13, 59, **83**, 113
オガサワライエカ〔92〕　Fig.56, 17, **99**
オガサワライエカ亜属　3, 17
オガサワラカクイカ亜属　3
オキナワエセコブハシカ〔95〕　Fig.59, 6, **100**
オキナワオオカ〔108〕　11, **105**
オキナワカギカ〔100〕　Fig.62, 5, **102**
オキナワクロウスカ〔83〕　19, 95, **96**
オキナワチビカ〔119〕　Fig.72, 11, **109**
オキナワヤブカ〔8〕　21, 26, 50, 51, **64**
オキナワヤブカ亜属　3
オビナシイエカ〔62〕　Fig.36, 16, **88**, 113

カ

蚊科　3
カギカ　45
カギカ属　3, 5
カギヒゲクロウスカ〔80〕　Fig.49, 19, **95**

カクイカ亜属　3
カクイカ属　3, 8, 9, 47, 48, 113
カニアナチビカ〔112〕　10, **106**
カニアナツノフサカ〔88〕　20, **97**
カニアナヤブカ〔14〕　Fig.7, 22, **67**
カニアナヤブカ亜属　3, 22
カラツイエカ〔90〕　Fig.55, 17, 48, 49, 53, 54, 57, **98**, 113
カラツイエカ亜属　3, 17
カラフトヤブカ〔31〕　30, 58, **74**

キ

キタヤブカ〔27〕　30, 58, 70, **72**, 74
キョウトクシヒゲカ〔75〕　19, 58, **93**, 94
キンイロヌマカ〔60〕　Fig.34, 9, 58, **87**
キンイロヌマカ亜属　3
キンイロヌマカ属　3, 9
キンイロヤブカ〔5〕　Fig.3, 27, 57, **62**
キンイロヤブカ亜属　3, 21, 22, 27
キンパラナガハシカ〔110〕　Fig.69, 5, 35, 57, **106**
ギンモンカ属　3, 5

ク

クシヒゲカ　93
クシヒゲカ亜属　3, 15, 19, 48, 49
クロウスカ亜属　3, 15, 19
クロツノフサカ〔84〕　Fig.51, 20, **96**
クロフクシヒゲカ〔76〕　Fig.46, 19, **93**, 113
クロフトオヤブカ〔124〕　Fig.76, 28, **111**
クロフトオヤブカ亜属　3
クロヤブカ亜属　3
クロヤブカ属　3, 7, 48, 113

ケ

ケイジョウヤブカ〔16〕　Fig.8, 26, 51, 52, 59, **68**
ケイジョウヤブカ亜属　3

コ

コガタアカイエカ〔71〕　Fig.42, 18, 60, **91**, 113

コガタキンイロヤブカ〔13〕　Fig.6, 31, 57, **66**
コガタクロウスカ〔81〕　Fig.50, 19, 57, **95**, 96
コガタチビカ〔120〕　11, 59, **110**
コガタハマダラカ　12, 86
コガタフトオヤブカ〔122〕　Fig.74, 28, 59, **111**
コガタフトオヤブカ亜属　3
コバヤシヤブカ〔6〕　26, 51, 59, **63**
コブハシカ　45
コブハシカ属　3, 6

サ

サキシマヤブカ〔19〕　25, **69**
サキジロカクイカ〔98〕　9, **101**, 113
サッポロヤブカ〔29〕　31, 58, **73**

シ

シオカ亜属　3, 15
シナハマダラカ〔53〕　Fig.28, 14, 58, 82, **84**, 85, 113
シノナガカクイカ〔97〕　Fig.60, 9, **100**
シマカ（類）　35, 39
シマカ亜属　3, 22, 23, 38, 52
ジャクソンイエカ〔63〕　18, 52, 53, **88**
シロオビカニアナチビカ〔116〕　Fig.71, 10, **108**
シロカタヤブカ〔11〕　Fig.5, 27, 51, 57, **65**, 66
シロカタヤブカ亜属　3
シロハシイエカ〔68〕　Fig.40, 18, 58, **90**, 113

ス

スジアシイエカ〔72〕　Fig.43, 16, 57, **91**, 113

セ

セシロイエカ〔74〕　Fig.45, 17, 58, **92**, 113
セスジヤブカ〔24〕　Fig.12, 29, 57, 60, **71**, 112
セスジヤブカ亜属　3, 21, 29, 42
セボリヤブカ〔44〕　26, 51, **80**

タ

ダイセツヤブカ〔28〕　29, 58, **73**

ダイトウシマカ〔37〕　Fig.18, 23, 52, **77**
ダウンスシマカ〔39〕　24, **78**, 112
タカハシシマカ〔43〕　Fig.22, 24, 52, **80**
タテンハマダラカ〔56〕　Fig.30, 12, **86**
タテンハマダラカ亜属　3, 12

チ

チカイエカ〔67〕　16, 89, **90**, 113
チシマヤブカ〔30〕　30, 58, 70, 72, **74**
チビカ亜属　3, 10, 11
チビカ族　3, 5, 10
チビカ属　3, 10, 46, 48, 49
チョウセンハマダラカ〔48〕　Fig.24, 13, 57, **82**, 113

ツ

ツノフサカ亜属　3, 15, 20

ト

トウゴウヤブカ〔45〕　Fig.23, 26, 50, 51, 57, 60, **81**, 113
トウゴウヤブカ亜属　3
トカチヤブカ〔22〕　Fig.11, 29, 58, **70**
トビイロイエカ　16, 89
トラフカクイカ〔99〕　Fig.61, 9, **101**, 113
トワダオオカ〔109〕　Fig.68, 11, 57, **105**

ナ

ナガスネカ亜族　3
ナガスネカ属　3, 9, 48, 49
ナガハシカ亜属　3
ナガハシカ族　3, 5
ナガハシカ属　3, 5, 46
ナミカ亜科　3, 4
ナミカ亜族　3
ナミカ族　3, 4, 6
ナンヨウヤブカ〔20〕　Fig.10, 21, **69**
ナンヨウヤブカ亜属　3, 21

ニ

ニシカワヤブカ〔12〕　27, 51, 59, **66**
ニセシロハシイエカ〔73〕　Fig.44, 18, 58, **92**, 113

ヌ

ヌマカ亜族　3
ヌマカ属　3, 7, 48, 113

ネ

ネッタイイエカ〔69〕　16, 89, **90**, 113
ネッタイシマカ〔35〕　Fig.16, 24, 52, 59, **76**, 112

ハ

ハエ目　36
ハエ類　32, 36
ハクサンヤブカ〔26〕　30, 59, **72**
ハトリヤブカ〔10〕　Fig.4, 26, 50, 51, 58, **65**
ハトリヤブカ亜属　3
ハボシカ亜族　3
ハボシカ亜属　3
ハボシカ属　3, 6, 7
ハマダライエカ〔65〕　Fig.38, 18, 52, 53, 57, **89**
ハマダラカ（類）　35, 37, 41, 42, 45, 48, 81, 83, 84
ハマダラカ亜科　3, 4
ハマダラカ亜属　3, 12, 13
ハマダラカ属　3, 4, 12, 46, 48, 52, 53, 113
ハマダラナガスネカ〔104〕　Fig.65, 9, 52, 53, 58, **103**
ハマベヤブカ〔32〕　29, **75**, 112
ハラオビツノフサカ〔85〕　Fig.52, 20, **96**
ハラグロカニアナチビカ〔118〕　10, **109**

ヒ

ヒサゴヌマヤブカ〔23〕　31, 58, **71**
ヒトスジシマカ〔36〕　Fig.17, 24, 34-36, 38-41, 43, 52, 57, 58, **77**, 78, 112

フ

フタクロホシチビカ〔114〕　Fig.70, 10, 58, **107**, 108
フタクロホシチビカ亜属　3, 10
フトオヤブカ属　3, 22, 28
フトシマツノフサカ〔86〕　Fig.53, 20, 57, **97**
ブナノキヤブカ〔33〕　Fig.14, 26, 50, 51, 58, **75**

ホ

ホッコクヤブカ〔2〕　28, 58, **61**

マ

マクファレンチビカ〔121〕　Fig.73, 11, **110**
マダラコブハシカ〔102〕　Fig.64, 6, 53, 54, **102**

ミ

ミスジシマカ〔41〕　Fig.20, 23, 52, 58, **79**, 113
ミスジハボシカ〔94〕　Fig.58, 7, 58, **99**
ミツホシイエカ〔91〕　17, 58, **98**, 113
ミナミハマダライエカ〔64〕　Fig.37, 18, 52, 53, 57, **89**
ミヤラシマカ〔40〕　24, **78**

ム

ムナゲカ亜族　3
ムナゲカ亜属　3
ムナゲカ属　3, 8
ムネシロチビカ〔113〕　10, **107**
ムネシロヤブカ〔15〕　25, 59, **67**
ムラサキヌマカ〔59〕　Fig.33, 9, **87**

モ

モンナシハマダラカ〔46〕　13, **81**

ヤ

ヤエヤマオオカ〔106〕　Fig.67, 11, **104**
ヤエヤマコガタハマダラカ〔57〕　Fig.31, 12, **86**, 113
ヤエヤマナガハシカ〔111〕　5, **106**
ヤエヤマヤブカ〔9〕　26, 50, 51, **64**
ヤツシロハマダラカ〔55〕　14, **85**
ヤブカ（類）　32, 34, 45, 46, 50
ヤブカ亜族　3
ヤブカ属　3, 7, 21, 47, 48, 112, 113
ヤマダオオカ〔107〕　11, **104**
ヤマダシマカ〔38〕　Fig.19, 24, 52, 57, **78**, 112
ヤマトクシヒゲカ〔79〕　Fig.48, 19, 58, 93, **94**, 113
ヤマトハボシカ〔93〕　Fig.57, 7, 58, **99**
ヤマトハマダラカ〔50〕　Fig.26, 13, 57, **83**
ヤマトヤブカ〔17〕　Fig.9, 25, 50, 51, 56, **68**, 69, 112
ヤマトヤブカ亜属　3
ヤンバルギンモンカ〔105〕　Fig.66, 5, 58, **104**

ヨ

ヨツボシイエカ〔70〕　Fig.41, 18, **91**, 113

リ

リバースシマカ〔42〕　Fig.21, 23, 52, 58, **79**, 113
リュウキュウクシヒゲカ〔78〕　Fig.47, 19, **94**
リュウキュウクロウスカ〔82〕　19, **95**, 96
リュウキュウクロホシチビカ〔115〕　10, 107, **108**

ル

ルソンコブハシカ〔103〕　6, 53, 54, **103**

ワ

ワタセヤブカ〔34〕　Fig.15, 27, 51, 58, **76**
ワタセヤブカ亜属　3

学名索引

1. 本索引は本書に出てくる蚊の学名のアルファベット順索引である。
2. （ ）内の学名は亜属名であることを示す。
3. 索引中に Fig.1、Fig.2 などと記されたものは冒頭の1頁大の全身図の図番号である。
4. 学名の後の〔 〕内の番号は「3. 5. 日本産蚊全種の解説」で各種に付された種番号を、太字はその掲載ページを指す。

A

Aedes　3, 7, 21, 55
(*Aedes*)　3, 22, 28, 60, 61
Aedes aegypti〔35〕　Fig.16, 24, **76**, 112
　　akkeshiensis〔21〕　30, **70**
　　albocinctus〔15〕　25, **67**
　　albopictus〔36〕　Fig.17, 24, **77**, 112
　　alboscutellatus〔4〕　27, **62**
　　baisasi〔14〕　Fig.7, 22, **67**
　　bekkui〔13〕　Fig.6, 31, **66**
　　communis〔22〕　Fig.11, 29, **70**
　　daitensis〔37〕　Fig.18, 23, **77**
　　diantaeus〔23〕　31, **71**
　　dorsalis〔24〕　Fig.12, 29, **71**, 112
　　esoensis〔1〕　Fig.1, 28, **60**
　　excrucians〔25〕　Fig.13, 29, **71**
　　flavopictus〔38〕　Fig.19, 24, **78**, 112
　　── *downsi*〔39〕　24, **78**, 112
　　── *miyarai*〔40〕　24, **78**
　　galloisi〔41〕　Fig.20, 23, **79**, 113
　　hakusanensis〔26〕　30, **72**
　　hatorii〔10〕　Fig.4, 26, **65**
　　hokkaidensis〔27〕　30, **72**
　　impiger daisetsuzanus〔28〕　29, **73**
　　intrudens〔29〕　31, **73**
　　japonicus〔17〕　Fig.9, 25, **68**, 112
　　── *amamiensis*〔18〕　25, **69**
　　── *yaeyamensis*〔19〕　25, **69**
　　kobayashii〔6〕　26, **63**
　　koreicoides〔7〕　25, **63**
　　lineatopennis〔20〕　Fig.10, 21, **69**
　　nipponicus〔11〕　Fig.5, 27, **65**
　　nishikawai〔12〕　27, **66**
　　okinawanus〔8〕　21, 26, **64**
　　── *taiwanus*〔9〕　26, **64**
　　oreophilus〔33〕　Fig.14, 26, **75**
　　punctor〔30〕　30, **74**
　　riversi〔42〕　Fig.21, 23, **79**, 113
　　sasai〔2〕　28, **61**
　　savoryi〔44〕　26, **80**
　　seoulensis〔16〕　Fig.8, 26, **68**
　　sticticus〔31〕　30, **74**
　　togoi〔45〕　Fig.23, 26, **81**, 113
　　vexans nipponii〔5〕　Fig.3, 27, **62**
　　vigilax〔32〕　29, **75**, 112
　　wadai〔43〕　Fig.22, 24, **80**
　　watasei〔34〕　Fig.15, 27, **76**
　　yamadai〔3〕　Fig.2, 28, **61**
(*Aedimorphus*)　3, 21, 22, 27, 62
Aedina　3
Anopheles　3, 4, 12
(*Anopheles*)　3, 12, 13, 81–85
Anopheles bengalensis〔46〕　13, **81**
　　engarensis〔47〕　14, **82**
　　koreicus〔48〕　Fig.24, 13, **82**, 113
　　lesteri〔49〕　Fig.25, 14, **82**, 113
　　lindesayi japonicus〔50〕　Fig.26, 13, **83**
　　minimus　12, 86
　　omorii〔51〕　13, **83**, 113
　　pullus　14
　　saperoi〔52〕　Fig.27, 13, **84**, 113
　　sinensis〔53〕　Fig.28, 14, **84**, 113
　　sineroides〔54〕　Fig.29, 14, **85**
　　tessellatus〔56〕　Fig.30, 12, **86**
　　yaeyamaensis〔57〕　Fig.31, 12, **86**, 113
　　yatsushiroensis〔55〕　14, **85**
Anophelinae　3, 4
Armigeres　3, 7
(*Armigeres*)　3, 86
Armigeres subalbatus〔58〕　Fig.32, 7, **86**, 113

B

(*Barraudius*)　3, 15, **87**
(*Bruceharrisonius*)　3, 63, 64

C

(*Cellia*)　3, 12, **86**
(*Collessius*)　3, **65**
Coquillettidia　3, 9
(*Coquillettidia*)　3, **87**
Coquillettidia crassipes [59]　Fig.33, 9, **87**
　　ochracea [60]　Fig.34, 9, **87**
Culex　3, 8, 15
(*Culex*)　3, 16, **88**–**92**
Culex bicornutus [84]　Fig.51, 20, **96**
　　bitaeniorhynchus [90]　Fig.55, 17, **98**, 113
　　boninensis [92]　Fig.56, 17, **99**
　　brevipalpis [80]　Fig.49, 19, **95**
　　cinctellus [85]　Fig.52, 20, **96**
　　fuscocephala [62]　Fig.36, 16, **88**, 113
　　hayashii [81]　Fig.50, 19, **95**
　　—— *ryukyuanus* [82]　19, **95**
　　inatomii [61]　Fig.35, 15, **87**, 113
　　infantulus [86]　Fig.53, 20, **97**
　　jacksoni [63]　18, **88**
　　kyotoensis [75]　19, **93**
　　mimeticus [64]　Fig.37, 18, **89**
　　nigropunctatus [76]　Fig.46, 19, **93**, 113
　　okinawae [83]　19, **96**
　　orientalis [65]　Fig.38, 18, **89**
　　pallidothorax [77]　19, **94**
　　pipiens　16
　　—— form *molestus* [67]　16, **90**, 113
　　—— group　16
　　—— *pallens* [66]　Fig.39, 16, **89**, 113
　　—— *pipiens*　89
　　—— *quinquefasciatus*　16
　　pseudovishnui [68]　Fig.40, 18, **90**, 113
　　quinquefasciatus [69]　16, **90**, 113
　　rubensis [89]　16, **98**
　　rubithoracis [87]　Fig.54, 20, **97**
　　ryukyensis [78]　Fig.47, 19, **94**
　　sasai [79]　Fig.48, 19, **94**, 113
　　sinensis [91]　17, **98**, 113
　　sitiens [70]　Fig.41, 18, **91**, 113
　　tritaeniorhynchus [71]　Fig.42, 18, **91**, 113
　　tuberis [88]　20, **97**
　　vagans [72]　Fig.43, 16, **91**, 113
　　vishnui [73]　Fig.44, 18, **92**, 113
　　whitmorei [74]　Fig.45, 17, **92**, 113
(*Culicella*)　3, 99
Culicidae　3
Culicina　3
Culicinae　3, 4
Culicini　3, 4, 6
(*Culiciomyia*)　3, 15, 19, 93, 94
Culiseta　3, 6, 7
(*Culiseta*)　3, 99
Culiseta kanayamensis [94]　Fig.58, 7, **99**
　　nipponica [93]　Fig.57, 7, **99**
Culisetina　3

D

(*Downsiomyia*)　3, 65, 66

E

(*Edwardsaedes*)　3, 21, 31, 66
(*Etorleptiomyia*)　3, 102, 103
(*Eumelanomyia*)　3, 15, 19, 95, 96

F

Ficalbia　3, 6
Ficalbia ichiromiyagii [95]　Fig.59, 6, **100**
Ficalbina　3

G

(*Geoskusea*)　3, 22, 67

H

(*Harbachius*)　3, 111
Heizmannia　3, 8
(*Heizmannia*)　3, 100
Heizmannia kana [96]　8, **100**
Heizmanniina　3
(*Hopkinsius*)　3, 67, 68
(*Hulecoeteomyia*)　3, 68, 69

I

(*Insulalutzia*)　3, 100

L

(*Lophoceraomyia*)　3, 15, 20, 96, 97
Lutzia　3, 8, 9
Lutzia fuscana〔98〕　9, **101**, 113
　　shinonagai〔97〕　Fig.60, 9, **100**
　　vorax〔99〕　Fig.61, 9, **101**, 113

M

Malaya　3, 5
Malaya genurostris〔100〕　Fig.62, 5, **102**
Mansonia　3, 7
Mansonia uniformis〔101〕　Fig.63, 7, **102**, 113
Mansoniina　3
(*Mansonioides*)　3, 102
(*Metalutzia*)　3, 101
Mimomyia　3, 6
Mimomyia elegans〔102〕　Fig.64, 6, **102**
　　luzonensis〔103〕　6, **103**

N

(*Neoculex*)　3, 16, 98
(*Neomacleaya*)　3, 111
(*Neomelaniconion*)　3, 21, 69

O

(*Ochlerotatus*)　3, 21, 29, 70–75
(*Oculeomyia*)　3, 17, 98
Orthopodomyia　3, 9
Orthopodomyia anopheloides〔104〕　Fig.65, 9, **103**
Orthopodomyiina　3

P

(*Phagomyia*)　3, 75, 76
(*Pseudoficalbia*)　3, 10, 106–109

S

Sabethini　3, 5
(*Sirivanakarnius*)　3, 17, 99
(*Stegomyia*)　3, 22, 23, 76–80
(*Suaymyia*)　3, 104

T

(*Tanakaius*)　3, 80, 81
Topomyia　3, 5

Topomyia yanbarensis〔105〕　Fig.66, 5, **104**
Toxorhynchites　3, 4, 11
(*Toxorhynchites*)　3, 104, 105
Toxorhynchites manicatus yaeyamae〔106〕　Fig.67, 11, **104**
　　―― *yamadai*〔107〕　11, **104**
　　okinawensis〔108〕　11, **105**
　　towadensis〔109〕　Fig.68, 11, **105**
Toxorhynchitini　3, 4
Tripteroides　3, 5
(*Tripteroides*)　3, 106
Tripteroides bambusa〔110〕　Fig.69, 5, **106**
　　―― *yaeyamensis*〔111〕　5, **106**

U

Uranotaenia　3, 10
(*Uranotaenia*)　3, 10, 11, 109, 110
Uranotaenia annandalei〔119〕　Fig.72, 11, **109**
　　jacksoni〔112〕　10, **106**
　　lateralis〔120〕　11, **110**
　　macfarlanei〔121〕　Fig.73, 11, **110**
　　nivipleura〔113〕　10, **107**
　　novobscura〔114〕　Fig.70, 10, **107**
　　―― *ryukyuana*〔115〕　10, **108**
　　ohamai〔116〕　Fig.71, 10, **108**
　　tanakai〔117〕　10, **108**
　　yaeyamana〔118〕　10, **109**
Uranotaeniini　3, 5, 10

V

Verrallina　3, 22, 28
(*Verrallina*)　3, 111
Verrallina atriisimilis〔123〕　Fig.75, 28, **111**
　　iriomotensis〔124〕　Fig.76, 28, **111**
　　nobukonis〔122〕　Fig.74, 28, **111**

おわりに

　私は蚊の生態の研究者で、分類学者ではないし形態学を専門にする研究者でもない。分類学の素人が図鑑や検索表を書くというのは、大それた試みでけしからんと批判される方もおられると思う。しかし生き物の種類を同定するという作業は、すべての生物学的研究の出発点であり、特に野外の生物を対象とする自然史研究では必須の作業である。そして、野外調査における種同定には、わかり易く使い易い検索表がどうしても必要になるのである。本書は、様々なフィールド調査を経験した研究者が、こういう本が欲しいと思い続けてきた、野外調査のための実用的な本ということができると思っている。

　本書を執筆しようと思ったきっかけが二つある。ひとつめのきっかけとなったのは、水田英生氏が検疫所の内部資料として作られた「検疫所衛生技官のための日本に棲息する蚊の同定、成虫（主として雌）編」に出会ったことである。日本の蚊の分類に関しては Tanaka et al.(1979) の 987 頁におよぶ大著があり、個々の種の雌雄成虫と幼虫の形態に関して詳細に記述されている。この本を見ればわが国の蚊のほとんどを同定することができるため、蚊研究者にとって必須の文献であり、私も書棚の手の届く場所に常に置いている。ところが、英文で書かれた学術論文であるため、一般の読者がこれを読みこなすのは非常に難しい。水田資料はこの Tanaka et al.(1979) の検索キーに基づいて作成された非常に充実した資料で、蚊のことをほとんど知らない検疫官が正確に蚊の種類を同定できるように、検索表に多数の図を加えて作られていた。とてもわかりやすく便利な検索表なので、私も調査研究で頻繁に利用していた。そのため検疫所の内部資料にとどめるのではなく、一般の人たちも利用できるように公表してはどうかと水田さんにお話ししたところ、この資料の作成で使用した図の多くはいくつかの論文から引用したもので、オリジナルではないので公表することには問題があるというお返事だった。さらに、検索表の作成に利用した論文は英語で書かれており、蚊の体の部位の名称には訳語がなかったため、暫定的な訳語を作って検索表が作られていた。そのため、この資料を一般に公開するためには、改めて図の使用許可をとるかあるいはすべての図を自作し、さらに蚊の体の部位の名称を適切なものに変更する必要があった。どちらも大変な作業なので、水田さんは自分でやる気はないから興味があるなら代わりにやってみたらどうかと言われ、結局私がこの作業を引き継ぐことになってしまった。

　もうひとつのきっかけは、拙著「蚊の観察と生態調査」（北隆館）を出版した際に、試みに描いた蚊の全身図が思った以上によいできだったことである。前著には身近に生息している 15 種類の蚊を描いたのだが、もっと多様な種類の全身図を描いて図鑑を作ることができたら楽しいだろうなと感じていた。そのため状態の良い標本が手に入ると、顕微鏡写真を撮影するとともに、形態観察を行っては全身図を描いて楽しんでいた。

　全身図が 30 種類ほど描きあがったころだと思うが、これらの全身図を利用すれば水田資料を全面的に改訂できるのではないかと思いついた。そこでまず検索キーを Tanaka et al.(1979)

で確認しつつ、部位の名称を田中（2006; 2008）の訳語に置き換え、さらに最近記載された種類を追加して、検索表の骨子を作った。この作業と並行して、夏季の調査研究で採集したサンプルの中から状態の良い個体を選んで標本を作っておき、蚊のシーズンオフに全身図を描くことにした。描き上げた全身図から、検索キーの説明に利用できる部分があれば、それをコピーして検索表に挿入していった。3年が経過して検索キーで必要な図の半分ほどが準備できたときに、当時長崎大学熱帯医学研究所におられた比嘉由紀子先生（現在国立感染症研究所昆虫医科学部）に検索表のチェックをお願いして間違いを指摘していただいた。本書に収めた検索表や種類解説の形態的特徴には何度も目を通して間違いがないように努めたが、文字の変換間違いや記述の間違いがまだ残されていると思う。これらの間違いはすべて著者の責任であることをここに記しておく。

　日本産の蚊全種を目標に全身図を描きはじめてからすでに5年が経過したが、本書を開いていただくとわかるように、残念ながら全種類の全身図は準備できておらず、私の作業はまだ完結していない。過去に偶然採集されたと思われる種類（偶産種）や希少種の採集はやはり難しく、いつになったら全種類が揃うかははっきりしない。そこで、5年間に準備できた76種の全身図をまとめて、図解検索表と共に出版することにした。野外調査では新鮮な個体の分類同定を行うので、全身図の描画にはできるだけ新鮮な標本を使うように心がけた。そのため、使用した標本はそのほとんどが私自身で作成保管していた標本だが、いくつかは国立感染症研究所昆虫医科学部標本室所蔵の古い標本も使用している。

　全身図に記された標本の採集地からわかるように、石垣島と西表島で近年採集したものが多い。これらは、宮城一郎博士、當間孝子博士、比嘉由紀子博士に教えていただいた八重山諸島の採集地で集めた標本である。特に2014年から西表島で行ってきた「蚊分類学を志す若手研究者のための現地研修」の際に、研修生と一緒に採集した標本が多く、本書はこの研修の成果の一つでもある。この現地研修では、宮城先生から採集地の情報だけでなく個々の蚊について興味深いお話を聞かせていただき、知識に加えて研究に対する熱意を与えていただいた。心から感謝いたします。また、国内各地の蚊相の調査では、金京純博士、前川芳秀博士に協力していただいた。お二人の協力なしでは広範囲の野外調査は難しかったと思います。お礼を申し上げます。最後に、緒方一喜先生に心から感謝いたします。先生から前著出版の機会を与えていただくことがなければ、本書出版の道も開かれることはなかったと思います。

2019年1月

津田良夫

《著者紹介》

津田 良夫(つだ よしお)

略歴：1954 年東京に生まれる。1976 年岩手大学農学部卒業、1980 年岡山大学大学院農学研究科修了。1985 年農学博士を取得（京都大学）。1988 年 4 月より長崎大学熱帯医学研究所病害動物学部門に勤務。同部門助手、講師を経て、2002 年医学博士を取得（長崎大学）。2002 年 8 月国立感染症研究所昆虫医科学部第一室に異動、現在に至る。

学会：2009 年～2011 年日本衛生動物学会・編集委員長、2011 年第 54 回日本衛生動物学会賞を受賞。2015 年～2017 年日本衛生動物学会・学会長を務める。

専攻：昆虫生態学、衛生昆虫学。長崎大学では主として東南アジアで、また国立感染症研究所に異動してからは日本国内を中心として、人や動物の病気を媒介する蚊の生態を研究してきた。

著書：「蚊の観察と生態調査」（北隆館、2013 年）、「蚊の不思議―多様性の生物学」（共著、東海大学出版会、2002 年）、「招かれない虫たちの話」（共著、東海大学出版部、2017 年）、「蚊のはなし」（共著、朝倉書店、2017 年）。

An illustrated book of the mosquitoes of Japan:
adult identification, geographic distribution and ecological note.
by YOSHIO TSUDA Ph.D.

Ⓒ 2019 HOKURYUKAN
THE HOKURYUKAN CO., LTD.
3-17-8, Kamimeguro, Meguro-ku
Tokyo, Japan

日本産蚊全種検索図鑑

2019 年 2 月 20 日　初版発行
2019 年 12 月 20 日　2 版発行

〈図版の転載を禁ず〉

当社は,その理由の如何に係わらず,本書掲載の記事(図版・写真等を含む)について,当社の許諾なしにコピー機による複写,他の印刷物への転載等,複写・転載に係わる一切の行為,並びに翻訳,デジタルデータ化等を行うことを禁じます。無断でこれらの行為を行いますと損害賠償の対象となります。
また,本書のコピー,スキャン,デジタル化等の無断複製は著作権法上での例外を除き禁じられています。本書を代行業者等の第三者に依頼してスキャンやデジタル化することは,たとえ個人や家庭内での利用であっても一切認められておりません。
連絡先：㈱北隆館 著作・出版権管理室
Tel. 03(5720)1162

JCOPY〈(社)出版者著作権管理機構 委託出版物〉
本書の無断複写は著作権法上での例外を除き禁じられています。複写される場合は,そのつど事前に,(社)出版者著作権管理機構(電話：03-3513-6969,FAX:03-3513-6979,e-mail: info@jcopy.or.jp)の許諾を得てください。

著　者　津　田　良　夫
発行者　福　田　久　子
発行所　株式会社　北　隆　館
〒153-0051　東京都目黒区上目黒3-17-8
電話03(5720)1161　振替00140-3-750
http://www.hokuryukan-ns.co.jp/
e-mail: hk-ns2@hokuryukan-ns.co.jp
印刷所　富士リプロ株式会社
ISBN978-4-8326-1006-4 C0645